MAX VALIER

RAKETENFAHRT

2. AUFLAGE

ZUGLEICH 6. AUFLAGE

VON

VORSTOSS
IN DEN WELTENRAUM

EINE TECHNISCHE MÖGLICHKEIT

VERLAG R. OLDENBOURG
MÜNCHEN UND BERLIN 1930

Druck von R. Oldenbourg, München

Vorwort.

Seit dem Erscheinen der vorigen Auflage dieser Schrift, die am 5. September 1928 abgeschlossen wurde, sind zwar weltbewegende, neue Leistungen auf dem Gebiet des Raketenantriebes nicht bekannt geworden, aber es ist doch so viel wertvolle Kleinarbeit in praktischen Versuchen geleistet worden, daß die Herausgabe der vorliegenden neuen Auflage sachlich gerechtfertigt erscheinen darf.

Aus drucktechnischen Gründen und um eine wesentliche Senkung des Buchpreises gegen früher zu erzielen, mußte sich der Verfasser diesmal darauf beschränken, die Vorwortseiten und den letzten Druckbogen neu zu verfassen. Er hat sich dabei durchaus bemüht, alle ihm bekannt gewordenen, wichtigen Versuche und Unternehmungen im wesentlichen, vollzählig und unparteiisch darzustellen. Was in Fahrt und Flug mit Raketenkraft bis zum 1. November 1929 geleistet wurde, wird man im letzten Druckbogen finden. Was über die Fortentwicklung der freisteigenden, tragflächenlosen Hochleistungsrakete zu sagen ist, sowie über den Rückstoßmotor mit flüssigen Treibstoffen, soll mit einer Übersicht über die gegenwärtige Gesamtlage der Raketenforschung gleich hier angeschlossen werden.

Die Pulverrakete wurde in der Berichtszeit in Deutschland vornehmlich von Ing. Fr. Sander in Wesermünde weiterentwickelt, der mit Hilfe seiner neuen großen Presse jetzt Kaliber bis zu 35 cm bei 2 m Länge technisch herzustellen vermag und auch bereits hergestellt hat. Wichtiger aber noch als die Vergrößerung der Kaliber ist die von Sander erzielte Verbesserung der Betriebssicherheit und die Erhöhung der Leistung. Durch die Verwendung von dem früheren Schwarzpulver wesensfremden Pulversorten von viel höherem Energiegehalt gelang es ihm nämlich, ebensowohl die Auspuffgeschwindigkeit von früher 1200 m auf reichlich 1800 m hinaufzutreiben, als auch das in der Raketentheorie so maßgebliche Massenverhältnis des Vollgewichts zum Leergewicht bei großen Kalibern bis auf 8:1 zu steigern. Und zwar teils durch Verwendung von hochwertigen Leichtmetallrohren an Stelle der frühern schweren Stahl- oder Kupferhülsen, und vor allem durch die Ersetzung der früher außen aufgeschraubten Gußeisen- oder Bronzedüsen durch in die Hülse eingepreßte Düsen aus spezifisch leichten, unschmelzbaren Edelerden. Dadurch stieg die »ideale

III

Antriebsleistung« der besten Sander-Raketen (s. S. 8 und 199 zur näheren Erklärung) bis auf 4000 m/s, eine noch vor Jahresfrist für unmöglich erachtete Ziffer.

Als mittlere Schubkraft gibt Sander jetzt für seine Seelenraketen von 5 cm Kaliber 180 kg, für 9 cm Kaliber 300 kg, für 15 cm Kaliber bei 1,80 m Länge 1680 kg an. Die besten Erfahrungen aber erzielte er mit Raketen von 22 cm Kaliber, welche imstande waren Lasten von 400—500 kg auf 4000—5000 m Höhe zu heben, die dann mit Fallschirmen wieder, getrennt von der ausgebrannten Rakete, glatt gelandet werden konnten. Mit diesen Hochleistungs-Großraketen hätte Sander keine Schwierigkeit, in die Stratosphäre zu schießen bzw. in diese Registrierapparate hinaufzubringen, aber es zeigte sich, daß die meteorologischen Meßinstrumente zu träge sind, um die rasch mit dem Auf- und Abstieg wechselnden atmosphärischen Elemente zu verzeichnen. An den Meßinstrumenten also, nicht an den Raketen liegt es, wenn vorläufig die auf die Registrierrakete für die Erforschung der Stratosphäre gesetzten Hoffnungen sich nicht erfüllt haben. Bei den gewaltigen Schubkräften seiner Großkaliber wäre es Sander auch ohne Zweifel möglich, ein bemanntes, tragflächenloses Raketenschiff durch ein Aggregat solcher Hochleistungsraketen einige tausend Meter hochzujagen (vgl. S. 153/154) und die Insassen in luftdicht geschlossener Kammer oder mit Vakuumtaucheranzügen ausgerüstet wieder mit Fallschirmen herunterzubringen, aber es erscheint fraglich, ob sie die Beschleunigung bei der Auffahrt auszuhalten vermöchten.

Auf dem Gebiete der Rakete mit flüssigen Treibstoffen ist ebenfalls Sander als der erfolgreichste Forscher des Jahres zu nennen, denn es gelang ihm als Erstem, am 10. April 1929 eine solche Rakete zum freien Aufstieg zu bringen. Nach seinen Angaben besaß sie 21 cm Kaliber und wog bei 74 cm Länge des Flugkörpers leer 7 kg, gefüllt 16 kg. Die Brenndauer betrug 132 Sekunden, die Treibkraft im Höchstwert 45—50 kg. Das Treibmittel, welches Sander geheimhält, enthält 2380 Kalorien im Kilogramm; danach scheint es, daß er Benzin und einen geeigneten Sauerstoffträger unter besonderen Verbrennungsbedingungen verwendet hat. Als Baustoffe fanden teils Stahl, teils Leichtmetalle Verwendung.

Diese erste Flüssigkeitsrakete ging so blitzartig vom Stand ab, daß es unmöglich war, sie zu verfolgen und wiederzufinden. Deshalb wiederholte Sander den Versuch zwei Tage später, indem er eine 4000 m lange 3 mm starke Leine an die Rakete band, natürlich unter allen von den Schiffsrettungsraketen her ihm wohlbekannten Vorsichtsmaßregeln. Trotz der schweren Zuglast ging die Rakete wieder geschoßartig hoch, und nahm 2000 m von der Leine mit, worauf sie samt diesem abgerissenen Leinenstück auf Nimmerwiedersehen verschwand.

Nach diesen Erfolgen wandte sich Sander mit besonderem Eifer wieder dem Raketenmotor für den Antrieb bemannter Flugzeuge zu. Schon im Mai gelang es ihm, eine Schubkraft von etwa 200 kg länger als eine Viertelstunde zu erzeugen, und im Juli konnte er bei Opel in Rüsselsheim sogar Brenndauern von mehr als einer halben Stunde bei Schubkräften von 300 kg erzielen. Sander lenkte dabei sein Hauptaugenmerk neben der Betriebssicherheit vor allem auch auf die Billigkeit der Treibmittel. Dabei gelang es ihm durch die Verwendung eines Abfallproduktes der chemischen Industrie als Sauerstoffträger den Preis des Kilogramms Betriebsmischung

IV

bis auf 20 Pfennig herunterzudrücken. Nach diesem Stande der Dinge muß also ein wirtschaftlicher Raketenflugbetrieb über mehrere 100 km Strecke in absehbarer Zeit möglich werden, sobald es gelingt, die Sanders Raketenmotor noch anhaftenden Mängel zu beheben.

. Wenn daher Prof. Oberth jetzt erst versucht, seine erste Rakete mit flüssigem Treibstoff zu starten, nachdem der für 6. dann 10. und endlich für 19. Oktober von ihm angekündigte Start seiner mit Kohlenstäben in flüssigem Sauerstoff àrbeitenden Raumrakete abgesagt worden ist, so dürfte Oberth gegenüber Sander zu spät kommen, der das, was Oberth jetzt machen will, längst versucht, wieder verworfen und durch ein verbessertes Verfahren ersetzt hat. Die Tücke des Objekts hat auch der amerikanische Vorkämpfer des Raketenproblems, Prof. R. H. Goddard, erfahren müssen, als er am 18. Juli 1929 in Worcester (U.S.A.) seine Raumrakete von 7 m Länge und zigarrenförmig schlanker Gestalt von einem eigens dafür gebauten Startturm aus steigen lassen wollte. Sie zerbarst schon in 300 m Höhe mit solchem Knall, daß in weitem Umkreis sämtliche Fenster eingedrückt wurden.

Neben Sander, Oberth und Goddard verdient endlich noch Joh. Winkler, der Vorsitzende des Vereins für Raumschiffahrt in Breslau, unter den praktisch tätigen Raketenforschern hervorgehoben zu werden, denn er hat grundlegende Untersuchungen über die Gaskonstante der Ausströmungsprodukte und ihre Steigerung, über den Wärmeübergang, die Zerstäubungs- und Verbrennungsfrage der Treibstoffe angestellt.

In Österreich haben 1928/1929 Dr. Franz von Hoefft und Ing. Guido von Pirquet ebenfalls höchst beachtenswerte Beiträge, besonders auch in der Kritik früherer Projekte der Raumfahrt geliefert.

Aus den sonstigen dem Verfasser zugekommenen Meldungen zum Gegenstande verdient hier vielleicht noch angemerkt zu werden, daß R. Lademann in Berlin anscheinend beim amerikanischen Marinedepartement viel Beachtung mit den von ihm konstruierten Raketentorpedos gefunden hat, und daß der Russe Alex. Boris Scherschevsky jetzt in Berlin mit Oberth zusammenarbeitet. Die übrigen russischen Raketenforscher in Moskau und Leningrad scheinen sich teils auf den Naphtha-Raketenmotor geworfen zu haben, teils die Idee der Raketenturbine zu verfolgen, oder aber sie wollen, wie Prof. Rynin, den sog. endlosen, treibstofflosen Flug anstreben, in der Weise, daß eine Höhe der Erdatmosphäre aufgesucht wird, wo der Sauerstoffgehalt der Luft bereits so weit abgenommen und der Wasserstoffgehalt so weit zugenommen hat, daß eigentlich ein verdünntes Knallgas vorhanden ist, welches nur durch Kompressoren angesaugt und verdichtet werden muß, um einen endlosen Flugbetrieb in dieser Höhe zu ermöglichen. Die Idee ist zweifellos genial, doch fehlt es uns noch an den notwendigen Kenntnissen, um zu beurteilen, ob es eine Luftschicht gibt, in der die vorausgesetzten Verhältnisse in einem technisch auswertbaren Grade angetroffen werden.

Der Raummangel verbietet leider zu den Buchseiten 167—173 in bezug auf Dr. F. v. Hoeffts Projekte und die Angaben über die russischen Forscher einige Ergänzungen und Berichtigungen aufzunehmen. Nur der Name Perelmann sei hier erwähnt, da dieser wohl jetzt der in Rußland erfolgreichste Verfasser von raumfahrtlichen Schriften zu sein scheint.

V

Zuletzt soll nicht vergessen sein zu berichten, daß zahlreiche Forscher sich bemühen, den Rückstoßantrieb auch für Bodenfahrzeuge oder Flugzeuge von geringer Geschwindigkeit von wenigen hundert Stundenkilometern dadurch nutzbar zu machen, daß sie entweder den Raketenstrahl am Umfang eines entsprechend rasch verlaufenden Turbinenrades austreten lassen oder versuchen, durch Injektordüsen einen Mitreißungseffekt auf das umgebende Medium auszuüben, so daß sich der ursprüngliche Raketengasstrahl von geringer Masse und hoher Ausströmungsgeschwindigkeit in einen solchen von großer wirksamer Masse und geringer Ausströmungsgeschwindigkeit verwandelt. Nicht wenige Patente sind gerade auf diesem Gebiete von Außenseitern mit bisher in der Raketenforschung ganz unbekanntem Namen angemeldet worden, so daß die Hauptvertreter des Rückstoßantriebes mehrfach erleben konnten, bei ihren Anmeldungen abgewiesen zu werden. Es beschäftigen sich eben zur Zeit immer mehr Köpfe mit dem Problem der Raketenforschung. Dies hat jedenfalls das eine Gute, daß die Sache des Rückstoßantriebes im ganzen genommen keinen Rückschlag mehr erleiden kann, und daß ein Mißerfolg eines einzelnen Forschers gegenüber der Gesamtheit lange nicht mehr so ins Gewicht fällt, wie im vergangenen Jahre, als der Verfasser mit Opel und Sander die einzige Gruppe darstellte, von der in Deutschland großangelegte, praktische Raketenantriebsversuche unternommen wurden.

So hat denn die Rückstoßforschung im letzten Jahre eine ungeahnte Verbreiterung und Vertiefung erfahren und wird jetzt auch an mindestens drei Stellen mit so mächtigen Geldmitteln gestützt, daß ganz unzweifelhaft über kurz oder lang auch äußerlich sichtbar vor aller Welt neue Erfolge eintreten müssen.

Der Begriff »Schnellverkehr mit Raketenkraft« wird dann kein leeres Wort mehr sein, und auch der »Vorstoß in den Weltenraum« mag dann zur Tat werden. Für die Welt wird es im Grunde gleichgültig sein, wer von den einzelnen Forschern die entscheidenden Erfindungen macht, für die Forscher selbst aber ist es ein harter Kampf, bei welchem ein jeder alle Mittel, die ihm zu Gebote stehen, und auch sein eigenes Leben einsetzen muß, und auch gerne einsetzt, denn ein jeder weiß, daß nur durch die Anspannung aller Kräfte und im edlen Wettstreit der Geister dieses größte technische Problem gemeistert werden kann.

Bochum, den 10. November 1929.

Max Valier.

VI

Inhaltsübersicht.

VII

VIII

Die zu überwindenden Hindernisse.

I. Der Bannkreis der Schwere.

Die meisten Verfasser der neuern Raumschiffahrts-Romane machen es ihren Helden leicht, das Schwerefeld der Erde zu überwinden. Sie lassen diese nämlich meist einfach einen neuen Stoff entdecken, der von sich aus schwerefrei ist, oder sonst ein Mittel erfinden, durch welches das Schwerefeld der Erde selbst aufgehoben werden kann.

1. Das Wesen der Schwerkraft.

Nun wissen wir zwar bis heute noch nicht, was das Wesen der Schwere ist und worin eigentlich ihre Kraftwirkung besteht, und es wäre immerhin denkbar, daß es schwerefreie Stoffe gibt oder sonst Möglichkeiten, die Schwerewirkung auszuschalten. Der Vergleich mit dem Elektromagneten, der seine Kraft verliert, wenn der in seinen Spulen fließende Strom unterbrochen wird, liegt sehr nahe. Aber wahrscheinlich ist es doch nicht, daß in absehbarer Zeit Versuche auf diesen Wegen zum Erfolge führen könnten, denn alle wissenschaftliche Erfahrung spricht bis zur Stunde dagegen. Es ist bisher nicht nur niemals gelungen, die Schwerewirkung einer Masse zu verändern, d. h. künstlich zu steigern oder zu verringern, sondern auch nicht einmal, sie abzuschirmen. Licht- und Wärmestrahlen, ja die viel durchdringungskräftigeren Röntgenstrahlen, die elektrischen Wellen und die Strahlungen der radioaktiven Elemente lassen sich aufhalten, wenn man ihnen geeignete Hindernisse in den Weg stellt. Einzig die »Schwerestrahlen« haben sich noch auf gar keine Weise auf ihrem Wege hemmen lassen. Selbst der Körper des Erdballs scheint von ihnen noch ohne jede Beschwerde durchsetzt zu werden. Wenigstens sind alle Versuche, bei totalen Mondfinsternissen eine Abschirmwirkung der Schwerestrahlen der Sonne durch das Dazwischentreten des Erdkörpers zwischen Sonne und Mond festzustellen, bis heute gescheitert.

Es scheint danach, daß die Schwerkraftsbetätigung der Masse kaum minder fest anhaftet als ihr Beharrungsvermögen, und wir

Valier, Der Vorstoß in den Weltenraum. 4. Aufl.   I

1

müssen diesen Befund — so anfechtbar er vom Standpunkte des reinen Denkens aus erscheinen mag — einstweilen und solange als Erfahrungstatsache hinnehmen, bis das Gegenteil erweisbar wird. .Diese Lage der Dinge ist .freilich recht betrüblich und müßte uns aller Hoffnung berauben, jemals unsere Erde verlassen zu können, wenn der Vorstoß zu den Sternenräumen an die Entdeckung eines neuen, schwerelosen Stoffes oder an die Möglichkeit der Ausschaltung des Schwerefeldes der Erde geknüpft wäre. Glücklicherweise ist dies nicht der Fall. Es genügt vollkommen, die Erdschwere in ehrlichem Ringen zu besiegen, indem wir ihr eine mächtigere, von uns technisch beherrschte andere Naturkraft entgegensetzen. Dazu aber stehen uns sogar verschiedene Wege offen. Ob sie wirklich zu dem Ziele, uns mit Raumschiffen über den Bannkreis der Erdschwere zu erheben, führen können, das zu beurteilen ist erst möglich, wenn wir den zu überwindenden Hauptgegner, den Panzer des Erdschwerefeldes, nach seiner Eigenart und Stärke gründlich kennengelernt und zahlenmäßig erfaßt haben, denn erst dann vermögen wir die aufzuwendenden Kraftleistungen zu ermitteln, die notwendig sind, um ihn zu durchbrechen.

2. Die Schwere an der Erdoberfläche.

Auf der Erdoberfläche, im täglichen Leben, erfahren wir die Wirkung der Schwere auf eine doppelte Weise. Jeder frei bewegliche, nicht unterstützte Körper erhält durch sie einen Antrieb zum Erdmittelpunkte hin, die sog. Fallbeschleunigung, jeder durch eine Unterstützung am freien Fall verhinderte Körper übt auf seine Unterlage einen Druck aus, den wir auch sein Gewicht nennen. Wir sagen daher: auf jeden Körper an der Erdoberfläche wirkt die Schwere als eine lotrecht nach unten gerichtete Kraft. Ihre Stärke können wir entweder durch die Maßgröße des Druckes oder der Fallbeschleunigung bzw. Fallhöhe in der ersten Sekunde bestimmen. Als Einheit der Kraft gilt dabei der Schweredruck, welchen der in Sèvres bei Paris im internationalen Maß- und Gewichtsbureau aufbewahrte Platin-Iridiumblock auf seine Unterlage ausübt. Wir nennen ihn ein Kilogramm (kg) und bezeichnen ihn als das Gewicht (G) dieser Stoffmenge. Beraubten wir den Block seiner Unterstützung, so würde er an jenem Orte in der ersten Sekunde 4,903325 m tief fallen und dabei eine Endgeschwindigkeit gleich dem Doppelten dieser Zahl, nämlich 9,80665 m/sec erlangen.

2

Diesen letzten Wert nennt man auch die Schwerebeschleunigung (g) an der Erdoberfläche, weil sie den sekundlichen Geschwindigkeitszuwachs angibt, welchen ein dem freien Falle überlassener Körper.hier durch den Antrieb der Erdschwerkraft erfährt.

Teilen wir das Gewicht eines Körpers durch die Schwerebeschleunigung an seinem Standorte, so erhalten wir seine Masse $(M) = (G/g)$. Diese bleibt im Gegensatz zum Gewicht, das sich mit der Feldstärke der jeweils herrschenden Schwerkraft ändert, bei allen Ortsverschiebungen des Körpers im Raume, wie auch allen chemischen oder physikalischen Zustandsänderungen desselben stets sich selbst gleich, ist also ein Festwert von höchster Wichtigkeit und für die meisten späteren Betrachtungen die einzig brauchbare Grundlage. Als Einheit gilt hier das Massenkilogramm (kg+). ·

Da für das mittlere Deutschland nahe dem Meeresspiegel, entsprechend einem mittleren Erdhalbmesser von 6371 km die Schwerebeschleunigung $g = 9{,}81$ m/sec beträgt, so besitzt danach ein Körper dann 1 kg+ Masseninhalt, wenn er auf den üblichen Wagen ein Gewicht von 9,81 kg anzeigt, und umgekehrt ein Körper von 1000 kg Gewicht eine Masse von 101,93 kg+.

Dies sind die Erfahrungen, welche wir an der Erdoberfläche selbst über unseren Hauptgegner, die Erdschwere sammeln können.

3. Das Schwerefeld um den Erdball.

Eine Frage für sich ist es, wie sich die Schwerewirkung des Erdballs verhält, wenn wir uns von der Erdoberfläche nach oben, d. h. nach außen gegen den Weltenraum entfernen. Die Erfahrung lehrt, daß sich das Gewicht jedes Körpers verringert, wenn wir ihn vom Erdboden heben. Ein 1 kg Gewicht, in die Höhenlage von 1000 m über dem Meere gebracht, zeigt dort auf einer feinen Federwage nur mehr einen Druck von 999,25 g an. Diese Gewichtsabnahme hat ihren Grund in dem Ausbreitungsgesetz der Schwere. Seit Newton wissen wir, daß die Feldstärke der Schwere um jede anziehende Masse her mit dem Quadrate der Entfernung von ihrem Mittelpunkte abnimmt.

Dies bedeutet: setzen wir den Erdhalbmesser ($R = 6371$ km) und die Fallbeschleunigung am Meeresspiegel ($g = 9{,}81$ m/sec²) gleich Eins, dann beträgt die Feldstärke der Erdschwere im doppelten Abstand vom Erdmittelpunkt nur noch ein Viertel, im dreifachen ein Neuntel, im vierfachen ein Sechzehntel, im fünffachen ein Fünfundzwanzigstel, im zehnfachen ein Hundertstel und im tausendfachen ein Millionstel ihres ursprünglichen Wertes an der Erdoberfläche. Im gleichen Verhältnis nimmt natürlich auch das Gewicht (kg) jedes in den Raum emporgehobenen Körpers ab, während seine Masse (kg⁺) unverändert bleibt.

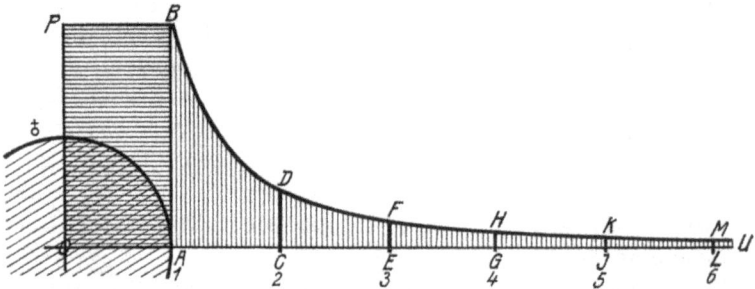

Abb. 1. Schaulinie der Erdschwere. Auf der Wagrechten ist der Abstand vom Erdmittelpunkte in Erdhalbmessern (1, 2... 5, 6) aufgetragen, die Höhe der Lote AB, CD oder EF usw. versinnlicht die Stärke der Erdschwere in der betreffenden Entfernung OA, OC oder OE usw. Die gesamte Kurvenfläche ABU ist gleich groß wie das Rechteck $ABPO$. Der Erdball ist als Kreis um den Punkt O mit dem Zeichen der Erde ⴲ angedeutet.

Die anschaulichste Vorstellung von der Abnahme der Schwerkraft um einen Himmelskörper bietet die Schwerekurve dar (vgl. Abb. 1).

Man erhält sie, wenn man im »Achsenkreuz« die Entfernungen wagrecht, die Kraftwerte lotrecht aufträgt und die Enden verbindet (vgl. Abb. 1). Zweckmäßig setzt man dabei den Erdhalbmesser und die Stärke der Schwere an der Erdoberfläche gleich 1 an, weil man dann im Vergleich mit anderen Gestirnen die beste Übersicht hat.

Im gleichen Grade, wie die Kurvenhöhe über der Grundlinie sinkt, nimmt die Feldstärke der Schwerkraft ab.

4. Das Schwerefeld um andere Himmelskörper.

Newtons Gesetz gestattet sofort auch für andere Himmelskörper die Schaulinie ihrer Schwere zu zeichnen, wenn nur ihr Durchmesser und ihre Masse (im Vergleich zur Erde) bekannt sind. So ergibt sich für den Mond die Kurve sogleich, wenn wir nur alle Lote der Erdschwerelinie 81 mal kürzen, denn sovielmal ist seine Masse geringer. Freilich ist auch sein Halbmesser kleiner, seine Oberfläche steht also dem Mondmittelpunkt näher. Die Schwere auf ihr ergibt sich infolgedessen nicht zu $1/81$, sondern zu $1/6$ von der auf der Erde. Mit ihr wird natürlich auch das

4

Gewicht, der Fallraum und die Beschleunigung sechsmal so klein wie auf unserem Heimatstern. Nicht ändert sich aber die Masse der Körper. Ein Schinken, auf den Mond mitgenommen, sättigt dort uns nicht weniger als hier auf der Erde, wenn er auch nur

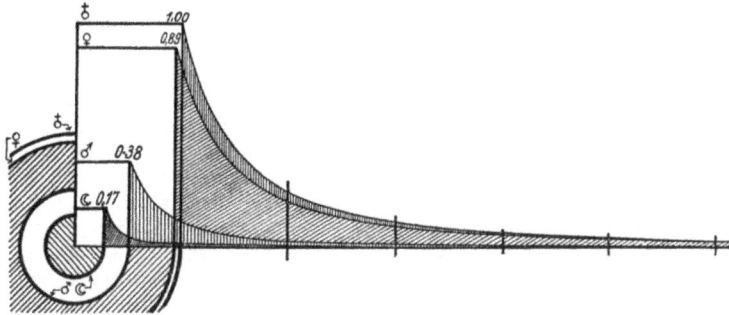

Abb. 2. Schaulinien der Schwerewirkung der Himmelskörper Erde (☉), Venus (♀), Mars (♂) und Mond (☾) im Maßstabe der Abb. 1 zum Vergleiche einander gegenübergestellt und in dasselbe Achsenkreuz eingezeichnet. Erddurchmesser und Schwere an der Erdoberfläche sind im Maßstabe gleich 1,00 angesetzt.

mehr als ein Sechstel Gewicht zeigt. Ein Athlet aber wird auf dem Monde die sechsfache Masse zu stemmen vermögen, denn für seine Muskelkraft kommt es nicht auf diese, sondern nur auf das Gewicht an. (Für die andern Planeten siehe die zugehörigen Werte in der Tabelle auf S. 8—9.)

5. Hubarbeit und Schweremacht.

Wir nennen die Arbeit, welche erforderlich ist, um ein 1-kg-Gewicht 1 m zu heben, ein Meterkilogramm (mkg). Nähme die Schwerkraft nach oben nicht ab, so wäre die Arbeit, es 1000 m zu heben, gleich 1000 mkg. In Wahrheit ist sie geringer, weil eben die Schwere nach dem Newton-Gesetz abnimmt. Fragen wir nun, welche Arbeit erforderlich ist, um ein 1-kg-Gewicht bis über die Grenze der Schwere des Erdballs (oder ins Unendliche) zu heben, so sagt uns der Flächeninhalt der Schwerkraftskurve die Antwort: diese Arbeit ist gleich jener, dasselbe Gewicht im ungeschwächt gedachten Erdschwerefeld einen Erdhalbmesser (6371 km) hoch zu heben, also für unsere Erde 6371 000 mkg. Wir nennen diese Zahl das Potential oder die Schweremacht unserer Erde.

Die höhere Mathematik vermag nämlich zu zeigen, daß die von der Schwerkraftskurve mit der X-Achse und dem Lot im Oberflächenpunkte eingeschlossene Fläche inhaltsgleich ist mit dem Rechteck aus demselben Lot mit dem Halbmesser des Gestirns. Setzen wir das Potential für den Hub ins Unendliche gleich 1, dann finden wir die Hubarbeit auf beliebige Höhe R durch die Beziehung $H = 1 - (1/R)$, wenn $\dot{R}$ den Abstand des Hubscheitelpunktes vom Sternmittelpunkt in dessen Halbmessern ausgedrückt, bedeutet. Soll aber z. B. die Schweremacht anderer Himmelskörper mit dem Potential unserer Erde verglichen werden, so findet man diese sofort durch das Einsetzen der Verhältniswerte. Für den Mond z. B., dessen Durchmesser nur $^2/_7$, dessen Oberflächenschwere $^1/_6$ beträgt, $^2/_7 \times ^1/_6 = ^2/_{42} = ^1/_{21}$. Für Jupiter hätten wir $11,19 \times 2,54 = 28,4$. Das bedeutet: Es ist 21 mal leichter, den Panzer der Mondschwere zu durchschlagen als den unserer Erde, aber $28\frac{1}{2}$ mal schwerer, die furchtbare Schweremacht des Himmelsriesen Jupiter zu überwinden. Vom Monde ist also die Rückkehr zur Erde im Verhältnis zum Aufstieg vielmals leichter. Vor Jupiter aber müssen die Raumschiffe sich hüten, sollen sie seiner Bannkraft nicht für immer verfallen. Für das Schwerfeld der Sonne berechnet sich ähnlich die schreckbare Ziffer 3052. Indessen kreist ja glücklicherweise die Erde $149\frac{1}{2}$ Millionen km hoch über dem Sonnenball, so daß dessen Schwerefeld im Raum um die Erde nur mehr winzig geringe Stärke besitzt (Fallbeschleunigung zur Sonne 5,9 mm/sec², zur Erde 9810 mm/sec²).

Da es für die Beurteilung der Möglichkeit, auf andern Himmelskörpern zu landen und von ihnen wieder aufzusteigen, notwendig ist, ihre Schweremacht sowohl absolut in mkg, wie im Vergleich zur Erde zu kennen, geben wir die wichtigsten Werte noch (siehe S. 8—9) in Tabellenform.

6. Parabolische und Kreisbahn=Geschwindigkeit.

Auch der Begriff der Arbeit in mkg, welche zur Überwindung des Schwerefeldes eines Gestirns erforderlich ist, hat noch nicht jenen Grad von Anschaulichkeit, die wir zum raschen Überblick über die Leistung eines Raumschiffs brauchen, das eine bestimmte, vorgeschriebene Reise durch die Sternenwelt unternehmen soll. Dazu müssen wir vielmehr auf den Begriff der Geschwindigkeit übergehen, die hinreicht, den mit ihr begabten Körper aus dem Bannkreis der Schwerefelder zu entführen. Man nennt sie die parabolische Geschwindigkeit, weil in solchem Falle die Bahn des Körpers eine Parabel ist.

Die Berechnung geschieht sehr einfach nach dem Satz, daß die Wucht eines bewegten Körpers gleich ist seiner Masse mal dem halben Quadrat seiner Geschwindigkeit, oder als Gleichung $W = M \cdot \frac{1}{2} \cdot V^2$. Die Wucht ist nämlich nichts anderes als das Arbeitsvermögen oder die lebendige Kraft des bewegten Körpers, die in Erscheinung tritt, wenn dieser in seiner gleichmäßigen Fortbewegung gehemmt wird. Sie ist gleich groß wie die

Antriebsleistung, die aufgewendet werden mußte, um vorher den Körper aus der anfänglichen Ruhelage auf die zuletzt innegehabte Endgeschwindigkeit zu bringen. Da nun die Masse eines Gewichts von 1 kg gleich 0,102 kg+ beträgt, kann man durch Einsetzen in die vorstehende Gleichung sofort die zugehörige Geschwindig-keit finden, bei welcher die Wucht dieser Masse gleich der Schweremacht unserer Erde oder 6371000 mkg wird. Man erhält $V_p = $ 11181 m/sec.

Diese Geschwindigkeit, einem Körper erteilt (dabei immer noch abgesehen vom Luftwiderstande beim Durchdringen der Erdatmosphäre), wird also hinreichen, ihn aus dem Bannkreis des Erdschwerefeldes hinauszutreiben. Umgekehrt wird ein aus dem Unendlichen herabfallender Körper mit der nämlichen Endgeschwindigkeit am Erdboden ankommen.

Gilt die parabolische Geschwindigkeit von 11181 m/sec für unsere Erde am Meeresspiegel, so berechnet sie sich für beliebige Höhen über diesem nach dem Satz, daß sie mit der Wurzel aus dem Abstände vom Erdmittelpunkte abnimmt. So beträgt sie 1600 km über dem Meer nur noch 10000 m/sec, einen Erdhalbmesser über dem Meer 7906 m/sec und drei Erdhalbmesser hoch, oder vier Halbmesser vom Erdmittelpunkte entfernt die Hälfte von 11181 m/sec, das ist 5590 m/sec.

Für andere Himmelskörper findet man die entsprechenden parabolischen Geschwindigkeiten an ihren Oberflächen am einfachsten, indem man das Produkt aus ihrer Oberflächenschwere und ihrem Durchmesser bildet und daraus die Wurzel zieht, nach der Gleichung $V_p = \sqrt{g \cdot D}$, woraus sich durch Einsetzen der für unsere Erde geltenden Werte 9,81 · 12742 unter das Wurzelzeichen ebenfalls $V_p = $ 11181 m/sec ergibt. Es zeigt sich, daß an der Oberfläche der Venus V_p gleich 10000 m/sec, auf Mars 5030 m/sec, auf Merkur 4300 m/sec, auf unserem Monde 2400 m/sec beträgt. Für die beiden Marsmonde Phobos und Deimus und die kleinsten unter den sogenannten Asteroiden aber, deren Durchmesser nur wenige Kilometer beträgt, ergeben sich sogar parabolische Geschwindigkeitswerte von nur 20—25 m/sec, das sind Beträge, welche schon ein aus freier Hand geworfener Stein erreicht.

Teilt man die parabolische Geschwindigkeit durch die Zahl 1,414, so findet man die am gleichen Orte geltende sogenannte Kreisbahn-Geschwindigkeit, welche, einem Körper erteilt,

Name des Gestirns	Äquatordurchmesser		Masse Erde = 1	Oberfl.- Schwere Erde = 1	Fallhöhe 1. Sekunde m
	Erde = 1	in km			
Sonne . . .	109,05	1 391 000	333 432	28,04	137,1
Mond . . .	0,272	3 470	0,0123	0,16	0,8
Merkur . . .	0,380	4 842	0,06	6,06	1,9
Venus . . .	0,956	12 191	0,82	0,82	4,4
Erde	1,000	12 756	1,00	1,00	4,9
Mars . . .	0,532	6 784	0,11	0,38	1,9
Jupiter . . .	11,19	142 745	318,36	2,54	12,4
Saturn . . .	9,47	120 780	95,22	1,06	5,2
Uranus . . .	3,90	49 692	14,58	0,96	4,7
Neptun . . .	4,15	53 000	17,26	1,00	4,9

diesen zwingt, in einem genauen Kreis um das Anziehungszentrum zu laufen. Für unsere Erde am Meeresspiegel erhält man $V_k =$ 7906 m/sec.

Bei Geschwindigkeiten, welche zwischen den beiden vorgenannten liegen, ergeben sich Ellipsen, welche im aufsteigenden Ast zuerst den Körper von der Erdoberfläche in den Raum hinauftragen, nach Durchschreitung des Bahnscheitels aber wieder zu ihr heruntersinken lassen. Wegen der Wichtigkeit von V_p und V_k für die Beurteilung der für gewisse Weltraumfahrten erforderlichen Maschinenleistung der Schiffe geben wir die Ziffernwerte in obenstehender Tabelle.

7. Begriff des idealen Antriebs.

Das Problem der Weltraumfahrt, im Sinne einer völligen Loslösung vom Heimatstern, läuft energietheoretisch darauf hinaus, Maschinen zu bauen, die sich eine größere Wucht oder lebendige Kraft der Bewegung zu erteilen vermögen, als in der für ihren Planeten parabolischen Geschwindigkeit steckt. Nicht wir Menschen sind also eigentlich zu schwach gewesen, um in den Raum aufzusteigen, sondern die Erde als großer und massereicher Himmelskörper war nur bisher zu stark für unsere technischen Hilfsmittel, die nicht hinreichten, um den Panzer ihres gewaltigen Schwerefeldes zu durchbohren.

Zu bescheideneren Vorstößen in geringere Höhen des Raumes in der Umgebung der Erde genügen natürlich schon wesentlich geringere lebendige Kräfte, während zu Fahrten im Sonnen-

8

| Schwere Macht Erde = 1 | Parabol- | Kreis- | Umlaufgeschwindigkeit um die Sonne km/sec | |
| | Geschwindigkeit | | | |
	km/sec	km/sec	Kreis	Parabel
3052	622,00	439,00	(Mond um Erde)	
0,044	2,39	1,69	1,02	1,44
0,148	4,29	3,03	48,1	68,0
0,950	10,00	7,07	35,2	49,8
1,000	11,18	7,91	29,9	41,8
0,202	5,03	3,54	25,9	36,7
28,423	59,30	41,90	13,1	18,6
10,038	35,50	25,10	9,67	13,7
3,744	19,80	14,00	6,84	9,7
4,150	22,40	15,80	5,46	7,7

reiche mit Landungen und Wiederaufstiegen, Umfahrungen und sonstigen Manövern bei anderen Gestirnen wesentlich größere Energieaufwendungen nötig sind, als um bloß dem Bannkreis der Erdschwere zu entrinnen (s. a. Zusammenfassung S. 39).

In jedem Falle aber läßt sich die gesamte Maschinenleistung des Raumschiffs, die für eine vorgeschriebene Raumreise erforderlich ist, durch eine einzige Ziffer ausdrücken, die wir

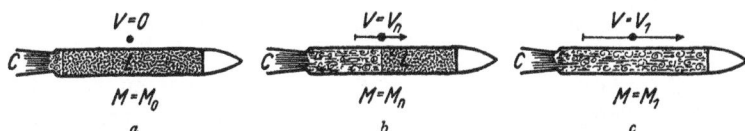

Abb. 3. Schema einer abbrennenden Rakete: a) im Augenblick der Entzündung, b) halb abgebrannt, c) im Moment des Ausbrennens der Ladung L. M_0 die Anfangs-, M_1 die Endmasse, V_0 die Anfangs-, V_1 die Endgeschwindigkeit. C die Auspuffgeschwindigkeit des Gasstrahls der Rakete. Dann ist der »ideale Antrieb« $V_1 = C \lognat (M_0/M_1)$. Näheres s. S. 113.

den idealen Antrieb nennen. Man versteht darunter jene ideale Endgeschwindigkeit, welche sich das Schiff durch den vollständigen Verbrauch seiner Treibstoffladung in einem Zuge in einem vollkommen leeren und schwerefreien Raum selbst zu erteilen vermöchte, wenn es bloß den Widerstand seiner eigenen Massenträgheit zu überwinden hätte, sonst aber keinerlei Einbußen durch Luftwiderstände und verzögernde Schwerefelder erlitte. Soll ein Schiff für eine bestimmte Raumreise tauglich sein, dann muß seine nach der soeben gegebenen Begriffsbestimmung berechnete ideale Antriebsleistung mindestens gleich groß sein, wie die Summe aller Verzögerungen, Widerstände und Geschwindigkeitsänderungen, die sich auf der ganzen Fahrt ergeben.

8. Die Reichweite der Schwerkraft.

Wäre Newtons Formel im Weltraum genau erfüllt, so würde die Schwerewirkung einer Masse überhaupt niemals Null und ihre Reichweite wäre unendlich. Man dürfte dann von einer eigentlichen Grenze des Schwerefeldes um die Körper nicht sprechen.

Es ist noch nicht lange her, daß man allgemein geglaubt hat, alle Gestirne des Himmels, auch die entlegensten, wären einander durch die Schwere verbunden. Heute neigt man im Gegenteil vielfach zu der Ansicht, daß die Schwere der Sonne nicht einmal bis zu Alpha Centauri, unserm Nachbarn im Sternreich, langen mag. Doch ist außer Zweifel, daß innerhalb des Sonnenstaates Newtons Formel mit solcher Schärfe erfüllt ist, daß wir uns für alle Zwecke der Raumschiffahrt im Planetenreich mit vollkommener Sicherheit auf sie verlassen dürfen. Hier also durchdringen sich wirklich die Schwerbereiche der einzelnen Körper, und es gibt keinen tatsächlich schwerefreien Raum. Wenn wir daher im folgenden vom Schwerebereiche der Erde, des Mondes usf. sprechen, so meinen wir damit nicht einen bestimmt abgegrenzten Raum, der das Wirkungsfeld der Erdanziehung wie eine Seifenblase in sich schließt, sondern als Schweregrenze der Erdkraft sehen wir jeweils jene Scheidelinie an, hinter welcher die Schwerkraft eines andern Gestirns zu überwiegen beginnt. Sie liegt verschieden, je nachdem, welchen Körper wir gerade betrachten, anders zwischen Erde und Mond, Erde und Mars, Erde und Sonne.

9. Sich durchdringende Schwerefelder.

Es ist uns noch übrig, das Sichübergreifen verschiedener Schwerefelder und seine Folgen an einem Beispiele klar zu erläutern. Am besten eignen sich dazu zwei Himmelskörper, deren Massen nicht zu verschieden und deren Entfernungen voneinander nicht zu groß sind; denn sonst ist es unmöglich, ihre Schwerekurven vollständig und maßstäblich richtig auf ein Blatt Papier zu bringen. Wollten wir da etwa Erde und Mond als Beispiel nehmen, so müßte das Papierblatt mindestens 1 m breit und 10 m hoch sein. Wir denken uns daher ein Körperpaar derart, daß sich die Durchmesser verhalten wie 1 : 2, die Massen (bei gleicher

10

Dichte) danach wie 1:8. Der Abstand soll 5 Halbmesser des größeren Körpers (gleich 10 des kleineren) betragen. Dann erhalten wir ein Bild, das sich sehr schön überblicken läßt (vgl. Abb. 4). Aus dem früher Gesagten ergibt sich, daß die Oberflächenschweren (im Bilde die Lote an den Sterndurchmessern) verhalten wie 2:1, d. h. auf dem Boden des größern Körpers wiegt eine Masse doppelt soviel wie auf dem kleineren. Weiter folgt, daß die von den

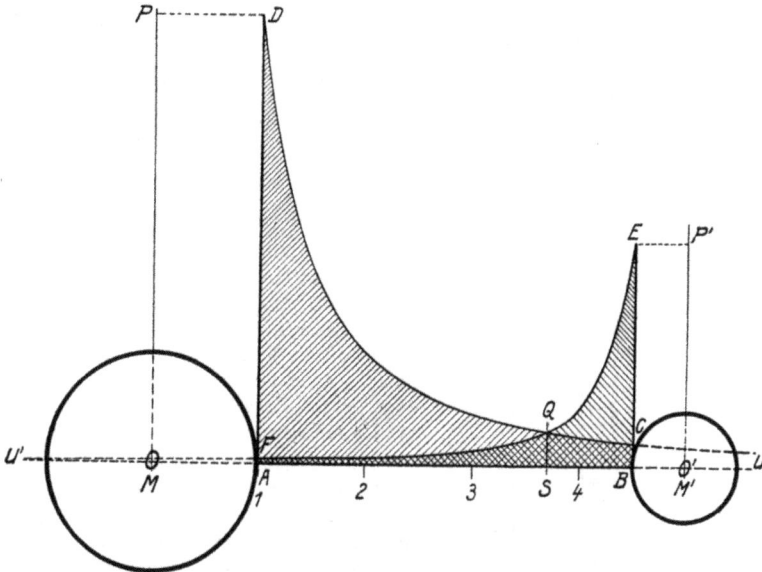

Abb. 4. Das Sichübergreifen der Schwerefelder zweier Gestirne M und M', deren Masse sich verhält wie 8:1 und deren Abstand 5 Halbmesser des größeren Körpers beträgt. (Nähere Erklärung der Buchstaben siehe nebenstehenden Buchtext.)

Schwerekurven gebildeten Flächen sich verhalten wie 1:4, denn bei halber Oberflächenschwere hat der kleinere Körper auch nur halben Durchmesser und $\frac{1}{2} \times \frac{1}{2} = \frac{1}{4}$. Es ist also vom kleinern Körper viermal leichter loszukommen als vom großen, schon wenn man jeden von beiden zunächst für sich allein betrachtet. In Wahrheit ist es noch viel leichter, weil sich eben — was wir jetzt erklären wollen — die Schwerefelder gegenseitig übergreifen und teilweise aufheben.

Wie man sieht, schneiden sich beide Schwerekurven in einem Punkte Q. Fällen wir von ihm das Lot herab auf die Wagrechte, welche die Mittelpunkte der beiden Gestirne miteinander verbindet, so erhalten wir den Punkt S. Es ist der sog. »schwerefreie Punkt«, was nun ohne weiteres einleuchtet. Daß die Kurven sich im Punkte Q schneiden, bedeutet nämlich, daß dort ihre Lote gleich hoch, die Kräfte also gleich stark sind. Da sie außerdem entgegengesetzt gerichtet sind — denn jeder Stern zieht zu seinem Mittelpunkte hin —, so heben sich die beiden gleich starken, aber entgegengesetzt wirkenden Schwerekräfte auf oder halten sich, wie man auch sagen kann, das Gleichgewicht. Irgendeine Masse, etwa ein Raumschiff, an diesen Punkt gebracht, unterliegt keiner Anziehung mehr, weder zum einen noch zum andern Gestirn hin.

Hier ist die Wasserscheide der Schwerkraft, wenn dieser Ausdruck erlaubt ist. Deshalb ist der Punkt S auch, vom Standpunkte des irdischen Beobachters gesprochen, der höchste Punkt auf der Strecke von A nach B, denn nur bis zu ihm geht es von A oder B jeweils hinauf, hinter ihm schon wieder hinunter.

Dabei teilt der schwerefreie Punkt den Abstand beider Gestirne $M M'$ im Verhältnis der Wurzel aus ihren Massen. D. h. für Erde und Mond, deren Massenverhältnis $81:1$ ist, liegt der Punkt S neunmal soweit vom Erdmittelpunkt entfernt, als vom Mondmittelpunkt oder $9/10$ des Mondabstandes, gleich $345\,960$ km vom Erdzentrum, $1/10$ oder $38\,440$ km vor dem Mondzentrum.

Nun darf man nicht denken, daß sich die Schwerkräfte zweier Gestirne nur in diesem Punkte messen. Sie tun es vielmehr auf der ganzen Strecke von einem Stern zum andern hin, ja noch allgemeiner ausgedrückt, im ganzen Umraum, nur überwiegt stets die Anziehung des einen oder andern Körpers, und zwar desjenigen, dessen Schwerekurve an jener Stelle höher liegt. Um die wahre Anziehung zu finden, wel-

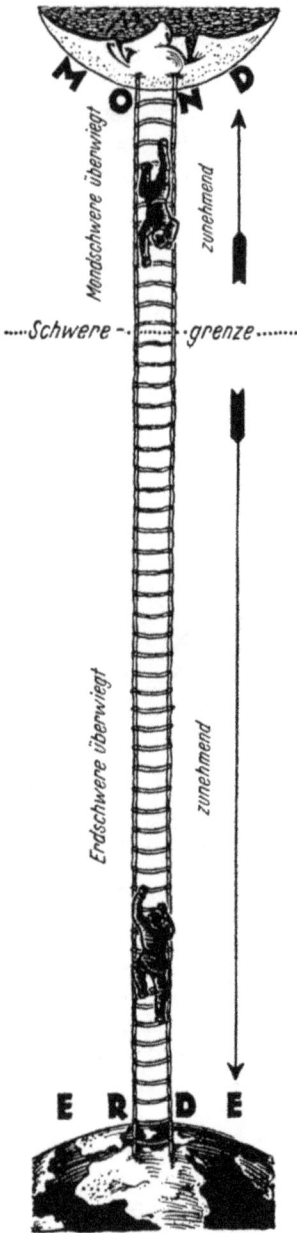

Abb. 5.

12

cher eine Masse unterliegt, die sich an einer beliebigen Stelle der Verbindungslinie der Mittelpunkte beider Gestirne (M und M') befindet, müssen wir immer die dort herrschende Stärke beider Schwerekräfte geometrisch voneinander in Abzug bringen.

Dieser gravitations-theoretische Sachverhalt würde zur Folge haben, daß ein Mann, der etwa auf einer gedachten Strickleiter von der Erde bis zum Monde steigen wollte, von Sprosse zu Sprosse an Gewicht verlieren und sich endlich auf der Sprosse, die dem schwerefreien Punkte entspricht, ganz gewichtslos fühlen würde. Weiterkletternd würde er dann merken, daß er kopfüber steht, da es zum Monde nunmehr hinunter geht und genötigt sein, sich darum auf der Leiter umzudrehen und seine Füße dem Monde zuzuwenden, auf dessen Oberfläche er mit zunehmendem Gewichte die Sprossen abwärtssteigend, mit einem Sechstel seines Erdgewichts ankäme. (Vgl. Abb. 5.)

Anders indessen, wenn ein Raumschiff in freiem Fluge sich von der Erde zum Monde bewegt. Da es im mechanischen Sinne als nicht unterstützt anzusehen ist, nimmt sein Gewicht nicht wie im Beispiel vom Mann auf der Leiter ab, sondern es ist immer gleich Null, solange das Schiff dem freien Falle nach oben oder unten unterworfen ist, d. h. immer dann, wenn die Schiffsmaschinen nicht arbeiten. Die Insassen eines Raumschiffs werden daher nicht erst allmählich mit Annäherung an den schwerefreien Punkt gewichtslos, sondern fühlen sich schon vom Augenblick, in welchem der Antrieb der Maschinen aufhört, völlig gewichtslos, bis zu dem Moment, in welchem wieder die Maschinen etwa zur Bremsung oder Richtungsänderung in Betrieb gesetzt werden. (Vgl. Abb. 6.)

Wenn ein Raumschiff vom großen Stern auf den kleinen fahren soll, so braucht es also nicht das volle theoretische Schwerefeld ADU zu überwinden, auch nicht einmal bis zur Erreichung der Oberfläche des kleinen Gestirns mit der Schweremacht des Hauptsterns zu kämpfen, sondern nur bis hinauf zum Punkte S, hinter

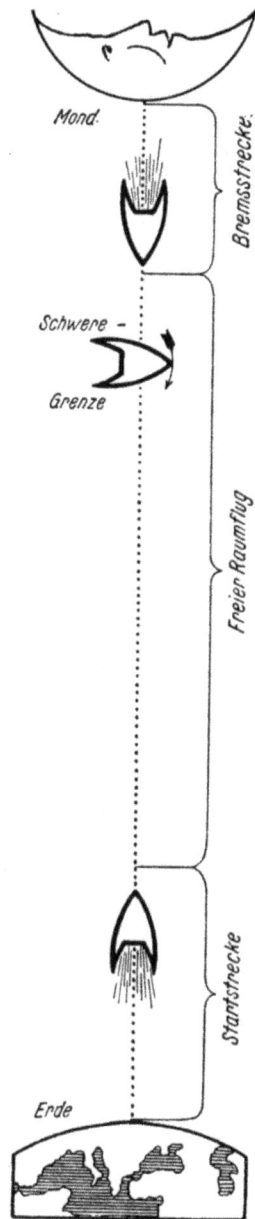

Abb. 6.

13

welchem es von selbst dem Ziele entgegenfällt. Es braucht also nicht die Arbeit zu leisten, deren Sinnbild die Fläche ADU ist, auch nicht die, welche der Fläche $ABCD$ entspricht, sondern einzig und allein die Leistung muß aufgebracht werden, welche der Fläche FQD zugehört. Das ganze Flächenstück $ABCQF$, welches beiden Schwerekurven gemeinsam ist, fällt weg, da sich beide hier gegenseitig aufheben. Dasselbe gilt für die Rückfahrt, so daß auch hier nicht BEU' oder $BEAF$ zu leisten ist, sondern nur CQE, ein Flächenzipfel, der in unserm Beispielsfalle nur rund die Hälfte des Flächeninhaltes von BEU' ausmacht. Wir erkennen jetzt, daß für den Arbeitsaufwand, der zur Reise zwischen zwei einander sehr nahe stehenden Himmelskörpern notwendig ist, nicht einfach das Verhältnis ihrer gegenseitigen Schweremacht $(ADU : BEU')$, sondern nur das der abzüglich der gegenseitigen Feldaufhebung noch verbleibenden geschwächten Felder $(FQD : CQE)$ maßgebend ist.

Wenn beide Sterne weit voneinander entfernt sind, nähert sich das Verhältnis der geschwächten Felder selbstverständlich dem der ungeschwächten, denn dann sinkt das gemeinsame Flächenstück $(ABCQF)$ zum verschwindenden Bruchteile der verbleibenden Flächen $(FQD$ und $CQE)$ herab. Für das Sternpaar Erde-Mond macht die Erleichterung $(ABCQF)$ nur 0,00362 vom vollen Erdschwerefeld aus, für die Rückfahrt vom Monde 0,07604 vom vollen Mondschwerefeld.

Nach C. Cranz ermäßigt sich hiedurch die zur Fahrt auf die Höhe des Mondes sonst erforderliche Anfangsgeschwindigkeit von 11087 m/sec auf 11060 m/sec und die Startgeschwindigkeit für die Rückkehr vom Mond zur Erde von 2400 m/sec auf 2369 m/sec.

10. Der kritische Punkt — Roches Mondgrenze.

Sind beide Himmelskörper einander sehr nahe, oder ist der eine von ihnen recht klein, dann ist der Fall denkbar, daß der schwerefreie Punkt ganz nahe an die Oberfläche des kleinern Körpers heranrückt oder sie sogar erreicht. Dies würde zu der eigentümlichen Erscheinung für die Bewohner des kleinen Körpers führen, daß jedermann, der sich bis an den »kritischen« Punkt vorwagt, eine unfreiwillige Himmelfahrt erlebt und vom Boden seines heimatlichen Gestirns weg, scheinbar nach oben emporschwebend, in Wahrheit gegen den großen Stern abstürzt. Es ist möglich, daß solche Zustände auf den zwei Marsmonden Phobos und Deimos nahezu eingetreten sind.

14

Wenn diese Körper heute noch immer zusammenhalten, dann verdanken sie dies nur dem innern Halt (der Kohäsion) der sie zusammensetzenden Stoffe, nicht deren Schwerewirkung (Gravitation). Würde unser Mond der Erde etwa auf 2 Erdhalbmesser genähert, so müßten auf seiner uns zugewandten Oberfläche ähnliche Erscheinungen eintreten. Es ist denkbar und wird auch von manchen Forschern angenommen, daß die Erde vor vielen Jahrzehntausenden einen solchen Mond gehabt hat, der vermutlich erheblich kleiner als der gegenwärtige gewesen ist. Seine Auflösung mußte beginnen, als die vorwitzige Spitze seines schon vorher hühnereiförmig gestreckten und zur Erde

Abb. 7. Die kritische Mondgrenze. Für jeden Hauptplaneten gibt es einen gewissen Abstand, in welchem sich ein sich ihm in Spiralbahn nähernder, lose aufgebauter Trabant in seine Bestandteile auflösen muß. Wahrscheinlich ist der berühmte Saturnring so entstanden.

hin verlängerten Körpers über den schwerefreien Punkt hereinzurücken begann. Zunächst flog alles von ihr los, was locker auf dem Mondboden lag, später folgten durch die immer mehr die Übermacht gewinnende Erdanziehung auch die Hügel und die Berge. Und nun gab's kein Halten mehr. Allmählich zog die alles zermalmende Kraft der Erdschwere dem sich vergebens gegen seine Auflösung wehrenden Gestirn gewissermaßen die Haut über den Kopf, bis schließlich in Milliarden Trümmer zerlöst der ehemalige Trabant als ein zierlicher Doppelring mit schwarzer Teilung inmitten die Erde umkreiste, bis auch dieser sich spiralig verengernd sich mit der Erde vereinigte. Ein solches Mondauflösungsergebnis ist wahrscheinlich auch der heutige Saturnring, den wir im Fernrohre als eines der herrlichsten Himmelswunder bestaunen, denn er befindet sich vollständig innerhalb dieser sog. Rocheschen Mondgrenze.

II. Theorie der Fahrten im Weltenraum.

Wir überblicken nun die Verhältnisse, wenn wir es nur mit zwei Körpern zu tun haben, in deren Schwerefeldern die Reise gehen soll. In Wahrheit liegt dieser einfache Fall nirgends wirklich streng vor. Immer wird der Weg des Raumschiffes auch durch die Anziehung aller anderen Körper des Sonnenreiches beeinflußt. Die Aufgabe, seine Bahn schon von der Erde aus rein rechnerisch vollkommen genau abzuleiten, ist daher eine sehr schwierige, und sie würde geradezu unlösbar sein, wenn nicht die Himmelskörper glücklicherweise sosehr weit voneinander entfernt wären, daß man ihre besonderen Einwirkungen im allgemeinen nur als geringfügige Störung in Rechnung stellen darf.

Übrigens muß das bemannte Raumschiff ohnehin so eingerichtet sein, daß es willkürlich steuern kann, wenn es die Fahrt von der Erde zu andern Sternen wagen will. In diesem Falle aber ist der Kapitän in der Lage, jederzeit die kleinen Störungen der verschiedenen Himmelskörper durch entsprechende Maßnahmen aufzuheben und, gleich dem Führer eines Luftschiffs, das vom Sturme abgetrieben zu werden droht, dennoch sein Ziel zu erreichen[1]).

1. Leere, Drucklosigkeit und Kälte des Raumes.

Der Laie ist geneigt anzunehmen, daß die Leere, Drucklosigkeit und Kälte im Raume zwischen den Himmelskörpern das Haupthindernis vorstellen, wenn wir die Absicht haben, andere Gestirne zu erreichen. Dies ist nicht der Fall.

Wir werden später noch zu zeigen haben, wie eine willkürliche Bewegung auch im völlig leeren Raum nach dem Satz von der Erhaltung des Schwerpunktes, auch ohne äußeren Stützpunkt, mit Raketenschiffen möglich ist. Hier sei nur bemerkt, daß die Leere des Raumes der Befahrung sogar entgegenkommt,

---

[1]) Hier setzen die Untersuchungen von Dr.-Ing. W. Hohmann ein, welche dieser erstmalig in seinem, in R. Oldenbourgs Verlag, München, 1925 erschienenen, streng wissenschaftlichen Werk »Über die Erreichbarkeit der Himmelskörper« niedergelegt hat. In dem kürzlich im Juni 1928 in Hachmeister & Thals Verlag, Leipzig, erschienenen Sammelwerk W. Leys über »Die Möglichkeit der Weltraumfahrt«, hat Hohmann diese Forschungen dann erweitert und vertieft in seinem Beitrag (Siehe dort S. 177—215) über »Fahrtrouten, Fahrzeiten, Landungsmöglichkeiten« zur Darstellung gebracht. Aus beiden Werken wurden im folgenden einige Angaben über Reisen im Raum entnommen.

16

indem die Abwesenheit einer stofflichen Erfüllung jeden Widerstand gegen die Fortbewegung der Maschinen ausschaltet, dessen Überwindung bei so ungeheuren Strecken selbst bei einer nur sehr dünnen, luftartigen Ausfüllung des Raumes so gewaltige Energieverluste zur Folge hätte, daß die Erreichung anderer Himmelskörper wohl für immer aussichtlos bliebe. Reichte z. B. die Luft in der Dichte wie am Meeresspiegel bis zum Mond, wir könnten nie zu diesem hinaufkommen, weil sich keine Maschine von solchem Aktionsradius erbauen läßt, daß sie die Bahnstrecke, die auf die Höhe des Mondes führt, gegen diesen Luftwiderstand bewältigen könnte.

Ebenso ist die Kälte des Weltenraumes eher von Nutzen als von Schaden, denn sie erhöht in erster Linie den Wirkungsgrad der Maschinen. Jede Wärmekraftmaschine leistet nämlich um so mehr, je größer das Wärmegefälle und die Druckdifferenz zwischen ihrem Explosionsraum und dem äußeren Umraum ist. Die Verhältnisse im Weltraum, absolute Drucklosigkeit und Kälte des absoluten Nullpunktes (-273^0 C) stellen daher den denkbar günstigsten Fall vor. Zum zweiten erhöht die tiefe Kälte auch die Festigkeitseigenschaften vieler im Schiffe zu verwendenden Baustoffe. Die Wandstärken mancher Teile, besonders der bleiernen Tankwandungen für die verflüssigten Gase der Treibmittel, können also dünner genommen werden, wodurch an totem Gewicht erheblich gespart wird. Und drittens ermöglicht die Kälte noch zum großen Teil eine kostenlose Kühlung der durch die Explosionen der Treibmittel hocherhitzten Teile, und bringt so eine erhebliche Gewichtsersparnis mit sich, weil zum mindesten auf einen wesentlichen Gewichtsteil der sonst erforderlichen, mitzuschleppenden Kühlstoffe oder Einrichtungen verzichtet werden kann.

Insoferne die tiefe Kälte den Insassen eines Schiffes gefährlich werden könnte, muß sie natürlich bekämpft werden, aber dies hat keine Schwierigkeit. Da die Wohnkammer im Schiffsinnern vorzüglich gegen Ausstrahlung nach dem Grundsatz der Thermosflaschen isoliert werden kann, ist der Wärmeverlust, der durch Innenheizung ersetzt werden muß, sehr gering. Außerdem steht die Möglichkeit zu Gebote, durch außerhalb des Schiffes entfaltete Brennschirme die Sonnenstrahlung zu sammeln und auf das Schiff zu konzentrieren, um dieses auf solche Weise zu erwärmen.

Ebenso wird die Drucklosigkeit des Sternenraumes durch die vollkommen luftdichte Abschließung der von den Insassen bewohnten inneren Schiffsräume überwunden, in denen selbstverständlich der zum Wohlbefinden des menschlichen Körpers erforderliche Luftdruck durch selbsttätig wirkende Regler dauernd aufrechterhalten werden muß. Da hiefür ½ Atmosphäre (1 Atm. = 762 mm Quecksilbersäule) genügen, der Außendruck aber auch im vollkommenen Vakuum des Weltraumes nicht unter Null sinken kann, so sind die Schiffswandungen in diesem Sinne höchstens auf ½ Atm. innern Überdruck beansprucht, eine Spannung, die im Vergleich zu der in Dampfkesseln und Explosionszylindern üblichen von 20—40 Atm. sehr gering und technisch leicht zu bewältigen ist.

Schwieriger ist schon die Abdichtung gegen die kurzwelligen kosmischen Strahlungen im Weltenraume, die für uns am Erdboden lebende Menschen durch das Luftreich aufgehalten werden, indem dieses wie ein Filter wirkt und uns so vor den sonst tödlichen Strahlen schützt. Aber auch hier läßt sich Rat schaffen, indem die Fenster des Schiffes aus einer für die gefährlichen Strahlenarten undurchlässigen Glassorte ausgeführt und die eigentlichen Wohnkammern mit einem hohlen Doppelmantel umgeben werden, der mit Ozon und anderen, die Gammastrahlung absorbierenden Gasen ausgefüllt ist.

Alles zusammen genommen sind jedenfalls die Leere, Drucklosigkeit und Kälte des Weltraumes viel leichter zu überwinden, als es ihr Gegenteil wäre. Denn eine Fahrt in einem mit dichtem, heißen und auf hohen Druck gepreßten Gase erfüllten Raum würde der Aufgabe gleichen, ein Unterseeboot für die Fahrt unter dem Spiegel eines Sees aus flüssigem Blei zu konstruieren. In diesem Falle würde der Widerstand gegen die Vorwärtsbewegung enorm sein und nur ganz geringe Geschwindigkeiten zulassen, der Druck auf die Außenwandungen würde ungeheure Zahlen erreichen und keine noch so feste Konstruktion des Schiffsgerippes und der Wandungen würde ihm standhalten und endlich würde die Hitze von außen allmählich in das Schiff eindringen und mangels jeder Möglichkeit einer Ableitung dieser unermeßlichen Wärmemengen sowohl die Insassen töten als auch bald die Maschinen zum Stillstand bringen, weil kein Wärmegefälle mehr vorhanden ist, wenn nicht schon vorher die Treibstoffe in den Tanks durch die Erwärmung explodierten und die Schiffswände schmolzen.

Seien wir also zufrieden mit dem leeren, drucklosen und kalten Weltenraum, wie er uns gegeben ist, denn er besitzt alle die Eigenschaften im höchsten Maße und in der denkbar idealsten

Vereinigung, die erforderlich sind, um dem Menschen die Zurücklegung so gewaltiger Strecken von Millionen Kilometern mit den zugehörigen ungeheueren Geschwindigkeiten von 50000 bis 100000 Kilometern in der Stunde und noch mehr, zu ermöglichen.

2. Die Entfernungen im Himmelsraum.

Was die ungeheuren Abstände der Himmelskörper betrifft, so sind es nicht diese selbst für sich, welche ein Hindernis darstellen, sondern nur in Verbindung mit der Trägheit und Gravitation der Massen. Denn jede noch so große Entfernung schrumpft zusammen, wenn sie mit entsprechend hoher Geschwindigkeit befahren werden kann. 100 km sind weit, wenn man sie zu Fuß laufen soll, im D-Zug die Vergnügungsfahrt einer Stunde, im Flugzeug in 20 Minuten zurückgelegt. Nur die Zeit entscheidet, die wir zur Erreichung eines Zieles brauchen, nicht die Entfernung in Kilometern! Daß die Strecke von der Erde zum Mond im Mittel 384400 km mißt, daß uns der Planet Venus bestenfalls auf 40, Mars auf 56, Merkur auf 90, Jupiter auf 630 Millionen km nahekommen kann, wobei die wahren Fahrtstrecken infolge der Bahnkurven im Raume meist noch doppelt bis dreimal so lang sein werden — das alles spielte gar keine Rolle, wenn wir die energietechnische und himmelsmechanische Möglichkeit hätten, mit beliebig hoher Geschwindigkeit zu fahren.

Hier liegt der Kernpunkt des ganzen Raumfahrtproblems: In der Erzeugung der Fahrtgeschwindigkeiten und ihrer Anwendung in Übereinstimmung mit den kosmischen Gesetzen, welche die Bewegung eines Körpers durch den von sich durchdringenden Schwerefeldern verschiedener Gestirne beherrschten Raum regeln.

Da der Aktionsradius einer Maschine, die ihre Fortbewegung nicht durch von außen zugeführte Kraft (wie bei einer elektrischen Bahn) sondern aus selbst mitgeführten Energievorräten (wie beim Dampfschiff, der Dampflokomotive, dem Auto und Flugzeug) bestreitet, in das Gebiet der Treibstofffragen fällt, so muß die Untersuchung, welche kosmischen Entfernungen sich von Raumschiffen überwinden lassen, auf später verschoben werden. Dagegen sollen hier gleich anschließend die kosmischen Bahnen behandelt werden, die sich unter Zugrundelegung des Newtonschen Gravitationsgesetzes aus den sogenannten Keplerschen Gesetzen ergeben.

Vom eigentlichen Start der Raumschiffe vom Boden des betreffenden Himmelskörpers weg durch die eventuell vorhandene Lufthülle bis in jene Höhe, wo die erforderliche volle Fahrtgeschwindigkeit erreicht wird, ebenso von der Landung aus dem Raume zurückkehrender Schiffe, muß hier noch abgesehen werden, weil hiefür die Kenntnis der Luftwiderstandsfragen, maschinentechnischen und biologischen Bedingungen notwendig ist, die erst in den beiden folgenden Kapiteln sowie denen über das Raketenprinzip und seine technische Verwirklichung gewonnen werden kann. Die Behandlung des Start- und Landungsproblems kann daher erst in späteren Teilen des vorliegenden Werkes erfolgen.

3. Fahrten in der Nähe der Erde
(im alleinigen Schwerefelde der Erde unter Vernachlässigung der Schwerewirkungen von Sonne und Mond).

Schleudert man am Meeresspiegel eine Masse wagrecht mit jener Geschwindigkeit ab, welche wir oben (s. S. 7) als Kreisbahngeschwindigkeit bezeichnet haben, feuert man also beispielsweise aus einer wagrecht liegenden Kanone eine Granate mit der Mündungsgeschwindigkeit von 7906 m/sec ab, so wird das Geschoß, stets in gleicher Höhe über dem Meeresspiegel dahinschwebend, die ganze Erde umkreisen und nach 5050 Sekunden oder 1 h 24 m 10 s wieder von der entgegengesetzten Seite her zu seinem Ausgangsorte zurückkehren. Die Umlaufszeit ergibt sich hier sowohl dadurch, daß man die bekannte Geschwindigkeit in den ebenfalls bekannten Erdumfang dividiert, als auch nach dem dritten Keplerschen Gesetze, welches auch den Lauf der Planeten um die Sonne regelt und aussagt, daß sich dabei die Quadrate der Umlaufszeiten verhalten wie die Kuben der mittleren Entfernungen.

Denken wir uns jetzt bei gleichbleibend horizontalem Abschuß die Mündungsgeschwindigkeit immer mehr gesteigert, so entstehen zunächst noch kreisähnliche, später immer mehr gestreckte Ellipsen, deren oberer Scheitelpunkt jenseits des Erdmittelpunktes liegt und immer höher in den Raum hinaufrückt, bis er im Unendlichen verschwindet, wenn die Abschußgeschwindigkeit den parabolischen Wert von 11181 m/sec erreicht hat. Steigt sie noch weiter, so würden Hyperbeln entstehen, nach dem Unendlichen immer schärfer geöffnete Kurven, auf deren steilem Anstiegsast der Körper immer rascher in den Raum enteilt.

20

Der Überschuß über die Kreisbahngeschwindigkeit tritt dabei in der Hubarbeit in Erscheinung, welche erforderlich ist, um den Körper von der Höhenlage des Meeresspiegels in den Raum hinaufzutreiben. (Vgl. Abb. 8.)

Wenden wir uns jetzt dem senkrechten Abschuß zu, der für den Aufstieg von Raumschiffen hauptsächlich in Frage

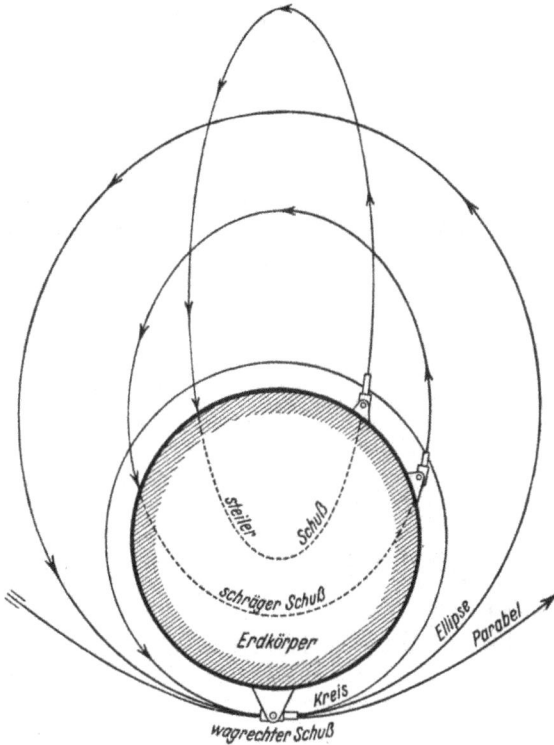

Abb. 8. Kreis, Ellipse, Parabel und Hyberbel als Bahn einer (ohne Berücksichtigung des Luftwiderstandes) von einem Himmelskörper wagrecht bzw. schräg oder steil abgeschossener Granate.

kommt, während die vorhin besprochenen Ellipsen nur für die Rückkehr zur Erde Bedeutung haben, so wissen wir hier von vornherein, daß die Wucht des Schwunges, der in der zugehörigen Anfangsgeschwindigkeit steckt, umgerechnet in mkg gleich groß sein muß, wie die mkg-Zahl des Erdpotentials bis zu der Höhe des Bahnscheitels hinauf.

Um die zu einer gewünschten Steighöhe führende Anfangsgeschwindigkeit zu berechnen, benutzt man nachstehende Formeln, wobei p die parabolische Geschwindigkeit und R den Halbmesser des betreffenden Himmelskörpers bedeuten.

$$\begin{array}{ll} \text{Wagrechter} \\ \text{Abschuß} \end{array} \quad V = p \cdot \sqrt{\frac{R}{R+1}} \qquad \begin{array}{ll} \text{Senkrechter} \\ \text{Abschuß} \end{array} \quad V' = p \cdot \sqrt{\frac{R-1}{R}}$$

Daraus folgt, daß man bei senkrechtem Schuß mit gleicher Anfangsgeschwindigkeit immer gerade einen Halbmesser höher kommt, als bei wagrechtem. Führt man die Rechnung für die Erde bis auf eine Höhe von 100 Halbmessern aus, bekommt man die nachstehende Tabelle.

Als Umlaufzeit bei senkrechtem Schuß wurde jene Zeit angegeben, welche der Körper brauchen würde, wenn er bei gleicher Scheitelhöhe in einer ganze schlanken Ellipse um den Erdmittelpunkt liefe. Dann kann man nämlich noch das einfache dritte Keplersche Gesetz anwenden, nach welchem die halbe Umlaufzeit für den Grenzfall $a = r/_2$ gefunden wird aus der Gleichung $t = \pi \sqrt{a^3/g \cdot R^2}$; während sonst eine viel umständlichere Formel nötig wird. Diese lautet nach Hohmann für den freien Fall aus der Höhe r bis herab zur Erdoberfläche, deren Abstand vom Erdmittelpunkt mit R bezeichnet sei, für die Fallzeit

$$t \cong \sqrt{\frac{r}{2gR}} \left[\sqrt{R\,(r\text{-}R)} + r\left(\frac{\pi}{2} - \arcsin\sqrt{\frac{R}{r}}\right)\right],$$

wobei für große Werte von r gegenüber R statt $\arcsin\sqrt{R/r}$ einfach $\sqrt{R/r}$ gesetzt werden darf.

Der senkrechte Wurf bzw. Fall kann nämlich überschläglich als Grenzwert der Keplerschen Ellipsen aufgefaßt werden, wo dann die Umlaufszeit einfach 2,828 mal kürzer ist, als in der Kreisbahn der Scheitelhöhe. Man erhält aus der letzten Spalte der nachstehenden Tabelle die Steig- und Fallzeiten, wenn man die angegebenen Umlaufzeiten halbiert und dann noch etwa 6 Minuten für den innerhalb des Erdkörpers theoretisch entfallenden Ellipsenteil abrechnet.

Die Fallzeit eines in der Höhe des Mondes frei losgelassenen Körpers bis zum Meeresspiegel herunter berechnet sich danach zu 115 Stunden 10 Minuten (nach der Hohmannschen Formel zu 115 Stunden 15 Minuten). Dagegen beträgt die Steigzeit beim Abschuß einer Granate mit genau parabolischer Anfangsgeschwindigkeit auf die Höhe des Mondes hinauf nur 49 Stunden, wobei das Geschoß aber in der Mondbahn nicht mit der Geschwindigkeit Null, sondern mit einem Überschuß von 1440 m/sec ankommt, der hinreicht, es noch über die Mondbahn hinaus bis ins Unendliche hinaufzutreiben).

Derartige Fahrten ohne fühlbare Sonnenstörung würden bis auf rund 800 000 km Höhe von der Erde aus gerechnet, theoretisch möglich sein. Durch entsprechende Verlegung der Startzeit kann man es dann auch erreichen, daß der Mond niemals

Scheitel-Abstand	Höhe	Erd-potential	Bei wagrechtem Abschuß Anfangsgeschwindigkeit $V_k = 1$	m/sec	Halbachse R	Umlaufzeit	Bei senkrechtem Abschuß Anfangsgeschwindigkeit $V_k = 1$	m/sec	Halbachse R	Umlaufzeit
1	0	0,000	1,0000	7 906	1,0	1h 24m 10s	0,0000	0 000	0,5	—
2	1	0,500	1,1547	9 129	1,5	2 34 00	1,0000	7 906	1,0	1h 24m 10s
3	2	0,667	1,2247	9 683	2,0	3 58 42	1,1547	9 129	1,5	2 34 37
4	3	0,750	1,2649	10 000	2,5	5 32 21	1,2247	9 683	2,0	3 58 00
5	4	0,800	1,2910	10 207	3,0	7 17 7	1,2649	10 000	2,5	5 32 42
6	5	0,833	1,3092	10 351	3,5	9 11 20	1,2910	10 207	3,0	7 17 21
7	6	0,857	1,3229	10 459	4,0	11 13 20	1,3092	10 351	3,5	9 11 7
8	7	0,875	1,3332	10 539	4,5	13 23 00	1,3229	10 459	4,0	11 13 20
9	8	0,888	1,3417	10 607	5,0	15 41 37	1,3332	10 539	4,5	13 23 20
10	9	0,900	1,3484	10 661	5,5	18 5 48	1,3417	10 607	5,0	15 41 00
12	11	0,917	1,3588	10 743	6,5	23 14 00	1,3540	10 705	6,0	20 37 00
15	14	0,933	1,3707	10 843	8,0	31 44 40	1,3662	10 802	7,5	28 48 45
20	19	0,950	1,3804	10 942	10,5	47 43 10	1,3783	10 807	10,0	60 21 36
30	29	0,967	1,3912	10 999	15,5	92 16 10	1,3904	10 992	15,0	81 29 40
50	49	0,980	1,4003	11 071	25,5	180 38 00	1,4000	11 068	25,0	175 20 40
60	59	0,983	1,4026	11 088	30,5	236 18 50	1,4023	11 087	30,0	230 30 00
75	74	0,985	1,4058	11 113	38,0	328 35 00	1,4047	11 106	37,5	322 7 30
100	99	0,990	1,4072	11 126	50,5	503 25 00	1,4071	11 125	50,0	495 25 00
∞	∞	1,000	1,4142	∞	∞	∞	1,4142	11 180	∞	∞

näher als auf 200 000 km an das Fahrzeug herankommt, so daß auch seine Störung unbedeutend wird.

Eine solche Fahrt hat übrigens Ing. Hohmann genau berechnet. Nach 456 sec Start erreicht das Schiff in 2110 km Höhe über dem Meer die dort geltende parabolische Geschwindigkeit von 9680 m/sec und fällt von da

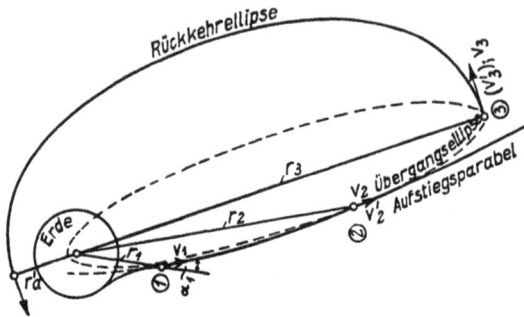

Abb. 9.

ab frei nach oben bis auf 40000 km Höhe. Die hierzu erforderliche ideale Antriebsleistung der Maschine würde 13 660 m/sec betragen. In der genannten Höhe würde man dann die dortige parabolische Schnelle des Schiffs von 4,46 km/sec durch einen Bremsschuß von 0,11 km/sec auf 4,35 km/sec mäßigen, um in eine Übergangsellipse zu kommen, deren Scheitel in der gewünschten Höhe, 800000 km über dem Erdmittelpunkte liegt. Sich selbst überlassen würde das Fahrzeug darauf fast senkrecht zur Erde herniederstürzen und zerschellen. Man muß daher trachten, in eine Rückkehrellipse hineinzukommen, welche die Erdatmosphäre in 170—180 km Höhe über dem Meer tangiert, was durch einen beschleunigenden Richtschuß von 0,9 km/sec im Bahnscheitel möglich ist. Die Gesamtfahrzeit gibt Hohmann zu 703 Stunden, d. i. fast genau ein Monat, an, davon 349 auf den Aufstieg und 354 auf den Abstieg entfallen. Für den Start sind 8, für die Landung etwa 22 Minuten hinzuzurechnen.

4. Fahrten zwischen Erde und Mond

(unter Vernachlässigung der Einwirkung der Sonne, jedoch Berücksichtigung der Einflüsse des Mondes).

Soll die Reise zum Monde gehen, so haben wir außer dem Sichübergreifen der Schwerefelder noch zu berücksichtigen, daß sich der Mond selbst mit etwa 1020 m/sec in einer Bahn bewegt. Will man ihn treffen, so muß man ihm entsprechend vorauszielen. Um nun den Winkel zwischen Abfahrtrichtung und der gleichzeitigen Stellung des Mondes im Raume richtig zu bemessen, muß man natürlich vorher die Fahrzeit kennen. Sie hängt sehr von der Art und Weise ab, wie man fahren will.

24

Am bekanntesten sind wohl die 97 h 13 m 20 s geworden, welche Jules Verne in seinem berühmten Roman »Die Reise zum Mond« im Gutachten der Sternwarte zu Cambridge nennt, und die aus recht guter Quelle stammen müssen, da sie genau zutreffen, wenn man die Fahrtweise gelten läßt. Dagegen konnte

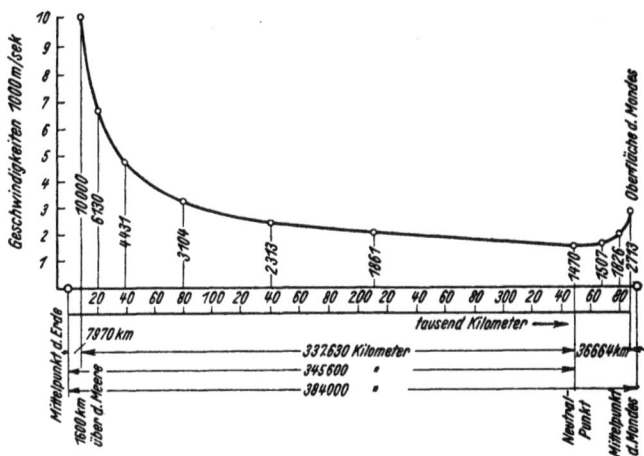

Abb. 10. Graphikon der Geschwindigkeiten. Mit Berücksichtigung der gleichzeitigen Einwirkung von Erde und Mond.
Maximalgeschwindigkeit 10000 m/sec. (Nach der Berechnung von Ing. Julius Kunz.)

man kürzlich lesen, daß die Pulver-Mondrakete des Amerikaners Goddard 186 Stunden bis zum Monde benötigen soll, eine nicht recht verständliche Ziffer, außer wenn der Aufstieg in einer ziemlich ausgebauchten Ellipse erfolgen soll. Ebensowenig ist die Angabe einer Flugzeit von 20 Stunden in der Ballistik von Professor C. Cranz (II. Bd. S. 411) zu begreifen, denn um die Strecke in einer so kurzen Zeit zu bewältigen, müßte schon mit hyperbolischer Übergeschwindigkeit gefahren werden. Die genauesten Untersuchungen hat Ing. Julius Kunz angestellt.

Das Wesentliche für die Berechnung ist dabei immer, mit welcher Geschwindigkeit das Schiff über die Schweregrenze zwischen Erde und Mond gehen soll. Bemißt man die Anfangsgeschwindigkeit so knapp, daß die Schweregrenze nur schleichend, fast mit Geschwindigkeit Null überschritten wird, dann spart man wohl an Betriebsstoff, aber braucht viel mehr Zeit; startet man mit fast genau parabolischer Schnelle, so hat man nach Überschreiten der Schweregrenze die Übergeschwindigkeit abzubremsen, was Betriebsstoffe verbraucht, aber die Fahrzeit und damit den Lebensmittel- und Atmungsbedarf der Insassen verringert.

Zum Vergleich seien einige Fahrtweisen einander zahlenmäßig gegenübergestellt:

Höhe über dem Meere km	Abstand vom Erdmittelp. km	Geschw.	Erdschwere allein			Erde + Mond - Schwere		
			Valier I	Valier II	Valier III	Kunz IV	Kunz V	VI
			m/sec	m/sec	m/sec	m/sec	m/sec	m/sec
0	6 370	V_0	11 181	11 087	Null	Null	Null	Null
1 600	7970	V_a	10 021	9 927	10 021	10 000	9 892	9 944
339 230	345 600	V_s	1 521	482	1 521	1 473	Null	1 000
377 630	384 000	V_b	1 440	Null	1 440	2 713	2 284	2 493
Fahrzeit			49ʰ 0ᵐ	115ʰ 10ᵐ	49ʰ 5ᵐ	49ʰ 38ᵐ	ca. 95ʰ	ca. 60ʰ

Hierbei behandelt Spalte I den Fall des Abschusses von der Erdoberfläche mit parabolischer Schnelle, wobei sich dann beim Kreuzen der Mondbahn ein Geschwindigkeitsüberschuß von 1440 m/sec ergibt; Spalte II den Fall, daß genau mit jener Geschwindigkeit von der Erdoberfläche aus abgefahren wird, daß der Schwung eben nur bis zur Höhe des Mondes emporträgt; Spalte III den Fall, daß durch Raketenantrieb vom Stand weg bei allmählicher Beschleunigung erst 1600 km über dem Meer die volle Fahrtgeschwindigkeit erreicht wird. Bis hier ist die Erde allein als anziehende Masse vorausgesetzt. Ab Spalte IV aber ist auch das Hereingreifen der Mondschwere berücksichtigt. Man erkennt, welch großen Unterschied in der Fahrzeit die Verminderung der Start-Endgeschwindigkeit in 1600 km Höhe von 10000 m/sec auf 9892 m/sec bewirkt, weil im letzten Falle der schwerefreie Punkt, fast mit der Geschwindigkeit Null, nur schleichend durchmessen wird. Am günstigsten scheint es wohl, einen Mittelweg zu wählen, der einer Fahrzeit von 55—60 Stunden entspricht.

5. Landung am Erdmond. Monde als Tankstellen.

Die erforderliche Maschinenleistung für eine bloße Umfahrung des Mondes in geringer Entfernung von seiner Oberfläche würde nicht wesentlich größer sein, als zum Aufstieg von der Erde bis zum schwerefreien Punkt S zwischen beiden Gestirnen allein. Für eine solche Fahrt käme man (einschließlich des Luftwiderstandes und der Erdverzögerung während des Startes) mit einem idealen Antrieb von 13000 m/sec sicherlich aus. Soll dagegen eine Landung auf dem Monde vorgenommen werden, so ist für die Bremsung des Absturzes gegen die Mondoberfläche mit einer Bremsleistung von 2500 m/sec zu rechnen. Ebensoviel sind für den Wiederaufstieg von der Mondoberfläche erforderlich. Ein Schiff, das von der Erde zum Mond fahren, dort landen, aus eigener Kraft wieder aufsteigen und zurückkehren soll, muß also mindestens eine Maschinenleistung von $13\,000 + 2500 + 2500 = 18\,000$ m/sec idealem Antriebsvermögen besitzen.

Könnten wir aber auf dem Monde selbst (durch irgendein Sonnenkraftwerk) die zur Rückfahrt benötigten Treibstoffe wieder gewinnen, dann würden 2500 m/sec gespart. Schon daraus erkennt man, wie vorteilhaft es sein müßte, später einmal den Mond zur Tankstelle auszubauen. Denn angenommen, wir hätten Schiffe, die höchstens 16000 m/sec idealen Antrieb geben, wäre eine Reise zum Mond schon ein großes Wagnis und eine Fahrt zu anderen Planeten ohne Tankstelle auf unserm Trabanten völlig ausgeschlossen. Könnte aber ein solches Schiff, frisch gefüllt vom Monde aus zur Planetenreise starten, so würde es wegen der geringern Mondschwere und des oben kleinern Erdpotentials nur 2535 m/sec einbüßen und alles übrige für die Manöver der Planetenreise zurückhalten können, d. h. es würde, dem Bannkreis des Mondes und der Erde entrungen, noch über $16\,000 - 2535 = 14\,465$ m/sec idealen Antrieb verfügen.

Wenn zwei kosmische Antriebsleistungen zu summieren sind, so darf man sie, wenn in gleicher Fahrtrichtung liegend, nicht einfach summieren, sondern muß ihre Quadrate zusammenzählen und daraus wieder die Wurzel ziehen. Hier z. B. sind 2500 m/sec Antrieb nötig, um dem Mondschwerefeld, allein betrachtet, zu entrinnen, außerdem aber noch 420 m/sec, um das Schiff von der in bezug auf die Erde bestehenden Kreisbahngeschwindigkeit des Mondes von 1020 m/sec auf die in der Mondbahn oben geltende parabolische von 1440 m/sec zu beschleunigen. Nun geht aber die Wucht mit dem Quadrat der Geschwindigkeit.

Es sind daher die Quadrate von 2500 und 420 zu addieren, aus deren Summe sich die Wurzel 2535 m/sec ergibt. In dieser Geschwindigkeit steckt dann in Einem dieselbe Bahnwucht, wie in zwei getrennten, gleichgerichteten Geschwindigkeiten von 2500 und 420 m/sec.

Noch viel günstiger als unser wirklicher Mond wäre als Umsteig- und Tankstation theoretisch ein winzig kleiner Mond, dessen eigene Anziehungskraft praktisch keine Rolle mehr spielt. Ein solcher dürfte auch vorteilhafter etwas näher bei unserer Erde kreisen. Liefe er z. B. in $7,04\,R$ oder 44000 km Abstand um, so würde er die Erde genau in einem Tage umkreisen und über einer bestimmten Stadt dauernd im Scheitel stehen. Zur Auffahrt zu einem solchen Kleinmond wären allerdings weitbauchige Ellipsen den steilen Parabeln vorzuziehen.

Liefe dieser winzige Trabant z. B. in 25 oder 36 oder 49 Erdhalbmessern Abstand um, so würde seine eigene Kreisbahngeschwindigkeit dort oben 1581 bzw. 1319 bzw. 1130 m/sec betragen, während die für ihn jeweils geltende parabolische sich zu 2236 bzw. 1863 bzw. 1597 m/sec berechnet. Das von diesem Kleinmonde frisch getankt abfahrende Schiff würde also nur eine eigene Antriebsleistung von 655 bzw. 545 bzw. 467 m/sec zu leisten haben, um dem Bannkreis der Erde ganz zu entfliehen. Sein gesamtes übriges Antriebsvermögen bliebe ihm für weitere Planetenfahrten verfügbar.

Nun haben wir allerdings keinen derartigen Kleinmond, während der Planet Mars auf das glänzendste durch Phobos und Deimos versorgt ist. Aber man könnte daran denken, einen solchen künstlich zu schaffen, indem man einfach ein großes Raumschiff in einer geeigneten Entfernung von der Erde dauernd um diese kreisen läßt, eine Idee, die fast von sämtlichen Romanschriftstellern auf diesem Gebiete in neuester Zeit ausgewertet worden ist. (Siehe z. B. O. W. Gail »Der Stein vom Mond«.)

6. Keplersche Bahnen im Planetenraume
(im Schwerefelde der Sonne, doch ohne Berücksichtigung der Planetenstörungen).

Abgesehen von der Reise von der Erde zum Mond, die sich gewissermaßen nur in den Schwerefeldern dieser beiden Körper abspielt, wird jede Fahrt im Sonnenreiche, deren Ziel ein anderer Wandelstern ist, sich aus drei Abschnitten zusammensetzen: dem Aufstieg von der Erde, der freien Keplerschen Bahn im Schwerefelde der Sonne und der Landung auf dem betreffenden Planeten. Sache des Kapitäns wird es dabei vor allem sein, das Raumschiff glücklich in die vorher berechnete Keplersche Ellipse hineinzubringen (vgl. Abb. 11), die bei geringstem Brennstoffverbrauch auf dem günstigsten Wege zu dem zu erreichenden Planeten hinführt und wieder aus ihr herauszulenken, wenn es Zeit ist, zur Angliederung an den fremden Planeten zu schreiten.

Dieses Manöver richtig auszuführen, wird nicht so leicht sein. Ing. Hohmann meint überhaupt, daß man es — wenigstens in den Anfängen der Planetenfahrt — nicht wird wagen können, schlankweg von der Erde so zu starten, daß man gleich genau in die richtige Keplersche Ellipse hineinkommt, die zum angezielten Planeten trägt, und ebenso nicht, daß man diesen so haarscharf treffen kann, daß man nur aus der Keplerbahn herauszulenken braucht, um glatt zu landen. Er schlägt daher eine Übergangsellipse vor, deren unterer Scheitel in den höchsten Gasschichten der Atmosphäre des betreffenden Planeten liegt, deren oberer aber entsprechend der Masse des Planeten (für unsere Erde etwa 800000 km) hoch oben im

Raume liegt. Man würde diese Übergangsellipse zum eigentlichen Aufstieg bzw. Abstieg im engeren Schwerefelde des Planeten benutzen und erst von ihrem oberen Scheitel aus in die Keplersche Bahn um die Sonne übergehen bzw. aus dieser heraus in den genannten oberen Scheitel hereinlenken.

Es verdient noch angemerkt zu werden, daß nur die vorgenannten Manöver in der Nachbarschaft des verlassenen und angezielten Planeten einen Kraftaufwand von seiten des Schiffes erfordern, während die freie Fahrt in der Keplerschen Bahn um die Sonne ohne jeden Triebstoffverbrauch vonstatten geht, gleichviel wie viele hundert Millionen Kilometer der Bahnweg lang ist; denn hier folgt das Schiff einfach, kraft seines empfangenen Schwunges, ganz von

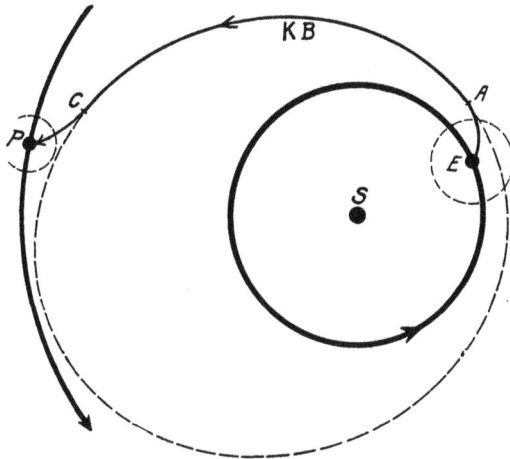

Abb. 11. Reiseweg von der Erde zu einem anderen Planeten. (Schematisch). *EA* Aufstieg in einer Übergangsellipse im engeren Schwerefeld des Planeten *E*. Bei *A* Einlenken in die Keplerbahn *KB*. *AC* freie Fahrt bei abgestellten Maschinen. Bei *C* Herauslenken in die Übergangsellipse zur Landung auf dem Planeten *P*.

selbst wie ein Kometenkern oder Meteorstein der Bahnkurve, die ihm durch die Schwere-Anwirkung der Sonne vorgeschrieben wird.

Um unter den unendlich vielen möglichen Verbindungsellipsen zwischen zwei Planeten die günstigste Bahn herauszufinden, sind umfangreiche Berechnungen erforderlich, die neben der aus den notwendigen Geschwindigkeits- und Richtungsänderungen des Schiffs sich ergebenden idealen Antriebsleistung auch die Fahrzeit und bei Raketenantrieb die Auspuffgeschwindigkeit mit in Betracht ziehen. Ing. W. Hohmann hat diese Berechnungen bereits durchgeführt mit dem (in dem S. 16 in der Fußnote angeführten Leyschen Sammelwerk veröffentlichten) Ergebnis, daß für alle z. Zt. in Frage kommenden Treibstoffe und Lebensmittel doch der längste Bahnweg *A*, d. i. die **Keplersche Ellipse, welche beide Planetenbahnen berührt, die günstigste** ist. (Vgl. auch Abb. 12.)

Solche Reisen erscheinen dem Laien schon deswegen als das letzte und eigentliche Ziel der Weltraumfahrt, weil sie allein die Möglichkeit darstellen, die unserer Erde vielleicht bis zu einem gewissen Grade verwandten Planeten zu besuchen und endlich festzustellen, ob diese Körper bewohnt sind oder nicht.

Für Planetenfahrten, die sich im übrigen genau so berechnen lassen, wie die bisher beschriebenen Raumreisen, kommt noch ein neuer Gesichtspunkt in Betracht. Da die Erde sich selbst in ihrer Bahn mit rund 29½ km/sec bewegt, kommt ein in bezug auf die Sonne senkrechter Aufstieg nicht in Frage. Wir sind also auf die Erdbahn berührende oder unter geringen Winkeln schneidende Ellipsen angewiesen. In diesen sind die Umlaufszeiten aber wieder durch das dritte Keplersche Gesetz gegeben. Deshalb müssen die Ellipsen so berechnet werden, daß das in ihnen laufende Schiff nicht nur die Erdbahn an irgendeiner Stelle wieder erreicht, sondern auch die Erde selbst an der Bahnkreuzungsstelle wieder antrifft.

Analog zu früher Gesagtem beträgt die parabolische Geschwindigkeit in bezug auf die Sonne in der Erdbahn 42 km/sec, das Potential der Sonne 90 Millionen mkg. Da die Erde aber schon selbst bis zu 29,7 km/sec Bahngeschwindigkeit besitzt, braucht das Schiff sich nur $42,0 - 29,7 = 12,3$ km/sec zu erteilen, wenn es dem Sonnenreich ganz entfliehen soll. Dazu sind natürlich die mindestens 12,7 km/sec quadratisch zu addieren, welche das Durchstoßen des Panzers der Erdschwere für sich erfordert. Durch Wurzelziehen erhalten wir eine Gesamtleistung von 18 000 m/sec, als idealer Antrieb, der genügen müßte, ein Schiff von der Erde weg bis in die Fixsternwelten hinauszutreiben.

Für die Berechnung solcher die Erdbahn berührender Ellipsen, die mit ihrem andern Bahnscheitel die Bahn eines zweiten Planeten ebenfalls berühren sollen, bedient man sich am besten der Gleichungen: Große Halbachse $a = \frac{1}{2}(R + r)$, Exzentrizität $e = a - r$; kleine Halbachse $b = \sqrt{a^2 - e^2}$. Für die Geschwindigkeit in dem Ellipsenpunkte, welcher die Planetenkreisbahn berührt, ist am bequemsten die von Ing. Hohmann in seinem schon mehrfach genannten Werke gebotene Formel

$$V = \sqrt{\frac{2\mu}{r + R} \cdot \frac{R}{r}},$$ wobei r den Radius der Ausgangskreisbahn, R den der angezielten Kreisbahn in Kilometern bedeuten. Für 2μ ist im Schwerefelde der Sonne stets die Zahl 264 000 000 000 einzusetzen. Mit dem griechischen Buchstaben μ bezeichnet Hohmann nämlich den Ausdruck 29,7². 149 000 000, d. i. das Quadrat der Erdbahngeschwindigkeit multipliziert mit der Entfernung Erde—Sonne. Die Geschwindigkeit in dem andern Bahnscheitel der Ellipse um die Sonne verhält sich dann umgekehrt wie der Sonnenabstand der beiden Bahnscheitel.

Um einen Überblick über die von der Erde aus möglichen reinen berührenden Ellipsenbahnen mit Umlaufszeiten von ganzen Vielfachen oder geraden Teilen des Jahres zu erhalten, geben wir anschließend eine Tabelle (vgl. Abb. 11):

30

Jahre	Umlaufzeit . .	1/283	1/2	2/3	3/4	4/5
a	Halbachse . .	0,5000	0,6299	0,7631	0,8255	0,8618
2 a	Großachse . .	1,0000	1,2599	1,5263	1,6510	1,7235
2 a—1	Sonnennähe . .	0,0000	0,2599	0,5263	0,6510	0,7235
V_{EII}	Erfordl. V. . .	0,0000	19,077	24,633	26,377	27,210
V_E—V_O	Zusatzantrieb .	— 29,7	— 0,62	— 5,04	— 3,32	— 2,49
	Gesamt-Idealantrieb . .	— 32,341	—16,632	—13,757	—13,223	— 13,039

Jahre	Umlaufszeit . .	2	3	4	5	6
a	Halbachse . .	1,5874	2,0801	2,5198	2,9240	3,3019
2a	Großachse . .	3,1748	4,1602	5,0396	5,8480	6,6038
2a—1	Sonnenferne . .	2,1748	3,1602	4,0396	4,8480	5,6038
V_{EII}	Erfordl. V. . .	34,762	36,608	37,603	38,340	38,690
V_E—V_O	Zusatzantrieb .	+ 5,06	+ 6,91	+ 7,90	+ 8,54	+ 8,99
	Gesamt-Idealantrieb . .	+13,762	+14,547	+ 15,042	+ 15,387	+15,642

Jahre	Umlaufszeit . .	7	8	9	10	12
a	Halbachse . .	3,6593	4,0000	4,3268	4,6416	5,2415
2a	Großachse . .	7,3186	8,0000	8,6536	9,2831	10,4830
2a—1	Sonnenferne . .	6,3186	7,0000	7,6536	8,2831	9,4830
V_{EII}	Erfordl. V. . .	39,025	39,287	39,498	39,674	39,947
V_E—V_O	Zusatzantrieb .	+ 9,33	+ 9,59	+ 9,80	+10,00	+10,25
	Gesamt-Idealantrieb . .	+15,821	+15,994	+16,121	+16,243	+16,398

Man sieht hieraus, daß man dem Raumschiff einen negativen,
d. h. der Erdbewegung entgegengesetzten idealen Antrieb von
— 32341 m/sec erteilen müßte, damit es senkrecht zur Sonne
abstürzte. Ein negativer Antrieb von — 13039 m/sec würde
aber hinreichen, eine Ellipse zu erzeugen, welche die Venusbahn
fast streift, da diese 0,7233 astronomische Einheiten von der
Sonne absteht. Ein positiver Antrieb in der Bewegungsrichtung
der Erde von + 13762 m/sec würde das Schiff in eine Ellipse
von 2 Jahren Umlaufszeit um die Sonne werfen, deren Fernpunkt
etwas jenseits der Marsbahn liegt. Bei geschickter Wahl des
Startzeitpunktes ließe sich so eine beliebig dichte Begegnung mit
der Marskugel herbeiführen. Zu einem Besuche der Jupiterwelt
würde die Ellipse von 5 Jahren Umlaufszeit einladen. Sie führt
auf 4,85 AE in den Planetenraum hinauf, während Jupiter in
seiner sonnennächsten Stellung auf 4,95 AE hereinkommt. Nur
0,10 AE oder rund 15 Millionen km würden das Schiff dann
noch von Jupiter trennen, der in machtvoll strahlender Gestalt
in seiner Opposition beobachtet werden könnte. Da der äußerste
Jupitermond sogar 24 Millionen km von seinem Beherrscher

absteht, so befände sich das Schiff in diesem Falle schon im Reiche des Jupiters selbst, ohne doch diesem zu verfallen. Für eine Reise zu Saturn müßte man die Ellipse von 12 Jahren Umlaufzeit wählen, denn sie führt 9,48 AE hoch in den Raum hinauf, während Saturn im Mittel 9,55 absteht. Da seine Bahn aber stark exzentrisch ist, so liegt es an der Wahl der Startzeit, ob das Schiff Saturn von vorne oder rückwärts kreuzen oder gar — mit ihm zusammentreffen wird, was besser zu vermeiden wäre, da es schwer halten dürfte, der ungeheuren Anziehungskraft des gewaltigen Planetenriesen sich wieder zu entringen.

 Alle Fahrten ins Sonnenreich haben nach dem dritten Keplerschen Gesetz unangenehm lange Fahrzeiten, so daß der Gedanke naheliegt, nach kürzeren Bahnwegen zu suchen. Als solche kommen theoretisch ohne weiteres die schnittigen Ellipsen gegenüber den bisher besprochenen berührenden in Betracht. Die Durchrechnung aber zeigt, daß es sehr schwer ist, das Raumschiff in sie hinein und wieder herauszubringen, so daß der Mehrbedarf an Treibmitteln die Ersparnis an Lebensmitteln und Atemluft bei weitem übertrifft.

Immerhin ist für Fahrten besonders zu Mars und Venus die Anwendung schnittiger Ellipsen verlockend, denn hier macht die Verkürzung der Fahrzeit sehr viel aus.

Unter diesen schnittigen Ellipsen gibt es wieder zwei geometrisch ausgezeichnete Fälle, nämlich die Bahn B, welche die innere Planetenbahn berührt, die äußere aber mit der zugehörigen Planetengeschwindigkeit schneidet, und umgekehrt die Bahn C.

Wollte man von der Erde zum Mars in einer Ellipse fahren, die beide Bahnen berührt, dann beträgt die Umlaufzeit in dieser 521 Tage. Da man genau die halbe Ellipse zurücklegen muß, um bis ans Ziel zu gelangen, würde die Fahrzeit 260½ Tage betragen. (Auf mittlere Sonnenentfernung des Mars bezogen, da seine Bahn stark exzentrisch ist.) Wählt man aber eine Ellipse, welche die Marsbahn berührt, die Erdbahn aber unter einem Winkel von 16^0 25′ schneidet, dann ergibt sich für die ganze Ellipse wohl noch immer die verhältnismäßig große Umlaufzeit von 460 Tagen, aber man braucht nur wenig mehr als ein Viertel des Umfanges zu fahren und kommt so schon in 171 Tagen ans Ziel. 59 Tage werden gegenüber der halben Umlaufzeit eingespart, fast 90 Tage werden gegenüber der ersten Fahrtweise gewonnen. Dafür muß aber ein Opfer an idealem Antrieb gebracht werden. Im ersten Falle genügt es, zur Bahngeschwindigkeit der Erde einen Zusatzantrieb von 3,0 km/sec zu erteilen, was mit den für die Durchstoßung des Erdschwerepanzers etwa notwendigen 12,8 km/sec quadratisch addiert, 13,145 km/sec Gesamtantrieb ergibt, im zweiten Fall beträgt der Zusatz zur Erdbewegung 9,0 km/sec und der notwendige gesamte ideale Antrieb schon 15,646 km/sec. Man kann auch in einer noch schnittigeren Ellipse fahren, welche die Erdbahn unter 21^0 39' schneidet und die Marsbahn berührt. In diesem Falle beträgt die Fahrzeit nur 123 Tage, der ideale Antrieb aber erreicht 17000 m/sec.

Ähnlich, nur noch etwas günstiger, liegen die Verhältnisse für eine Fahrt zur Venus, in welchem Falle die normale Fahrtzeit in einer berühren-

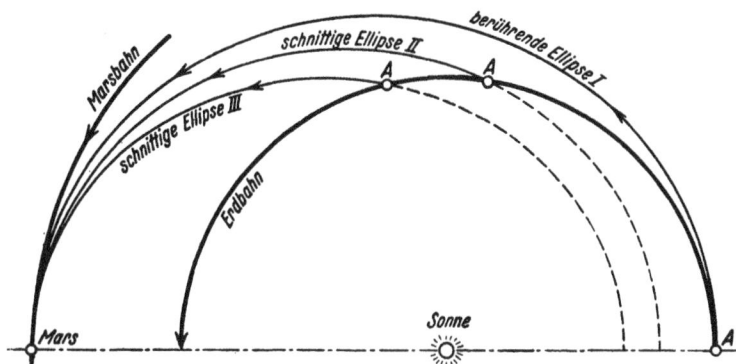

Abb. 12. Verschiedene theoretische Möglichkeiten einer Reise zum Mars in berührenden bzw. schnittigen Ellipsen mit zugehörigen Geschwindigkeitsdifferenzen zur Eigenbewegung der Erde in ihrer Bahn und zugehörigen Winkeln zur Erdbahntangente, in welchen für jeden Einzelfall die Abfahrt erfolgen müßte.

den Ellipse 146 Tage beträgt, bei einem idealen Antriebsbedarf von etwa 13000 m/sec, während man unter Anwendung von rd. 15000 m/sec auch schon in 70 Tagen über eine geschickt gelegte, schnittige Ellipse zu dem schönen Stern der Liebesgöttin hin gelangen kann.

7. Reisen zu unseren Nachbarplaneten.

Eine besondere, interessante Kombination einer Fahrt zu Mars und Venus zugleich hat Ing. Hohmann in seinem Werke berechnet. Die Reise ist folgendermaßen angelegt: Ist das Schiff dem Bannkreis der Erde entronnen, aber noch in der Erdbahn, dann genügt eine Abbremsung um 2,4 km/sec, um es in die Ellipse zu werfen, welche es nach 146 Tagen dicht an die Venusbahn heranführt. Für Bahnstörungen ist ein Sicherheits-Richtschuß von 0,2 km/sec vorgesehen. Da Venus in 146 Tagen 234½ Grade ihres Sonnenumlaufs, die Erde aber nur 144 Grade zurücklegt, so muß die Abfahrt von der Erde erfolgen, wenn Venus uns im Planetenumlaufsinn 55½ Grade nachfolgt. Dann aber, wenn das Schiff an Venus vorüberzieht, wird diese im Sonnenumlauf die Erde überholt haben, die um 36 Grade zurückgeblieben ist. Ließe man das Fahrzeug einfach kraft seines Schwunges weiterlaufen, würde es nach abermals 146 Tagen zum Ausgangspunkt in der Erdbahn zurückgekehrt sein, die Erde aber nicht antreffen, da diese noch 72 Grade in ihrem Umlauf zurückgeblieben ist und erst nach weiteren 2½ Monaten an die Stelle kommt. Um die Erde wirklich wieder zu erreichen, gibt es zwei Auswege: entweder man läßt sich von Venus einfangen und zu ihrem Trabanten machen und umkreist bei 78,2 Erdentagen Umlaufszeit und 720 m/sec Bahngeschwindigkeit den Planeten der Liebesgöttin 464 Tage lang, die zum Studium ausgenutzt werden können, als Venusmond, oder aber, man kehrt in einer andern Ellipse auf dem kleinen Umweg über den Planeten Mars zur Erde zurück.

Im ersten Falle ist, um sich vom Venusmond einfangen zu lassen, eine Bremsung von 1,8 km/sec erforderlich, wobei zur Sicherheit 0,2 km/sec für einen Richtschuß zugegeben werden mögen. Fast 6 mal wird das Schiff dann Venus im Abstande von 773 000 km umkreisen, worauf es im rechten, vorher berechneten, Augenblick durch eine Beschleunigung von 1,8 km/sec wieder von Venus losgelöst, in die Heimkehr-Ellipse zur Erde einlenkt, der es dann durch eine neue Beschleunigung von 2,3 km/sec bei der Ankunft in Erdnähe angegliedert wird. Die ganze Reise dauert also in diesem ersten Falle 786 Erdentage und erfordert eine gesamte ideale Antriebsleistung von 21,7 km/sec.

Im zweiten Fall läßt sich das Schiff gar nicht erst von Venus fangen, sondern beschleunigt sich im Moment des Vorüberganges durch die Venusnähe um 1,8 km/sec, wodurch es in eine Ellipse gelenkt wird, deren Sonnenfernpunkt in der Marsbahn liegt. Beim Vorübergang an Mars wäre dann abermals eine Beschleunigung von 2,3 km/sec vorzunehmen, um eine Rückkehrellipse zu erhalten, die zur Erdbahn und zur Erde selbst zurückführt, der sich das Schiff durch eine Bremsung von 1,7 km/sec angliedern kann. Im ganzen würde diese Fahrt nur 580 Tage dauern und ebenfalls eine ideale Antriebsleistung von 21,7 km/sec erfordern.

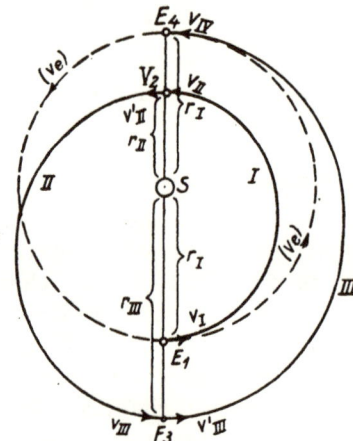

Abb. 13.
Bahnbogen I: Fahrt von der Erde zur Venus.
Bahnbogen II: Von Venus zu Mars.
Bahnbogen III: Rückfahrt von Mars zur Erde.

34

Es kostet also, energietheoretisch betrachtet, nicht mehr, auch noch Mars mitzunehmen, im Gegenteil man spart an Zeit und damit an Lebensmitteln und Atemluft und kehrt um gut 200 Tage früher zurück, als wenn man sich von Venus allein in Banden schlagen läßt.

Für Reisen zu den übrigen Planeten außer Mars und Venus kommen schnittige Ellipsen weniger in Frage, denn ihr Vorteil wird um so geringer, je größer der Unterschied im Halbmesser der beiden Planetenbahnen ist, zwischen welchen die Verbindung hergestellt werden soll. Dagegen besteht theoretisch durchaus die Möglichkeit, auch Parabeln und Hyperbeln zu befahren, sofern man nur genug Treibstoffe besitzt, um in sie hinein- und auch wieder herauszukommen, denn wenn das letzte nicht rechtzeitig gelingt, so würden einen diese Kurven rettungslos ins Unendliche entführen. Ist bei den Parabeln die Fahrtgeschwindigkeit begrenzt und genau dadurch festgelegt, daß sie in jedem Bahnpunkt und Augenblick die in bezug auf die Sonne parabolische sein muß (also beim Kreuzen der Erdbahn 42 km/sec, beim Kreuzen der Marsbahn 34 km/sec), wodurch auch die Fahrzeit gegeben ist, so hat man unter den unendlich vielen Hyperbeln, welche zwei Punkte im Raume verbinden können, die Wahl und kann eine bestimmte, willkürliche Fahrzeit festlegen. Um ein Beispiel zu nennen, dauert die parabolische Steigzeit von der Erdbahn bis hinauf zu dem sonnenfernsten zur Zeit bekannten Planeten Neptun fast genau 30 Jahre, dagegen kann dieselbe Strecke in einer Hyperbel auch in 10 oder 5 Jahren oder 6 Monaten befahren werden, sofern es nur gelingt, eine Maschine von so großem idealen Antriebsvermögen zu bauen, daß es möglich ist, in die berechnete Hyperbel hineinzukommen und rechtzeitig wieder vor dem Ziel aus ihr herauszubremsen.

Auch im inneren Sonnenreich, im Kreisel der Planeten Merkur, Venus, Erde und Mars können Hyperbeln vorteilhafte Bahnwege sein, wenn es gilt, einen Planeten wieder einzuholen, den man sonst bei elliptischer Fahrt nicht mehr antreffen würde. In dem vorhin nach Hohmann gegebenen Beispiel einer Reise zur Venus hätte man als dritte Möglichkeit für den Rückweg zur Erde eine solche Hyperbel wählen können und würde auf ihr, ohne sich zum Venusmond einfangen lassen zu müssen und den Umweg über Mars einzuschlagen, auf kürzestem Bahnstück in einer noch viel geringeren Fahrzeit zur Erde zurückgekommen sein, freilich dafür mit einem um so größeren Aufwand an Treibstoffen.

Um noch besser, als es bisher im beschreibenden Text allein möglich war, einen Überblick über die neuesten Rechnungsergebnisse Ing. Hohmanns in bezug auf Planetenfahrten zu bieten, seien aus dem (S. 16 in der Fußnote genannten Leyschen Sammelwerk) seine wichtigsten Ergebnisse zusammengestellt. Für die Fahrten zwischen Erde und Venus muß man sich dabei gegenwärtig halten, daß die Erdbahn 149, die Venusbahn 108 Millionen km im Halbmesser mißt und daß die Bahngeschwindigkeit der Erde 29,7, die der Venus 35 km/sec beträgt. Unter der Fahrbahn A versteht Hohmann die beide Planetenbahnen berührende Ellipse, unter B die Bahn, welche die Venusbahn berührt, die Erdbahn aber mit der Geschwindigkeit der Erde kreuzt, unter C umgekehrt die Bahn, welche die Erdbahn berührt, die Venusbahn aber mit Venusgeschwindigkeit schneidet, unter D eine Bahnkurve zwischen A—C und unter E eine solche zwischen A—B.

Fahrbahn	Kreuzung Winkel an der Erdbahn	Fahrzeug km/s Geschwindigkeit		Kreuzung Winkel an der Venusbahn	Fahrzeug km/s Geschwindigkeit		Zentri ∢ der Bahn bezogen z. Sonne	Fahrzeit Tage	Massenfaktor	Massenverhältnis für Auspuff		Fahrt-Richtung	für $M_1=6$ t	
		relativ z. Sonne	relativ z. Erde		relativ z. Sonne	relativ z. Venus				$C=4$ km/s	$C=5$ km/s		$C=4$ km/s $M_0=$ t	$C=5$ km/s $M_0=$ t
A	0°	27,3	2,4	0°	37,6	2,6	180	146	μ_1 2,00	1,77	♂→♀	34	27
									μ_2 2,10	1,84	♀→♂	35	28
B	15,75	29,7	8,2	0°	39,5	4,5	105,75	75	μ_1 3,5	2,7	♂→♀	200	104
									μ_2 8,5	5,6	♀→♂	186	96
C	0°	23,4	6,3	22,75	35,0	13,8	67,25	69	μ_1 5,3	3,9	♂→♀	1060	417
									μ_2 33	17,4	♀→♂	1110	440
D	0°	26,7	3,0	8,17	37,25	5,65	124,25	109	μ_1 2,3	2,0	♂→♀	70	48
									μ_2 4,5	3,4	♀→♂	77	53
E	10,75	28,4	5,6	0°	38,5	3,5	54,33	102	μ_1 4,45	3,35	♂→♀	83	55
									μ_2 2,6	2,2	♀→♂	77	51
1	2	3	4	5	6	7	8	9	10	11	12	13	14	15

Die Spalten 1—9 sind ohne weiteres verständlich. Dagegen bedeutet in Spalte 10 das Zeichen μ_1 das Einschwenken aus der Planetenbahn in die Keplersche Ellipse, das Zeichen μ_2 das Ausschwenken aus dieser in die Bahn des angezielten Planeten. Die Spalten 11 und 12 geben dann die zu diesen Geschwindigkeits- oder Richtungsänderungen erforderlichen Massenverhältnisse bei Raketenantrieb für Auspuffgeschwindigkeiten von $C=4$ km/sec bezw. $C=5$ km/sec, Spalte 13 die Fahrtrichtung Erde—Venus oder umgekehrt an für die Werte in Spalte 14 und 15.

Diese sagen aus, wieviel Tonnen Startgewicht das Raumschiff haben müßte, um die betreffende Fahrbahn bei einem täglichen Lebensbedarf von 30 kg für 3 Personen bei einem Leergewicht des zurückkehrenden Schiffs von 6 Tonnen bewältigen zu können. Spalte 14 ist für eine Auspuffgeschwindigkeit von $C = 4$ km/sec, Spalte 15 für eine solche von $C = 5$ km/sec durchgerechnet. (Die nähere Deutung dieser Begriffe kann erst im Kapitel über die Rakete S. 105 u. folg. geboten werden). Ing. Hohmann hat die Berechnung auch für eine Auspuffgeschwindigkeit $C = 3$ km/sec und für $C = 10$ km/sec ausgeführt, doch ist die erste zu niedrig und führt infolgedessen zu technisch unausführbaren Massenverhältnissen des Startgewichts zum Leergewicht, die letzte wieder kann mit keinem heute bekannten Treibstoff erreicht werden, hat also nur theoretischen Wert. Dagegen sind $C = 4$ km/sec und $C = 5$ km/sec jene Auspuffgeschwindigkeiten, die unter günstigen Umständen heute bereits erreicht werden können.

Die Reisebedingungen zum Mars lassen sich natürlich ganz analog berechnen, doch sei hier auf eine Tabelle verzichtet, da S. 31/32 bereits im Text genügend genaue Angaben gemacht wurden. Dagegen interessiert Ing. Hohmanns Berechnung der Fahrtbedingungen zwischen Erde und Jupiter. Dabei muß man bedenken, daß der Halbmesser der Jupiterbahn 775 Millionen km und die Geschwindigkeit Jupiters in seiner Bahn rund 13 km/sec beträgt. Da die Bahnen C und D als ungünstig von vornherein ausscheiden, hat Ing. Hohmann nur die Fahrtrouten A, B und E berechnet:

1	2	3	4	5	6	7	8	9	10	11	12	13	14	15
A	0°	38,5	8,8	0°	7,4	5,6	180	997	μ_1	9,9	6,4	☽→♃	565	318
									μ_2	4,5	3,3	♃→☽	403	216
B	0°	40,0	10,3	53,75	13	11,75	143,75	521	μ_1	14	8,6	☽→♃	1960	670
									μ_2	21	11,5	♃→☽	2080	770
E	0°	39,2	9,5	44,0	10,5	9,2	154	618	μ_1	11,7	7,4	☽→♃	1020	448
									μ_2	11,0	7,0	♃→☽	1010	445

Endlich verdient noch Ing. Hohmanns Schlußtabelle hier wiedergegeben zu werden, da sie wohl für alle uns heute schon interessierenden und vielleicht in absehbarer Zeit technisch einmal in Frage kommenden Fahrtrouten die zugehörigen Fahrzeiten und Startgewichte der Raumschiffe für eine Besatzung von 3 Mann, einen Tagesverbrauch von 30 kg und ein Endgewicht von 6 Tonnen zusammenfaßt.

	Fahrtroute	Fahrzeit Tage	$C=3$	$C=4$	$C=5$	$C=10$	km/s
Zubringer	Erde—Mond	4	1420	360	153	31	t
Verkehr	Mond—Erde	3	15	12	10	8	t
Ausreisen	Mond—Merkur	105	24000	3270	940	90	t
	Mond—Venus	146	123	68	46,5	24	t
	Mond—Mars	258	780	278	142	44	t
	Mond—Jupitermond . .	997	12900	2450	910	167	t
Rückreisen	Merkur—Erde	105	9900	1730	600	75	t
	Venus—Erde.	146	2510	690	276	64	t
	Mars—Erde	258	382	182	110	41	t
	Jupitermond—Erde . .	997	5720	1400	342	144	t
Rundreisen	Mond—Marsberührung— Venuskreuzung—Erde .	547	1220	446	245	80	t
	Mond—Marskreuzung— Venuskreuzung—Merkurberührung—Erde. . . .	547	16100	2740	910	136	t
	Mond—Venusumkreisung—Erde . . .	762	1060	423	244	92	t
	Mond—Marsumkreisung—Erde . . .	971	1720	630	352	116	t
	Mond—Jupiterumkreisung—Erde . . .	2207	456000	37000	8720	1360	t

8. Loslösung und Angliederung durch Übergangsellipsen.

Zweck und Aufgabe der Übergangsellipsen ist es, bei der Loslösung das Raumfahrzeug von der Grenze des Luftkreises des betreffenden Planeten bis in eine solche Höhe in den Raum zu erheben, daß dort oben die eigentliche Anziehungswirkung des Planeten durch eine von den Schiffsmaschinen ausgeübte verhältnismäßig geringe Gegenkraft im gewünschten Momente vollkommen genau aufgehoben werden kann, so daß hierdurch der Planet gleichsam plötzlich als nicht mehr vorhanden gelten kann und nichts mehr im Wege steht, durch eine einfache Geschwindigkeitsänderung das Schiff, das sich solcherart nur mehr im reinen alleinigen Schwerefelde der Sonne befindet, in die richtige Keplersche Ellipse hineinzubringen.

Durch logische Umkehrung dieses Vorganges wird das Angliederungsmanöver eines vom Planetenraum her sich einem Planeten nähernden Raumschiffes so erhalten, daß das Schiff zunächst durch entsprechende Gegenkraftwirkung seiner Maschinen die Planetenstörung vollkommen genau aufhebt, so daß es, gleichsam als ob der Planet gar nicht vorhanden wäre, bis

an den Scheitelpunkt der vorherberechneten Übergangsellipse·
herankommen kann, worauf es durch Abstellen dieser Ausgleichs-
kraftwirkung sich dem Schwerefelde des Planeten plötzlich unter-
wirft und gleichzeitig durch eine einfache Geschwindigkeitsänderung sich jene relativ zum Planeten erforderliche elliptische·
Geschwindigkeit erteilt, die zum Hineinkommen in die Übergangsellipse erforderlich ist, deren Aufgabe es in diesem Falle ist,
das Schiff in seinem unteren Scheitel tangential in die obersten
Schichten des Luftkreises des Planeten einschießen zu lassen.

Die Manöver, welche erforderlich sind, um bei Abfahrt vom
Planeten von dessen fester Oberfläche bis an die Grenze seines
Luftreiches hinauf und dort in die Übergangsellipse hineinzukommen, welche wir als den eigentlichen Start bezeichnen,
und die, welche bei der Ankunft auf einem Planeten erforderlich
sind, um das im untern Scheitel der Übergangsellipse in den
Luftkreis eingeschossene Raumschiff ohne Beschädigung bis
zum festen Boden des Gestirns herunterzuführen, welche wir
als die eigentliche Landung bezeichnen, können erst später
behandelt werden, weil zu ihrem Verständnis die Kenntnis der
Eigenschaften des Luftkreises und konstruktiven Eigenheiten
und Möglichkeiten der Raumfahrzeuge erforderlich ist.

9. Zusammenfassung.

Für diejenigen, welche die zwar eingehenden, aber etwas
schwer verständlichen Tabellen der Hohmannschen Berechnungen
auf S. 36—38 zunächst überschlagen haben, mag eine Zusammenstellung nicht unerwünscht sein, die unbeschwert durch Betrachtungen über Massenverhältnisse und Auspuffgeschwindigkeiten
nur auf dem bereits erläuterten Begriff des idealen Antriebs
aufgebaut ist, der erforderlich wäre, um die genannten kosmischen
Reiseziele zu erreichen.

	Idealer Antrieb	
Vorstoß in den Weltenraum auf etwa 500 km Höhe	4000	m/sec
Durchstoßen des Panzers der Erdschwere, minde-		
stens (in Synergie-Kurve nach Oberth)	11700	»
Fahrt bis zum Monde mit Umfahrung, doch ohne		
Landung.	12500	»
Fahrt bis zur Venusbahn in Ellipse von 4/5 Jahren		
Umlaufszeit	13000	»
Fahrt zur Marsbahn in Ellipse von 2 Jahren Um-		
laufszeit	13600	»

.Überwindung der Sonnenschwere, Reise in die Fix-
  sternwelt . . . . 18000 m/sec
Reise zum Monde mit Landung auf diesem und
  Rückkehr . . . . 18000 »
Reise zur Venus mit Einfang zum Venusmond und
  Rückkehr . . . . 21700 »
Reise zur Venus mit Rückfahrt über Mars, doch
  ohne Landung . . . . 21700 »
Reise zum Mars mit Landung, Wiederaufstieg und
  Rückkehr . . . . 28000 »
Reise zur Venus mit Landung, Wiederaufstieg und
  Rückkehr . . . . 33000 »

III. Der Mantel des Luftkreises.

1. Der Luftwiderstand als hemmendes Mittel.

Da jedes bemannte Raumschiff vollkommen luftdicht abgeschlossen sein muß, um den Insassen, unabhängig von den
Verhältnissen an der Außenseite des Schiffskörpers das Atmen
unter gewohnten Umständen zu ermöglichen, so spielt für unsere
hier folgenden Überlegungen die chemische Zusammensetzung der Luftkreise unserer Erde und der anderen als Fahrt-
ziel in Betracht kommenden Himmelskörper keine Rolle. Auch
für den motorischen Betrieb der Schiffsmaschinen kann der
Luftsauerstoff nicht einmal in den dichtesten Luftschichten
genügen, um den ungeheuren Bedarf der explosiven Verbrennung
der Treibstoffe zu decken, gar nicht zu reden von Fahrten in
großen Höhen bei dünner Luft.

Wir haben demnach hier den Luftkreis der Erde und der
andern als Reiseziele in Frage kommenden Planeten in erster
Linie unter dem Gesichtspunkt als ein widerstehendes Mittel
zu betrachten, welches die Bewegung der Schiffe hemmt, und
nur insoweit noch als tragendes Mittel als manche Schiffs-
typen durch Ballone über die dichtesten, untersten Luftschichten
hinaufgehoben oder mit Tragflächen, wie unsere heutigen Flugzeuge ausgerüstet werden mögen. Diese Untersuchungen sind
aber notwendig, weil die technische Durchkonstruktion eines
jeden Fahrzeugs, das sich durch die Luft bewegen soll, also
auch eines Raumschiffes, welches bei Aufstieg und Landung
sogar die ganze Gashülle des betreffenden Planeten durch-

40

schneiden muß, nur möglich ist, wenn wir schon vorher die
Gesetze kennen, welche für die Beanspruchung der Maschine
maßgebend sind.

In der üblichen Schreibweise lautet die Grundgleichung des Luftwiderstandes folgendermaßen:

$$W = F \cdot p \cdot m \cdot k \cdot v^2 \text{ oder auch } W = F \cdot p \cdot (G/g) \cdot kv^2,$$

wobei F die Querschnittsfläche, p den Formwert, m die Luftmasse, G das
Luftgewicht, g die Schwerebeschleunigung, k einen von der Geschwindigkeit
selbst abhängigen Faktor und v die augenblickliche Geschwindigkeit der Bewegung bedeuten.

Daß der Luftwiderstand mit der Flächengröße wächst, die
sich ihm entgegenstellt, ist einleuchtend, daß die Form und Ober-
flächenbeschaffenheit des Körpers Einfluß hat, selbstverständlich. Daß der Widerstand auch mit der Massendichte der zu ver-
drängenden Luft steigt, ist klar, und daß er mit wachsender Geschwindigkeit irgendwie zunehmen wird, ebenfalls. Daß dabei
gerade das Quadrat der Geschwindigkeit die Hauptrolle spielt,
kann man sich so erklären, daß dieselbe beiseite geschleuderte
Luftmenge bei doppelter Geschwindigkeit den vierfachen Energieinhalt in sich trägt; der Faktor k aber kommt herein, weil infolge
der inneren Luftreibung und anderer in der Natur der Gasströ-
mungen gelegenen Ursachen das reine Quadrat der Geschwindigkeit doch eine gewisse Abänderung erfährt. Die Maschinenleistung, die zur Fahrt bei doppelter Geschwindigkeit gegen den
vierfachen Luftwiderstand erforderlich ist, wächst natürlich sogar
in der dritten Potenz, denn vierfache Kraft, sekundlich auf
doppelt so langer Wegstrecke getätigt, erfordert als Produkt
achtfache Motorleistung in PS bei unseren bisherigen Arbeits-
maschinen. Dagegen genügt schon vierfache Rückstoßkraft bei
Anwendung von Raketenmotoren, da deren Leistung von der
Weglänge unabhängig ist.

a) Der Luftwiderstand bei verschiedenen Schiffsformen.

Zur Beurteilung dieser Verhältnisse gehen wir aus von der
durch Messung festgestellten Tatsache, daß eine kreisförmige
glattpolierte Scheibe von 1 Quadratmeter Fläche, senkrecht
gegen einen Luftstrom von 50 m/sec Geschwindigkeit gestellt,
bei dem am Meeresspiegel normal geltenden Luftgewicht von
1,3 kg im Raummeter, einen Anblasdruck von 330 kg erleidet.
Der Formwert solcher Scheibe sei gleich 1 gesetzt. Dann gilt
für Körper von anderer Gestalt und Größe folgendes:

Der Luftwiderstand eines Körpers setzt sich bekanntlich zusammen
aus seinem Reibungs- und Formwiderstand. Der erste wird bei glatter
Oberfläche, wie etwa poliertem Stahlmantelgeschoß, sehr gering. Der zweite
wieder läßt sich zerlegen in den Stirnwiderstand infolge der Zusammen-
drückung der Luft vor dem bewegten Körper her und in den Sog, den
Widerstand infolge der Wirbelbildung hinterher. Für Körper, die sich mit
einer Geschwindigkeit in der Luft bewegen, welche kleiner ist als die Aus-
breitungsschnelligkeit des Schalles, ist der Sog ebenso wichtig wie der

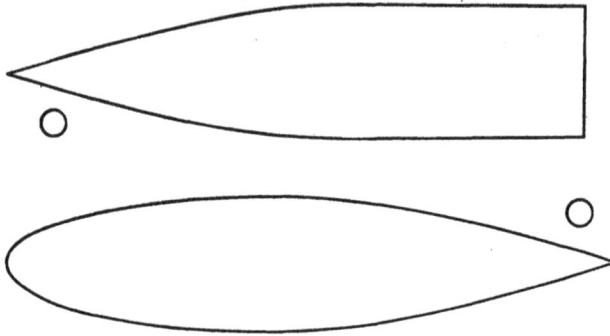

Abb. 14. Oben: Granatenform für geringsten Luftwiderstand. Unten: Zeppelin-
form für geringsten Luftwiderstand. Daneben gezeichnet als Kreis die Größe einer
kreisförmigen Scheibe, welche den gleichen Luftwiderstand hervorruft.

Stirndruck.. Man muß sie daher nicht nur vorne entsprechend formen,
sondern auch ihr rückwärtiges Ende sehr sorgfältig schlank verlaufend
bilden, damit die Wirbelungen vermieden werden. Es gibt eine sog. »beste
Form«, die man den »Stromlinienkörper« nennt. Sein Formwiderstand
gegen die Luft ist rund 27 mal kleiner als der einer kreisförmigen Platte vom
nämlichen Querschnitt. (Der Amerika-Zeppelin hat z. B. diese Gestalt
erhalten.) Das vordere Ende dieses Stromlinienkörpers ist verhältnismäßig
stumpf, das rückwärtige allein läuft spitz aus. Anders ergibt sich die beste
Form für Geschosse, die mit Überschallgeschwindigkeit die Luft durch-
stürmen. Bei ihnen hat sie sowieso nicht mehr Zeit, dem Geschosse zu folgen,
es entsteht hinter diesem einfach ein Vakuum. Es ist darum gleichgültig,
wie das rückwärtige Geschoßende gebildet ist, man kann es auch quer
abschneiden. Dagegen ist die Stirnseite der Granate sehr wichtig für den
Widerstand. Es zeigt sich, daß man sie für hohe Überschallgeschwindigkeiten
nicht mehr stumpf machen darf, wie beim Stromlinienkörper, sondern
daß sie eine sogar sehr feine Spitze erhalten muß. Auch eine leichte Ver-
jüngung des zylindrischen Geschoßkörpers gegen das rückwärtige Ende
zu hat sich, besonders bei den Ferngeschützgranaten, welche die bisher
höchsten, durch menschliche Mittel erreichten Fluggeschwindigkeiten von
1400—1600 m/sec besaßen, als vorteilhaft erwiesen. Der gesamte Luftwiderstand eines solchen fliegenden Geschosses ist 9—15 mal geringer als
der einer Kreisscheibe vom Kaliberdurchmesser. Der Formwert der Geschosse beträgt daher $p = {}^1/_9 - {}^1/_{25}$, bei besten Ferngranaten.

Zumal bei Raumschiffen die ausfauchenden Feuergase den hinter
Geschützgranaten leeren Raum ausfüllen, steht zu hoffen, daß sich bei gra-

natenförmigen Raumfahrzeugen der Formwert ebenfalls auf $^1/_{10}$—$^1/_{15}$ herunterdrücken läßt. Wir wollen für die spätern Rechnungen einen Mittelwert $p = {}^1/_{12}$ ansetzen.

Bei Schiffskonstruktionen, die in ihrer äußeren Gestalt wesentlich von der glatten Granatenform abweichen und sich z. B. durch den Besitz von Tragflächen mehr unsern Flugzeugen nähern, wird der Stirnwiderstand ungünstiger ausfallen und sich kaum unter $p = {}^1/_6$ von dem der Normalkreisscheibe herabdrücken lassen.

Bei ihnen kommt dann für den Tragflug, bei welchem die Tragflächen das Gewicht der Maschine in der Schwebe halten, noch der sog. Schwebewiderstand dazu, der sich aus dem Verhältnis des Rücktriebes zum Auftrieb der Tragflächen ergibt und das für gute Profile $R/A = {}^1/_{20}$ beträgt. Im ganzen muß nach unsern Erfahrungen an Flugzeugen, bei 144 km/h oder 40 m/sec horizontaler Fluggeschwindigkeit je nach Flügelprofil und Anstellwinkel die Zugkraft $^1/_5$ bis $^1/_{20}$ des Gewichts betragen.

b) Das Verhalten des Luftwiderstandes bei verschiedener Geschwindigkeit.

Die Zunahme des Luftwiderstandes beim Wachsen der Geschwindigkeit des bewegten Körpers ist von den Theoretikern des Flugwesens seit dessen Bestehen sowie von den Artilleristen schon seit vielen Jahrzehnten eingehend untersucht worden.

Dabei konnten die ersten ihre Messungen an Modellen im Luftkanal bis zu Geschwindigkeiten von 80 m/sec, im freien Fluge der Weltrekordflugzeuge bis 130 m/sec, an Propellerblattenden bis zu 320 m/sec und endlich durch Anblasen der zu untersuchenden Modelle aus Hochdruck-Gasflaschen oder mit den Auspuffgasen der Motoren bis zu 650 m/sec ausdehnen. Dagegen waren die letzten schon seit langem gewohnt, mit Geschoßgeschwindigkeiten bis zu 700 m/sec zu arbeiten und haben zuletzt ihre Messungen bis zu den enormen Geschwindigkeiten der Ferngranaten von 1600 m/sec und darüber anstellen können.

Man kann daher sagen, daß das Verhalten des Luftwiderstandes bei den Geschwindigkeiten, welche für Raumschiffe während der Durchfahrt durch den Luftkreis beim Start in Frage kommen, hinreichend erforscht ist, da hierbei 2000 m/sec kaum überschritten werden. Dagegen macht die Beurteilung der Verhältnisse bei der Rückkehr von Raumfahrzeugen, die mit etwa 10 000 m/sec an der äußeren Grenze der Lufthülle einschießen, vorläufig noch Extrapolationen der Formeln erforderlich, die eine gewisse Unsicherheit mit sich bringen. Als eine Art Kontrolle können dabei allerdings wieder die Erfahrungen verwendet werden, welche sich aus den Berechnungen der Astronomen über die Abbremsung der aus dem Weltall in den Luftkreis einschießenden Meteore gewonnen wurden, die mit noch weit größeren Geschwindigkeiten von 40000—80000 m/sec mit der Erde zusammentreffen.

Es hat sich gezeigt, daß bei ganz geringen Geschwindigkeiten, wie sie bei Uhrpendeln vorkommen, der Luftwiderstand mit der ersten Potenz der Geschwindigkeit zunimmt. Bei wachsender Schnelligkeit geht er dann bald zu höherer v-Potenz über und erreicht etwa bei $v = 10$ m/sec das reine Quadrat der Geschwindigkeit. Diesem bleibt er dann mit großer Annäherung treu bis gegen 100 m/sec, erst dann beginnt er merklich rascher als das Quadrat zu wachsen, besonders bei Annäherung an die »Schallgeschwindigkeit« von 333 m/sec. Etwas oberhalb dieser, bei 425 m/sec, erreicht die Abweichung vom reinen Quadrat der Geschwindigkeit nach oben ihren Höchstwert, um dann wieder zusammenzuschwinden und bei sehr hohen Geschwindigkeiten einem gewissen Grenzwert zuzustreben, der allerdings je nach der Körperform etwas verschieden ausfällt.

Faßt man die Abweichung vom reinen Quadrat der Geschwindigkeit als den variablen Faktor k auf, dann gilt für das S-Geschoß des Infanteriegewehres nach C. Cranz, für ein Luftgewicht von 1,22 kg/m³ nachfolgende Zusammenstellung, wobei V die Geschwindigkeit, K den Faktor, mit welchem das reine Geschwindigkeitsquadrat multipliziert werden muß, W den wirklich gemessenen Luftwiderstand, W/F den auf die Flächeneinheit bezogenen und B die Bremswirkung am Geschoß bedeuten, wobei $B = W/M$, d. i. gleich dem Quotienten aus dem Widerstand, geteilt durch die Masse des Geschosses ist.

Tabelle I.

$V =$ 250	300	350	400	425	500	750	1000	10000 m/sec
$W =$ 0,144	0,22	0,64	0,92	1,04	1,36	2,38	3,48	—
$K =$ 1,15	1,27	2,61	2,89	2,90	2,74	2,12	1,74	1,50
$W/F =$ 0,072	0,11	0,32	0,46	0,52	0,68	1,19	1,74	—
$W/M =$ 36,7	56	163	234	265	346	607	886	—

Die Messungsergebnisse beweisen, daß für die Auffahrt von Raumfahrzeugen durch das Luftreich nicht mit dem reinen Geschwindigkeitsquadrat gerechnet werden darf, sondern daß tatsächlich der Faktor K berücksichtigt werden muß, weil die Schiffe die kritischen Geschwindigkeiten nahe der Schallgeschwindigkeit zwischen 300—450 m/sec noch in verhältnismäßig geringer Höhe, wo die Luft noch dicht genug ist, innehaben werden. Auch bei Raketenflugzeugen für den Fern-Eilflugverkehr innerhalb des Luftkreises wird man den Faktor K zu berücksichtigen haben.

Wichtig ist ferner die Erkenntnis, daß die Verzögerung B, welche ein in der Luft bewegter Körper erleidet, von seiner sogenannten Querschnittsbelastung abhängig ist. Eine Granate von äußerlich genau gleichen Abmessungen, aber doppel-

Tabelle II.

H km	R km	log R	g m/sec²	log g	Luftdruck mm/Hg	Luftgewicht G nach Hohmann kg/m³	log G	Luftmasse M in kg/m³	log M
0	6371	3,80421	9,8100	0,99167	760,000	1,30	0,11394	0,13252	9,12227—10
1	72	428	9,8068	153	675	1,15	0,06070	0,11725	9,06917
2	73	434	9,8042	141	598	1,00	0,00000	0,10438	9,00859
3	74	441	9,8010	127	528	0,90	9,95424—10	0,09173	8,96252
4	75	448	9,7978	113	466	0,80	9,00303	0,08164	8,91190
5	76	455	9,7945	099	410	0,70	9,84510	0,07147	8,85411
6	77	462	9,7915	085	360	0,62	9,79239	0,06332	8,80154
8	79	475	9,7857	059	277	0,48	9,68124	0,04905	8,69065
10	6381	3,80489	9,7794	031	210	0,375	9,57403	0,03836	8,58390
15	86	523	9,7640	0,98963	89,66	0,215	9,33244	0,02202	8,34281
20	91	557	9,7498	895	40,99	0,105	9,02119	0,01077	8,03224
25	96	591	9,7335	827	8,63	0,055	8,74036	0,005645	7,75164
30	6401	625	9,7182	759		0,0283	8,45179	0,002912	7,46420
35	06	659	9,7030	691	1,84	0,01464	8,16554	0,001509	7,17863
40	11	693	9,6880	623		0,00740	7,86923	0,0007638	6,88301
45	16	726	9,6732	557	0,40	0,00376	7,57519	0,0003887	6,58962
50	21	3,80760	9,6580	489		0,00187	7,27184	0,0001936	6,28695
55	26	794	9,6430	421	0,0940	0,000915	6,96142	0,00009489	5,97721
60	31	828	9,6278	353		0,000448	6,65128	0,00004653	5,66775
65	36	862	9,6128	285	0,0274	0,000217	6,33646	0,00002257	5,35361
70	41	895	9,5982	219		0,0001025	6,01072	0,00001068	5,02853
75	46	929	9,5832	151	0,0123	0,0000497	5,69636	0,000005222	4,71785
80	51	963	9,5682	083		0,0000230	5,38173	0,000002404	4,38090
85	56	996	9,5536	017		0,0000106	5,02531	0,00000110	4,04514
90	61	3,81030	9,5388	0,97949	0,0081	0,0000049	4,69020	0,5137 × 10—6	3,71071
95	66	064	9,5238	881		0,000022	4,34242	0,2310 × 10—6	3,36361
100	6471	097	9,5094	815	0,0067	0,98 × 10—6	3,99123	0,1031 × 10—6	3,01308
105	76	131	9,4944	747		0,423 × 10—6	3,62634	0,04455 × 10—6	2,64887
110	81	164	9,4800	681	0,0059	0,185 × 10—6	3,26717	0,01951 × 10—6	2,29036—10
150	6521	3,81431	9,3642	147		0,00013 × 10—6	0,11394—10	0,0000139 × 10—6	9,14247—20
200	6571	763	9,2220	0,96483	0,0001	0,00023 × 10—12	5,36173—20	0,0000249 × 10—12	4,39690—20
400	6771	3,83065	8,6874	0,93889	0,0000	0,00000....	—∞	0,00000000....	—∞

tem Gewicht, erleidet also wohl denselben Luftwiderstand, wird
aber durch ihn nur halb so, stark gebremst. Wir sagen daher, die
Durchschlagskraft gegenüber dem Luftwiderstande steigt im
gleichen Verhältnis wie die Querschnittsbelastung. Diese
selbst findet man in kg/cm² sehr einfach, indem man das Gewicht
des bewegten Körpers durch seine größte, senkrecht zur Bewegungsrichtung gelegte Querschnittsfläche dividiert.

Für große Kaliber (die wir später bei Betrachtung der Möglichkeit eines
Kanonenschusses nach dem Mond als Grundlage brauchen) gelten nach
C. Cranz die folgenden Widerstandswerte:

a) 10 cm-Kaliber, vorn und rückwärts quer abgeschnittenes Geschoß:

Geschwindigkeit V	400[1])	800	1200	2000	4000	10 000	m/sec
W/F f. d. Geschoß	1,58	6,85	15,64	43,80	175,6	1098	Atm.
W/F f. Kreisscheibe	2	8	18	50	200	1250	»

b) Verschiedene Spitzgeschosse v. 3 Kaliber Abrundungs-Radius

Kaliber	$V = 550$	600	650	700	750	800	850	m/sec
6 cm	1,00	1,15	1,30	1,44	1,58	1,76	1,94	Atm.
10 »	0,98	1,12	1,25	1,38	1,52	1,68	1,85	»
28 »	0,62	0,70	0,81	0,90	1,01	1,13	1,25	»
30 »	—	—	—	—	0,90	0,98	1,06	»

Zum Vergleich und zur Vermittlung einer Vorstellung über die tatsächlichen Verhältnisse seien einige Werte angegeben: Es beträgt die Querschnittsbelastung beim S-Geschoß des deutschen Armeegewehres 20,4 g/cm²,
bei einer 7,7 cm-Granate 148 g/cm², bei unseren Flugzeugen 100—200 g/cm²
in der Flugrichtung, bei einer normalen 21 cm-Granate 236 g/cm², bei einem
30,5 cm-Mörsergeschoß 558 g/cm², bei dem 40,64 cm-Kruppschen Küsten-
geschütz 772 g/cm² für die Vollgranate und bei den neuesten amerikanischen 20zölligen 50,8 cm-Geschützen fast genau 1 kg/cm².

c) Das Verhalten des Luftwiderstandes in verschiedenen Höhen über dem Meer.

Der Luftwiderstand in verschiedenen Höhen über der Erdoberfläche ist bedingt durch die mit der Höhe rasch abnehmende
Luftdichte. Zu seiner Beurteilung ist also die Kenntnis der
Luftdruckabnahme nach oben erforderlich, über die wir nur bis
auf 25 km Höhe durch wirkliche Messungen unterrichtet, für
noch größere Höhen aber nur auf rechnerische Extrapolationen
angewiesen sind, die bei der Unsicherheit der Temperaturkennt-
nisse dort oben mehr oder minder unzuverlässig sind. Für

---

[1]) Bis 1200 m/sec nach Versuchen, darüber hinaus nur berechnet.

unsere Zwecke genügt es jedenfalls, die Tabellenwerte nach Ing. W. Hohmanns Werk wiederzugeben, der annimmt, daß die Dichte der Luft 400 km über dem Meere praktisch auf Null gesunken ist.

In Erinnerung sei hier noch gebracht, daß in der senkrechten Luftsäule vom Erdboden bis zu dieser Grenzhöhe gleich viel Luftmasse enthalten ist, wie in einer 7800 m langen, horizontal hart am Meeresspiegel liegenden Luftstrecke bei 762 mm Barometerstand gemessen. Die Zahl 7800 m nennt man daher auch die Höhe der homogenen, isothermen Atmosphäre, welcher Begriff z. B. für den senkrechten Kanonenschuß in den Raum eine gewisse Bedeutung hat.

Mit Hilfe der Tabellen I und II ist es möglich, durch Einsetzen der entsprechenden Werte in die Grundgleichung des Luftwiderstandes, die drei Fragen zu beantworten: 1. Wie groß ist der Luftwiderstand bei gegebener Geschwindigkeit und Höhe? — 2. In welcher Höhe erzeugt eine gegebene Geschwindigkeit einen gewissen Luftwiderstand? — 3. Welche Geschwindigkeit ergibt bei vorgeschriebener Höhe einen bestimmten (z. B. höchstzulässigen) Luftwiderstand?

Die Beantwortung der ersten Frage ist wichtig für die Bemessung der Motorleistung, die der zweiten, um die Höhe zu erkennen, die nicht unterschritten werden darf, um keinen unzulässigen Luftwiderstand hervorzurufen, die der dritten, um die Geschwindigkeit zu wissen, die bei gegebener Höhe nicht überschritten werden darf, wenn die Widerstandsfähigkeit des betreffenden Maschinentyps bekannt ist.

d) Propellerflugmaschinen und Raketenschiffe.

Führt man diese Berechnungen für verschiedene Höhen, Widerstände und Geschwindigkeiten durch, so gelangt man zu einer für die Raumschiffahrt aber auch schon für die Zukunft des irdischen Luftverkehrs überaus wichtigen Erkenntnis.

Es zeigt sich nämlich, daß sowohl unsere heutigen Flugzeuge, als auch die Lenkluftschiffe, als von Propellern gezogene Maschinen, bereits hart an der Grenze ihrer Steighöhen- und Geschwindigkeitsentwicklung angekommen sind. Denn in den geringen Höhen unter 6 km wächst mit einer Steigerung der Fahrtgeschwindigkeit der Luftwiderstand so ungeheuer, daß die Nutzlast auf Null sinkt, weil die enorme Motorenstärke die ganze verfügbare Tragfähigkeit verschlingt, in großen Höhen über 18 000 m aber, wo aus

Widerstandsrücksichten schon recht hohe Geschwindigkeiten möglich wären, vermag man diese mit Propellermaschinen nicht mehr zu erreichen, weil man so hoch überhaupt mit ihnen nicht hinaufkommt, da die Tragkraft der Ballone, wie die Leistung der Flugmotoren mit Abnahme der äußern Luftdichte stark nachläßt.

Die Zukunft kann also auch für den Weltluftverkehr nur einem Maschinentyp gehören, dessen Antriebsart unabhängig von der umgebenden Luft ist und der es gestattet, gerade in den größten Höhen oben die höchsten Fahrtgeschwindigkeiten zu entwickeln, die dichten Luftschichten nahe dem Meeresspiegel aber mit gemäßigter Schnelle zu durchschneiden.

Diese Bedingungen zu erfüllen, vermag, wie wir noch ausführlich hören werden, nur die RAKETE. Sie motorentechnisch so weit zu entwickeln, daß sie als Antriebsmaschine für Luftfahrzeuge in Frage kommt, wäre daher schon dann eine vordringliche Aufgabe der heutigen Technik, wenn man an eine Möglichkeit des Vorstosses in den leeren Weltenraum noch gar nicht denken dürfte.

Daß der Leistungsbedarf für große Fluggeschwindigkeiten in geringen Höhen weit über die Möglichkeiten des Propellermotors hinausgeht, läßt sich leicht an Hand einer graphischen Darstellung beweisen, die Dr.-Ing. Hermann Borck-Berlin für das Junkers-Großflugzeug des Typs G 24 entworfen hat. Dieses vermag in Meeresspiegelhöhe bei etwa 400 PS Motorleistung 50 m/sec zu entwickeln. Wollte man die Geschwindigkeit verdoppeln, wäre schon das Achtfache davon vonnöten, für 100 m/sec also 3200 PS. Eine abermalige Verdopplung bedingt einen Leistungsbedarf von 25600 PS. Bedenkt man, daß selbst unter Verzicht auf Nutzlast das gesamte Motorengewicht nicht über 2000 kg steigen darf, so sieht man, daß 3200 PS schon das höchste Mögliche vorstellen, da heute selbst die leichtesten Flugzeugmotoren noch immer gut $1/_2$ kg pro PS wiegen. Die Geschwindigkeitsgrenze liegt also für diesen Flugzeugtyp nahe dem Meeresspiegel bei 100 m/sec oder 360 km/h. In 18 km Höhe dagegen, wo die Luft gerade zehnmal dünner ist, würden theoretisch allerdings schon 2560 PS genügen, um 200 m/sec oder 720 km/h zu entwickeln. Aber was nützt diese Erkenntnis, wenn das fast auf 2 kg pro PS steigende Gewicht der erforderlichen Höhenmotoren mit Vorverdichter (s. S. 66/67) kaum noch 1000 PS wirkliche Motorleistung mitzuführen gestattet.

Bei unseren bisherigen auf dem Arbeitsbegriff aufgebauten Motoren erfordern eben 100 PS = 7500 mkg/sec immer einen Verbrauch von rund 100 Gramm Benzindampf-Luftgemisch pro Sekunde, gleichviel ob die Arbeit aus 100 kg Kraft mal 75 m Sekundenweg oder aus 25 kg Kraft mal 300 m Sekundenweg zusammengesetzt ist. Anders beim Raketenmotor. Hier ist das Produkt aus Rückstoßkraft mal Zeit (s. S. 120) gegeben, unabhängig vom sekundlichen Weg, d. h. die PS-Leistung steigt hier proportional der Geschwindigkeit. Sollen bei $C = 2500$ m/sec Auspuffgeschwin-

digkeit der Raketengase 100 kg Schubkraft eine Sekunde lang erzeugt werden, so müssen hier in jedem Falle 400 Gramm Treibstoffladung ausgestoßen werden. Geschieht dies bei einer Geschwindigkeit von 75 m/sec, dann leistet der Raketenmotor dabei nur 100 PS, ist also dem Arbeitsmotor an Treibstoffverbrauch viermal unterlegen. Geschieht es aber bei 300 m/sec Fahrgeschwindigkeit, dann ist die Leistung = 400 PS und stehen sich beide Motorentypen wirtschaftlich bereits gleich. Für noch höhere Geschwindigkeiten von 1500 bis 3000 m/sec ist der Rückstoßmotor dem Arbeitsmotor auch für gleichmäßigen Dauerbetrieb sogar 5—10fach überlegen, ganz abgesehen davon, daß überhaupt nur der Raketenmotor imstande ist, das Fahrzeug in so große

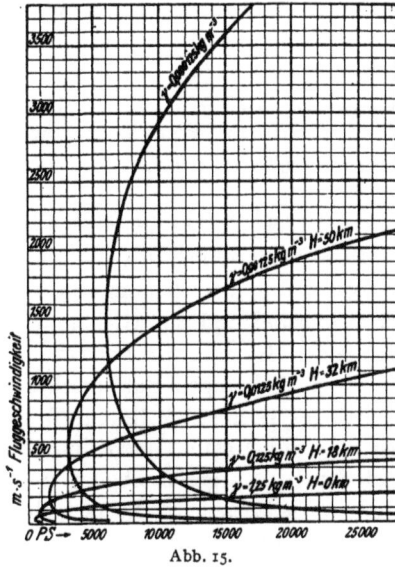

Abb. 15.

Höhen und so geringe Luftdichten hinaufzutragen, wo diese hohen Geschwindigkeiten verwirklicht werden können.

Aus dem Borckschen Diagramm lassen sich auch sofort die (für eine flugzeugartige Maschine ohne Rücksicht auf die Antriebsweise) für jede Höhenlage günstigsten Geschwindigkeiten entnehmen, indem man den Kurvenpunkt sucht, dessen Tangente eine Senkrechte ist, wobei zu bemerken ist, daß die Kurven für große Höhen immer steiler verlaufen und darum in der Nähe des günstigsten Geschwindigkeitswertes, für den der Leistungsbedarf ein Mindestmaß wird, einen immer größeren Spielraum nachbarlicher Geschwindigkeiten, besonders nach oben hin, zulassen. So liegt für 50 km Höhe die günstigste Geschwindigkeit bei 600 m/sec. Für die Höhe von 65 km beträgt sie bereits bei 1600 m/sec und wird mit 6000 PS erzielt. 1000 PS mehr erlauben aber sogar bis zu 2450 m/sec zu gehen. Die letzte Ziffer ist aber (wie wir noch später hören werden) gerade jene, welche mit den besten Pulvern noch aus Auspuffgeschwindigkeit erzielt werden kann und für welche die Raketenfahrweise am ökonomischsten wird. In diesem Sinne bedeutet die Auslegung des Borckschen Diagramms nichts anderes, als:

Das wahre Reich des Raketenfluges im Luftkreis der Erde beginnt nicht gleich schon dort in der geringen Höhe, wo die heutigen Flugmaschinen bereits versagen, sondern es fängt erst an bei 50 km Höhe über dem Meer, als seiner untersten Grenze, wird nutzbar erst bei 60 km Höhe und entfaltet seine volle Kraft in den Regionen zwischen 65 und 100 km über der Erdoberfläche.

e) Luftwiderstand und günstigste Geschwindigkeit.

In Verbindung mit der (erst weiter unten zu erklärenden) Arbeitsweise der Raketenschiffe ergibt sich aus der Luftwiderstandsformel und der Gleichung der Luftdruckabnahme mit der Höhe der Begriff einer günstigsten Geschwindigkeit, sowohl in jedem beliebigen Bahnpunkte (differentiell) als auch über ein beliebiges Bahnstück (integral) gedacht. Nach Professor Oberth ist die günstigste Geschwindigkeit an der Stelle S diejenige, bei der bei vorgeschriebener Beschleunigung beim Durchstoßen der (differentiellen) Luftschicht der Energieverbrauch und damit Treibstoffverlust ein Minimum wird. Die Durchrechnung zeigt, daß bei senkrechtem Aufstieg die günstigste Geschwindigkeit an jedem Bahnpunkte jene ist, für welche der Luftwiderstand gleich dem Gewichte wird, bei schrägem Aufstieg jene, für welche er gleich dem Gewichte mal dem Sinus des Steigwinkels ist. Dabei hängt die günstigste Geschwindigkeit nur vom Verhältnis der Querschnittsbelastung zur äußeren Luftdichte ab.

Da es aber unmöglich ist, so zu fahren, daß das Schiff an jedem Bahnpunkte die für diesen geltende günstigste Geschwindigkeit innehat, muß man in Rücksicht auf die anderen notwendigen Bahnbedingungen Kompromisse nach beiden Seiten eingehen. Der Begriff der günstigsten Geschwindigkeit über ein ganzes, langes Bahnstück von A bis B ist daher ein ganz anderer als der vorhin entwickelte und kann dahin ausgelegt werden, daß er jener Fahrtweise entspricht, bei welchem trotz Erzielung einer gleichen Endgeschwindigkeit am Schlußpunkt des Bahnstücks in B, ausgehend von gleicher Bahngeschwindigkeit im Anfangspunkt A der Betriebsstoffverbrauch ein Minimum gewesen ist. Ist die Berechnung der (differentiellen) günstigsten Geschwindig-

50

keit im einzelnen Bahnpunkte schon mühevoll, so ist die der (integralen) über ganze Bahnstücke ein vorläufig noch ungelöstes Problem der Variationsrechnung.

f) Luftwiderstand und Erwärmung der Körper.

Aus der Tatsache, daß die Meteore, welche als kalte und nicht leuchtende Körper den Weltraum durchstürmten, fast momentan aufflammen und unter oft blendenden Lichterscheinungen in wenigen Sekunden sich in glühende Dämpfe auflösen, geht unzweifelhaft hervor, daß ein rasch durch die Luft bewegter Körper erwärmt wird. Ob daran mehr die eigentliche Luftreibung an der Außenhaut, oder mehr die Luftverdichtung vor der Spitze schuld ist, bleibt sich schließlich gleichgültig. Die letzte Ursache der Erwärmung ist jedenfalls in der Verzögerung zu suchen, welche der bewegte Körper durch den Luftwiderstand erleidet, indem die durch die Abbremsung frei werdende Energie (im Betrage der Differenz der lebendigen Kraft der Bewegung am Beginn und Ende des gerade betrachteten Bahnstücks) nicht verschwinden kann, sondern sich in Luftwirbel und Wärme umsetzen muß. Wie groß die beiden Anteile sein werden, läßt sich ohne weiteres nicht sagen, denn dies wird sehr von der Masse, Größe und Form des Körpers abhängen, doch ist jedenfalls sicherlich der theoretisch angenommene Fall, daß die ganze Bremsenergie nur in Wärme umgesetzt würde, der ungünstigste. Deshalb wollen wir mit ihm rechnen.

Der Umstand, daß die meisten Meteore schon in Höhen über 100 km auflodern und kaum auf 80 km herabdringen, ehe sie verzischen, mag zuerst recht bedenklich stimmen, wenn wir beherzigen, daß wir soeben die Absicht erwogen haben, schon in viel geringeren Höhen von 50—70 km, wo die Luft noch viel dichter ist, mit großen Geschwindigkeiten zu fahren. Indessen dürfen wir schon bei überschläglicher Betrachtung eines nicht vergessen: Die Meteore, welche in so großen Höhen aufleuchten, haben nicht nur Geschwindigkeiten von 50000—80000 m/sec, sondern sie sind auch sehr klein, ihre Massen sind gering und ihre Verzögerung durch den Luftwiderstand ist wegen des ungünstigen Formwerts (p etwa $2/3$) und der kleinen Querschnittsbelastung enorm. Darauf aber kommt es in erster Linie an. Die Richtigkeit dieser Auffassung wird durchaus durch die großen, schwermassigen Meteore bewiesen, die erst in viel geringerer

Höhe zwischen 60—70 km aufzuleuchten pflegen und manchmal bis auf 20, ja sogar 15 km Höhe herunterdringen, wo sie zerspringen ohne zu verdampfen. Ihre Teile können dann, wo sie zur Erde niedergefallen sind, meist noch als innerlich kalte Blöcke befunden werden, die nur ganz oberflächlich eine Schmelzhaut zeigen. Die Entscheidung in der Vergleichung der Erhitzungsmöglichkeiten eines Raumschiffes mit den Erscheinungen bei Feuerkugeln kann natürlich nur die Berechnung bringen.

Dabei verfährt man folgendermaßen:

Angenommen ein Meteor von 0,1 g$^+$ Masse oder 0,981 g Gewicht, das in 100 km Höhe 70000 m/sec zurücklegen soll. Die Dichte sei ähnlich der des Eisens 7½, seine Form eine Kugel, deren Durchmesser daher 6,54 mm, ihr Querschnitt 0,327 cm², der Formwert 0,5, der Faktor K 1,5. Die Luftmasse im Raummeter ist in dieser Höhe nach Tab. II 0,0000001031 kg$^+$ Dann erhält man durch Einsetzen in die Formel $W = 0,0000327 \times 0,5 \times 0,0000001031 \times 1,5 \times 4900000000 = 0,01239$ kg. Da die meteorische Masse nur 0,0001 kg$^+$ betrug, muß man noch mit 10000 multiplizieren, um die Verzögerung $B = W/M = 123,9$ m/sec² zu finden.

Da bei einer Kugel der Querschnitt im Quadrat, der Inhalt aber im Kubus wächst, erfährt ein 1000 mal schwereres Meteor unter sonst gleichen Umständen zwar den 100 fachen Luftwiderstand, wird durch ihn aber zehnmal weniger verzögert.

Für die Vergleichsberechnung eines Raumschiffs würde man die Masse gleich 1 t$^+$ oder 9810 kg Gewicht, eine Querschnittsfläche von 10 m² und einen Formwert $p = {}^1/_{12}$ einzusetzen haben.

Die durch die Abbremsung freiwerdende Wärme findet man, indem man die lebendige Kraft der bewegten Masse $W = M\frac{1}{2} V^2$ mit der Geschwindigkeit am Beginn und Ende der betrachteten Sekunde ausrechnet und die letzte von der ersten abzieht. Die gefundene Zahl in mkg wird dann durch Division mit 427 in Wärmeeinheiten oder Kalorien umgerechnet. Da die spezifische Wärme des Meteoreisens etwa ${}^1/_9$—${}^1/_{10}$ beträgt, reicht 1 Cal. gerade hin 1 kg$^+$ Eisenmasse um 1⁰ C zu erwärmen. Man hat also die gefundene Zahl Wärmeeinheiten noch durch die kg$^+$ der Masse des Körpers zu teilen, um zu erfahren, um wie viele Grade die Masse (des Meteors bzw. Schiffs) erwärmt werden könnte, wenn die ganze Bremsenergie verlustlos zu seiner Anheizung aufgewendet würde. Eine tausendmal so große Masse erhitzt sich also unter sonst gleichen Umständen zehnmal weniger, da sie zehnmal weniger verzögert wird und infolgedessen nur hundertmal soviel Kalorien freigibt wie die Einheitsmasse, aber tausendmal soviel Anheizung benötigt.

Die Ausrechnung für je drei Fälle von Meteoren, Geschossen und Raumschiffen ergibt die Vergleichswerte der folgenden Tabelle. Für Meteore und Geschosse entsprechen sie aufs beste den tatsächlich beobachteten und gemessenen Verzögerungen und Erhitzungserscheinungen.

Körpergattung	Masse kg +	Höhe km	Ge-schwind. m/sec	Brem-sung m/sec	Bremsleistung mkg	Bremsleistung WE (Cal)	Erhitzung Grad Celsius
Meteor	0,0001	100	70 000	124	867	2,031	20 310
Meteor	0,10	100	70 000	12,4	86 792	203,3	2 033
Meteor	0,10	65	57 000	1 800	10 098 000	23 650,0	236 500
Meteor	100	65	57 000	180	1 024 380 000	2 399 000,0	23 990
Meteor	0,10	50	46 000	10 050	41 179 875	96 440,0	964 400
Meteor	100	50	46 000	1 005	4 572 498 750	10 710 000,0	107 100
Schiff	1000	50	1 000	0,28	279 961	655,6	0,6556
Schiff	1000	65	2 500	0,18	449 985	1 053,8	1,0538
Schiff	1000	100	11 000	0,016	175 500	411,0	0,4110
Schiff	333	50	1 000	0,84	279 882	655,5	2,185
Schiff	333	65	2 500	0,54	449 951	1 053,7	3,512
Schiff	333	100	11 000	0,048	176 000	412,2	1,374
30-cm-Gran.	42	0	850	18	635 796	1 489,5	35,5
Ferngranate	13	0	1 500	50	1 917 500	4 490,5	345,4
S-Geschoß	0,001	0	1 000	886	493,5	1,1557	1155,7

Zur letzten Tafelspalte ist noch zu bemerken: Da die Form der Meteore eine unregelmäßige ist, wird ein sehr wesentlicher Teil der Bremsenergie in Luftwirbel und zur Miterhitzung eines mitgerissenen Luftballens aufgewendet, so daß, je größer und massiger das Meteor ist und je höher die theoretische Temperatursteigerung werden sollte, in Wirklichkeit ein um so geringerer Anteil der gesamten Bremswärme am Meteorkörper selbst zur Auswirkung kommt.

Damit stimmt überein, daß viele Feuerkugeln dem Beobachter $1/10$ so groß wie der Vollmond erscheinen, wonach sie je nach ihrem Abstand vom Beobachter wahre Durchmesser von 60—200 m besitzen müssen, während der Meteorblock selbst nur wenige Dezimeter mißt. Temperaturen von über 20 000[0] werden also in Wirklichkeit kaum auftreten, sondern, wo sie theoretisch zu folgern sind, sucht sich die Energie einen andern Ausweg. — Bei dem günstigen Formwert von Geschützgranaten geht allerdings der größte Teil der Bremsenergie in Wärme und nur ein geringer Teil in Luftwirbel über, was im Sinne der Erhitzung ungünstig ist. Dasselbe gilt auch für die Raumschiffe, nur daß hier die berechneten Werte an sich viel geringer sind.

Versuche mit Raketen, sowohl angezündeten, als nicht angezündeten, im Luftkanal sind (nach einer brieflichen Mitteilung von Prof. L. Prandtl an den Verf.) soweit bekannt, noch nirgends ausgeführt worden. Versuche über die Erwärmung von, einem Luftstrom von hoher Geschwindigkeit ausgesetzten Körper infolge Luftreibung, sind in der Weise gemacht worden, daß man mit Thermoelementen die Temperatur eines solchen Luftstromes zu messen versuchte. Diese sind immer gleich der Temperatur gefunden worden, die die Luft in einem Druckluftkessel hätte, aus dem ausströmend sie bei adiabatischer Expansion in den in Frage stehenden Zustand gelangen würde. Eine theoretische Untersuchung von Ernst Pohlhausen (in Bd. 1/1920 der Zeitschr. f. angew. Mathem. u. Physik) kommt zu demselben Resultat.

Das Gesamtergebnis unserer Ableitungen läßt sich also dahin zusammenfassen, daß ein ganz ungeheurer Unterschied um rund das 10 000 fache zwischen der Verzögerung der kleinern Meteore und der Raumschiffe besteht, indem diese bei den ersten 1000 bis 10 000 m/sec², bei den letzten 0,05—1,0 m/sec² beträgt.

Wenn die Schiffe in jeder Höhe mit der jeweils günstigsten Geschwindigkeit fahren, aber selbst beim Einschuß aus dem Raume in die obersten Luftschichten zurückkehrender Schiffe mit parabolischer Schnelle, ist eine unzulässige Erhitzung des Schiffskörpers nicht zu befürchten. Man hat nur dafür zu sorgen, daß die sekundlich vom Schiffskörper aufzunehmende Bremswärme, die aus der Verzögerung durch den Luftwiderstand entsteht, nicht größer wird, als die in der gleichen Zeit durch Strahlung (und auch Leitung) abgegebene. Sache der Steuerungseinrichtung ist es, die Erfüllung dieser Forderung zu ermöglichen, indem man so fährt, daß die Schiffe nicht mit noch zu großen Geschwindigkeiten zu früh bzw. zu steil in die dichteren Luftschichten herabsteigen.

g) Der Luftwiderstand als Bremsmittel.

Nach Ing. W. Hohmanns Berechnung beträgt die lebendige Kraft eines mit 11 000 m/sec in den Luftkreis einschießenden Raumschiffes von 2000 kg Gewicht 12,3 Milliarden mkg, gleich 28,8 Millionen Wärmeeinheiten. Soll mit dem Schiffskörper allein durch dessen Luftwiderstand gebremst und doch jede Verbrennungserscheinung vermieden werden, dann darf man nach Ing. Hohmann unter Anwendung von Kühlrippen mit einer sekundlichen Ausstrahlungsmöglichkeit von 500 Wärmeeinheiten rechnen. Auf dieser Grundlage errechnet sich die höchstzulässige Verzögerung für $V = 10 000$ m/sec zu 0,1 m/sec², für $V = 5000$ m/sec zu 0,2 m/sec², für $V = 1000$ m/sec zu 1,0 m/sec², für $V = 100$ m/sec zu 10,0 m/sec². Dies alles unter der nicht zutreffenden Voraussetzung, daß die ganze Bremsenergie in Wärme umgesetzt würde. Aber auch wenn man annehmen wollte, daß nur $\frac{1}{3}$ zur Erhitzung des Schiffes beitragen, so erkennt man doch, daß auf diese Weise die Ausnutzung der von den Insassen ertragbaren Verzögerung von 30—40 m/sec² keine Rede sein kann. Besteht daher der Wunsch, zur Verkürzung des Bremsweges die vom Standpunkte der Insassen höchstzulässige Bremswirkung anzuwenden, dann darf diese nicht durch den Körper des Schiffes selbst hervorgerufen werden, dessen Wandungen in diesem Falle die freiwerdende Wärme aufzunehmen hätten, sondern durch besondere Bremseinrichtungen (Bremsschirme, Bremsscheiben usw.), die, durch Kabel mit dem Schiffe verbunden, außerhalb dieses ausgelegt werden und den Bremswiderstand sowohl zu erzeugen, wie die freiwerdende Wärme aufzunehmen haben. Denn diese tritt stets dort auf, wo die Bremswirkung erzeugt wird, bei einem bremsenden Eisenbahnzug z. B. auch nur zwischen Bremsklotz und Radkranz, nicht aber an der Wandung der Waggone.

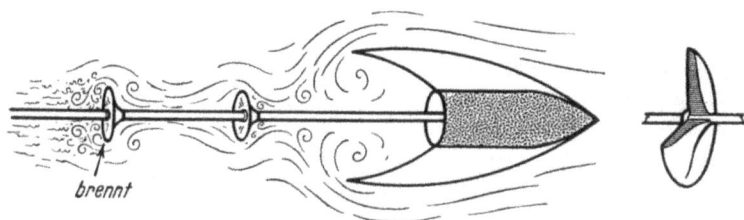

Abb. 16. Bremsscheiben, durch deren Wirbelbildung und Entflammung das Heißlaufen des Schiffskörpers selbst verhindert wird.

So wie bei allen unseren irdischen Fahrzeugen der Bremsbelag bzw. das Material des Bremsklotzes geopfert wird, indem es sich allmählich aufreibt, muß natürlich auch im Falle der Abbremsung eines Raumschiffes im Luftkreis eines Planeten der ausgelegte Bremskörper geopfert werden, indem er sich erhitzt und wie ein Meteor in Glutdämpfe auflöst. Der beste Stoff für solche Bremskörper ist aber nicht ein Metall wie Eisen oder gar Blei, deren spezifische Wärmen niedrig ($1/_9$ bzw. $1/_{30}$) sind und die früh schmelzen, sondern jenes Material, das den verhältnismäßig höchsten Schmelzpunkt bei größter spezifischer Wärme besitzt, so daß möglichst viele Wärmeeinheiten aufgenommen werden können, ehe 1 kg der Stoffmasse verdampft. Es zeigt sich, daß Beton und Schamotte mit spez. Wärmen 0,27 und 0,25 und Schmelzpunkten von über 1500 bzw. 2500° C in diesem Sinne am geeignetsten sind.

Selbstverständlich muß man versuchen, den Bremskörpern die für ihren Zweck günstigste Form zu geben, das ist hier jene, bei welcher möglichst viel Luftwirbel erzeugt werden, damit ein möglichst großer Anteil der freiwerdenden Bremsenergie in solche und gar nicht erst in Wärme umgewandelt wird.

In diesem Sinne günstig sind fallschirmartige Formen mit ein-
gezogenem Mittelteil, kreisförmige, flache oder schwach konische
Scheiben usf., deren Profil aber stets so berechnet sein muß,
daß sie von ihrem Außenrand gegen das durch ihre Mittelachse
gehende Verbindungskabel abbrennen und nicht umgekehrt,
weil sonst das Kabel mit glühend wird, abreißt und der Bremskörper verlorengeht, ehe seine Wärmeaufnahmefähigkeit völlig
ausgenutzt wurde.

2. Der Luftwiderstand als tragendes Mittel.

a) Tragflächen.

Bisher haben wir die Luft nur als schädliches, widerstehendes Mittel untersucht, das die Bewegung hemmt und
Energie verschlingt, wenn die Geschwindigkeit der Fahrzeuge
aufrechterhalten werden soll. Es ist noch übrig, sie als nütz-
liches, tragendes Mittel zu betrachten.

Aus den Lehrbüchern der Flugtechnik läßt sich entnehmen,
daß es gewisse Körperformen gibt, die bei der Bewegung durch
die Luft, außer dem Widerstand gegen die Vorwärtsbewegung,
den wir hier Rücktrieb nennen, auch eine Hubkraft nach aufwärts, den sog. Auftrieb, ergeben. Solche Körper nennt man
Tragflächen. Wie man sie berechnet und ausführt, gehört
nicht hierher, uns interessieren nur die nachfolgenden Erfahrungs-
tatsachen über die Leistungen der Tragflächen.

Als Erklärung für das Fliegen mit Maschinen schwerer als Luft kann
man (lt. Pöschel »Einführung in die Luftfahrt«, R. Voigtländers Verlag,
Leipzig 1925, S. 20) drei verschiedene Betrachtungsweisen angeben. Man
kann sagen, daß der Winddruck am Tragdeck das Flugzeug trägt, oder daß
der Druckunterschied zwischen Stau und Sog an der Unter- bzw. Oberfläche
des Flügels das Flugzeug trägt, oder endlich, daß die Luftströmung am Tragdeck nach unten abgelenkt wird und daß der daraus folgende Rückstoß
nach oben das Flugzeug trägt. Da die letzte Auffassung sich sehr mit der
Betriebsweise von Raketenschiffen berührt, sei sie nach Oberth noch näher
folgend dargelegt: Um ein Flugzeug am Fallen zu hindern, benötigt man zunächst eine Kraft, nicht eine Arbeitsleistung. Hängt man es zum Beispiel
an einem Kran auf, so wird zur Erhaltung dieses Zustandes mechanische
Arbeit nicht erfordert. Nur wenn man die Kraft dadurch erhält, daß
man irgendeine Masse nach abwärts schleudert, ist das Schweben des
Flugzeuges mit einem Energieaufwand verbunden.

Dabei kann die Schwebarbeit sehr verschieden sein, je nach der
Menge der nach abwärts geschleuderten Masse. Es muß nämlich Auftrieb
mal Zeiteinheit gleich sein der abgeschleuderten Masse mal ihrer
Geschwindigkeit.

56

Wenn also die Tragdecks eines Flugzeugs in der Sekunde 1000 kg Luft nach unten ablenken, so muß diese eine mittlere Geschwindigkeit von 2 m/sec nach abwärts erhalten, wenn das Flugzeug ein Gewicht von 200 kg besitzt. Hieraus ergibt sich $\frac{1}{2}$ m v^2 zu rd. 200 mkg/sec. Würden die Tragdecks nur 10 kg Luft nach unten ablenken, müßten diese eine Geschwindigkeit von 200 m/sec erfahren, und $\frac{1}{2}$ m v^2 ergibt 20000 mkg/sec, um das Flugzeug zu tragen. Wäre die Luft fast unendlich dünn, würde die zum Schwebendhalten erforderliche Arbeit fast unendlich groß werden. Dasselbe gilt analog für die Hubarbeit, wenn die Hubkraft durch das nach unten Abstoßen von Masse erzeugt werden muß. Vom Standpunkt der Flugtechnik ist es daher am günstigsten, mit Hilfe der Propeller möglichst große Luftmengen zu erfassen und mit möglichst geringen Geschwindigkeiten fortzudrücken, was so lange keine Schwierigkeiten bereitet, als die abzuschleudernden Massen nicht mitgeführt, sondern dem umgebenden Luftmedium entnommen werden können, ganz im Gegensatz zur Rakete, deren wesentliches Kennzeichen darin gegeben ist, daß die zur Ausstoßung gelangenden Gasmassen vorher in der Maschine selber in Gestalt der Treibstoffladung enthalten waren. Hier ergibt sich denn auch die entgegengesetzte Folgerung, nämlich daß die Ausstoßung möglichst geringer Massen mit möglichst hohen Abschleuderungsgeschwindigkeiten am günstigsten ist.

Als Grundsatz ist festzuhalten, daß ein Körper, der an sich schwerer ist als die Luft, dann in ihr schwebt, d. h. weder steigt noch fällt, wenn der an ihm wirkende Auftrieb gleich seinem Gewicht wird.

Dies tritt bei einer gewissen »Schwebgeschwindigkeit« ein, für welche der zugehörige Luftwiderstand oder Rücktrieb einen bestimmten Betrag erreicht hat. Die Erfahrung lehrt nun, daß das Verhältnis des zum Schweben gerade erforderlichen Widerstandes zum Auftrieb W/A, vor allem vom Flügelprofil, aber ebenso auch vom Flügelgrundriß abhängt. Es ist bei gegebenem Profil außerdem noch abhängig vom sog. »Anstellwinkel«, d. h. der Flügelneigung gegen die Bewegungsrichtung.

Bei den modernen, besten bisherigen Flügelprofilen unter dem günstigsten Anstellwinkel erreicht nun das Verhältnis W/A den Wert $^1/_{20}$—$^1/_{30}$, d. h. die zum Schwebendhalten eines solchen Flügels erforderliche Zugkraft Z braucht nur $^1/_{20}$—$^1/_{30}$ seines Gewichtes G zu betragen.

Ist die Tragfläche selbst nur ein Teil eines in Schwebe zu haltenden Maschinensystems, so hat sie natürlich noch die Last der andern sich nicht selbst tragenden Teile mit zu tragen. Im selben Maße wie das Gesamtgewicht des Flügels plus der Last, wächst dann natürlich auch der Widerstand bzw. die erforderliche Zugkraft, während das Verhältnis W/A dasselbe bleibt.

Zu dem eigentlichen »Schwebwiderstand« kommt dann aber noch der »Stirnwiderstand« der sog. »schädlichen Fläche«, unter welchen Begriff zusammengefaßt man sich den gesamten Stirnwiderstand aller nicht tragenden Teile (wie des Rumpfes, der Stiele und Verspannungen, des Fahrgestells oder der Schwimmer usf.) in Gestalt einer kreisförmigen Scheibe von entsprechender Größe vorstellt, die mit der Fahrtgeschwindigkeit noch gegen den Luftstrom mitgeschleppt werden muß.

Das Verhältnis der Zugkraft zum Gewicht eines Flugzeuges, das vollbelastet in der Schwebe gehalten werden soll, wird daher notwendig ein ungünstigeres sein als das einer reinen Tragfläche, und wirklich ist man früher für Z/G über $^1/_6$ bis $^1/_8$ kaum hinausgekommen. Erst die Fortschritte der letzten Zeit haben wie bei den Segelflugzeugen ein Verhältnis $Z/G = ^1/_{20}$ bei voller Belastung ermöglicht und lassen voraussehen, daß das Bestreben der Konstrukteure, wie es besonders bei den schwanzlosen Typen von A. Lippisch offensichtlich ist, das Flugzeug zur reinen Tragfläche (in der die Gäste wohnen, die Motoren untergebracht und die Lasten verstaut sind) zu machen, zu immer günstigeren Werten von Z/G bis $^1/_{25}$ oder $^1/_{30}$ führen werden, je mehr die »schädliche Fläche« der unvermeidlichen Nebenorgane vermindert werden kann. Wir betonen dies hier deswegen, weil auch die Zukunft des Raketenschiffes für die Befahrung großer Fernstrecken in den Höhen des Luftreiches vollkommen von der Erreichbarkeit eines möglichst günstigen Verhältnisses Z/G abhängt.

Zum Vergleich unter den verschiedenen bisherigen Verkehrsmitteln seien einige Ziffern über das Verhältnis Z/G angeführt. (Siehe Tabelle S. 59).

Ist die Motorleistung stärker als die für den Schwebflug mit Mindestgeschwindigkeit erforderliche, so beschleunigt sich die Maschine entweder bis zu ihrer höchsten Horizontalgeschwindigkeit oder geht in den Steigflug über. Dessen Steilheit wird bedingt durch den über den Schwebflug hinaus verfügbaren Überschuß an Motorkraft, der beim Steigflug zur Überwindung des sog. Hangabtriebs verbraucht wird. Da nun die Leistung der bisherigen Flugzeugmotoren stark mit wachsender Höhe über dem Meere nachläßt, so wird auch der bei guten Maschinen anfänglich steile Steigflug bald flacher und geht endlich in der für den betreffenden Flugzeugtyp geltenden Maximalhöhe in den Horizontalflug über, weil keine überschüssige Motorkraft mehr verfügbar ist. Ein Versagen des Propellers und der Tragflächen würde erst in einer vielmals größeren Höhe, wo die Luft-

Fahrzeug-*) Gattung	Gewicht $G = t$	PS_i ind. L.	Wirk.-Grad	PS_e/Zugkr.	Leist.-Belast. G/PS_i	Motor kg/PS_i	Reibungs-Eigenwiderstand	Für V km/h	Für V m/sec	Zugkraft kg	Z/G
Frachtdampfer	20 000	4 000	0,50	2 000	5 000	120	1/2000	22	7½	20 000	1/1000
Schnelldampfer	24 000	40 000	0,50	20 000	600	60	1/2000	44	14	100 000	1/240
Elektr. Eisenbahnzug	500	2 500	0,90	2 250	200	50	1/200	72	20	8 437	1/59
Automobil, 6 Sitze	1,50	50	0,80	40	30	10	1/40	108	30	100	1/15
Fahrrad m. Mann.	0,10	0,1	1,00	0,1	1 000	700	1/50	36	10	0,75	1/133
Leichtflugzeug	0,40	20	0,70	14	20	1,5	1/20	108	30	35	1/12
Normalflugzeug	1,80	200	0,70	140	9	1,0	1/15	144	40	262	1/7
Weltrekordflugzeug	1,35	450	0,76	340	3	0,8	1/20	450	125	196	1/7
Rohrbach Roland	6,00	690	0,76	522	8½	0,8	1/20	216	60	653	1/9
Junkers G 23	6,00	930	0,76	700	6½	0,8	1/20	180	50	1 050	1/7
Dornier Superwal	12,00	1 200	0,76	900	10	0,8	1/20	180	50	1 350	1/9
Segelflugzeug Storch											
Segelflugzeug											

*) Die Werte der vorstehenden Tafel sind aus verschiedenen Quellen zusammengestellt worden. Da gerade für die neuesten Flugzeugtypen vielfach aus Geheimhaltungsgründen ganz zuverlässige Angaben nicht zu erhalten sind, kann für die vollkommene Gültigkeit der Tafelwerte eine Bürgschaft nicht übernommen werden.

dichte gegen Null sinkt, dem Fliegen Grenzen ziehen. Im leeren Raum, wo die Luft aufhört, kann man natürlich nicht mehr vom »Fliegen« sprechen.

Soll ein Flugzeug sehr steil, ja fast senkrecht hinaufgeschoben werden (ein Fall, der insbesondere für Raketenflugzeuge und Raumschiffe mit Hilfstragflächen in Frage kommt), dann tritt natürlich die tragende Wirkung der Flügel immer mehr zurück, um bei theoretisch senkrechtem Start ganz zu verschwinden.

Die Formel für die Berechnung der erforderlichen Zugkraft beim Steigflug ist: $Z_{St} = Z + G \sin \alpha$, d. h. gleich der Zugkraft Z für den Horizontalflug mit gleicher Geschwindigkeit plus dem Hangabtrieb, worunter man den Gewichtsanteil versteht, der längs der schiefen Steigebene nach rückwärtsabwärts zieht. Man kann auch schreiben $Z_{St} = G \cos \alpha \operatorname{tg} \varrho + G \sin \alpha$.

Stellt man den Motor ab, dann ermöglichen die Tragflächen den sog. Gleitflug, während ohne sie der Schiffskörper in einer ballistischen Kurve, wie ein frei geworfener Stein oder eine Geschützgranate, abstürzen müßte. Der Winkel, unter welchem der Gleitflug erfolgen kann, ist wieder durch das Verhältnis Z/G gegeben. Ein Flugzeug, bei welchem dieser Bruch gleich $1/_8$ ist, kommt achtmal so weit als es hoch gewesen ist, ehe es den Boden erreicht. Auch hieraus erkennt man die Wichtigkeit eines günstigen Wertes für Z/G bei $1/_{20}$ und darunter, weil dann ein sehr langer Gleitflug, der bei großen Höhen im Luftreich wesentlich ins Gewicht fällt, ohne Treibstoffaufwand möglich ist.

Für den Gleitflug, bei welchem natürlich wegen des abgestellten Motors $Z_{G_1} = 0$ ist, gilt die Beziehung $G \cos \alpha \operatorname{tg} \varrho = G \sin \alpha$ und $\alpha = \varrho$.

Beim Gleitflug für Raketenschiffe, die in sehr großen Höhen (z. B. 50 km) sehr große Horizontalgeschwindigkeiten (z. B. 2000 m/sec) innehatten, ist besonders zu berücksichtigen, daß hier die kinetische Energie der Horizontalbewegung das Potential der Fallhöhe um ein Vielfaches übertreffen kann, so daß im Gleitflug zugleich ein allmähliches Aufzehren der Horizontalgeschwindigkeit angestrebt werden muß. Der günstigste Gleitwinkel wird also geringer sein, als der nach den üblichen Formeln für Flugzeuge für konstante Luftdichte und konstante Geschwindigkeit unter sonst gleichen Umständen berechnete.

Im Hinblick auf die später zu erörternden Verhältnisse des Gewichts der Treibstoffladung zum Vollgewicht der startenden bzw. Leergewicht der landenden Maschine ist es von Interesse hier festzustellen, daß man bis vor wenigen Jahren bei Flugzeugen nicht mehr als die Hälfte des Leergewichts oder ein Drittel des Startgewichts an Benzin mitführen

60

zu können glaubte. Heute aber haben die allerdings überlasteten Maschinen der Transozeanflieger z. T. sogar noch etwas mehr, bis zum Doppelten des Leergewichts oder $^2/_3$ des Startgewichtes an Treibmitteln mitgeführt.

Während nun heute für die bei den Flugzeugen vorkommenden Geschwindigkeiten von 30—120 m/sec die günstigsten Flügelprofile bereits gut erforscht sind, besteht noch große Unklarheit darüber, welche Formen bei Überschallgeschwindigkeiten am vorteilhaftesten sein werden. Gerade auf diese aber kommt es für die Raketenschiffahrt an. Dabei entsteht eine große Schwierigkeit noch dadurch, daß diese Flugzeuge, wenn sie auch in größeren Höhen bis zu 2500 m/sec entwickeln sollen, die Landung selbst doch wie unsere heutigen Flugmaschinen mit geringen Geschwindigkeiten von keinesfalls mehr als 50 m/sec vollziehen müssen, wenn sie nicht zerschellen sollen. Während also beim heutigen Flugzeug die praktisch möglichen Geschwindigkeiten kaum um mehr als das Dreifache schwanken, haben wir hier Schwankungen um das Fünfzigfache zu bewältigen.

In diesem Sinne werden die Versuche in Luftkanälen von größtem Werte sein, welche die Anwendung von Windstärken nahe der Schallgeschwindigkeit und darüber ermöglichen. Derartige Versuchsreihen sind laut Angaben auf der W.G.L.-Tagung von 1928 in Göttingen bereits in Angriff genommen, wo hiefür ein Kanal von 6 × 6 cm Strömungsquerschnitt zur Verfügung steht. Nach andern Angaben sollen auch die russischen Forscher Rynin und Fedorow auf diesem Gebiete bereits bemerkenswerte Ergebnisse erzielt haben.

b) Fallschirme.

Die tragende Wirkung der Luft kommt endlich für die Probleme der Raumfahrt noch in dem Sinne in Betracht, als sie es ermöglicht, durch die Anwendung von Fallschirmen die Sinkgeschwindigkeit eines schweren Körpers in mäßigen Grenzen zu halten. Dabei ist der Fallschirm wohl vom früher besprochenen Bremsschirm zu unterscheiden, denn er hat die Aufgabe, eine aus anfänglicher Ruhelage heraus im Entstehen begriffene Fallgeschwindigkeit daran zu hindern, daß sie zu groß wird, während der letzte den Zweck hat, eine von Anfang an vorhandene sehr große Geschwindigkeit (wie z. B. beim Einschuß von Raumschiffen bei ihrer Rückkehr in die Erdatmosphäre) allmählich zu vermindern.

Die Konstruktion der Fallschirme ist heute ein besonderer Zweig der Flugtechnik und bereits so weit entwickelt, daß selbst Lasten bis zu 500 kg und sogar empfindliche Waren (wie Flaschen mit Getränken und Lebensmitteln zur Verproviantierung von hochgelegenen Alpenhütten, Expeditionen usf.) unbedenklich den Fallschirmen anvertraut werden können. Es besteht kein grundsätzliches Hindernis, Fallschirme in solcher Größe herzustellen, daß sie auch 3—5 t schwere tragflächen-

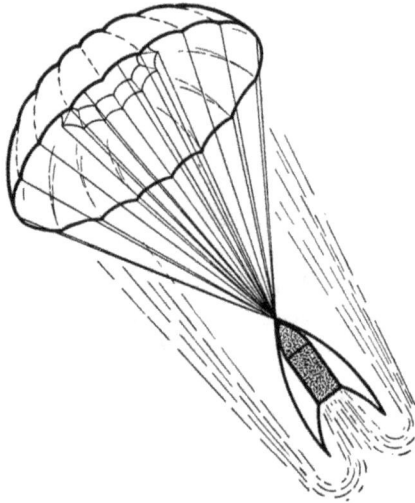

Abb. 17. Schema eines Fallschirms, der nach Prof. Oberth auch gleichzeitig als Bremsschirm geeignet sein soll.

lose, leergebrannt heimkehrende Raumschiffe auf eine mäßige Sinkgeschwindigkeit bringen. Da die Tragwirkung eines Fallschirms unter sonst gleichen Umständen nur von der Luftdichte abhängig ist, so wird die Sinkgeschwindigkeit eines in 100 km Höhe mit Fallschirm abgeworfenen Körpers anfangs wegen der Dünnheit der Luft eine sehr große sein, allmählich aber mit Annäherung an die Erdoberfläche, immer geringer werden, was durchaus günstig und im Sinne der verfolgten Absicht gelegen ist.

Der Begriff der Fallschirmgeschwindigkeit läßt sich aber auch ganz allgemein auf jeden im Luftkreis frei fallenden Körper anwenden, indem wir darunter jene Fallgeschwindigkeit verstehen, für welche der Luftwiderstand gerade genau gleich dem Gewichte des Körpers wird. Es ist dieselbe Geschwindigkeit, die wir (s. oben S. 48/49) für die Aufwärtsbewegung als die (differentiell) günstigste Geschwindigkeit in jedem Bahnpunkte kennengelernt haben. Sie ist abhängig von der Luftdichte, der Querschnittsbelastung und dem Formwert des fallenden Gegenstandes und wird berechnet nach der Formel

$$K = \sqrt{\frac{2g}{p\gamma} \cdot \frac{G}{F}},$$

wobei G das Gewicht, F die größte Querschnittsfläche des Körpers quer zur Bewegungsrichtung, g die Schwerebeschleunigung, γ das Gewicht des Raummeters Luft und p den Formwert bedeuten. Je höher die Querschnittsbelastung und je günstiger der Formwert, um so höher wird die Fallgeschwindigkeit eines frei in der Luft fallenden Gegenstandes daher sein. Es ist bemerkenswert, daß z. B. die Ferngranate, mit der man aus 120 km Abstand Paris beschoß, beim Herniederfahren ihre höchste Fallgeschwindigkeit schon vor dem Aufschlag am Boden mit 955 m/sec in 17 km Höhe erreichte, bis zum Aufschlag aber auf 860 m/sec gebremst wurde.

c) Ballone und Lenkluftschiffe.

Schon Hermann Ganswindt, der erste Vorkämpfer der Verwirklichung von Raketenschiffen in Deutschland, hat vor 35 Jahren den Gedanken geäußert, sein Weltenfahrzeug durch Ballone zuerst bis an die Grenze der dichteren Erdatmosphäre heben und erst dort mit eigner Kraft starten zu lassen. Aber auch Professor Herm. Oberth hat, etwas bescheidener zwar, in seinem Werke »Die Rakete zu den Planetenräumen« (I. Aufl., S. 43) ausgeführt, welche Vorteile es mit sich bringt, wenn er seine Rakete »Modell B« statt vom Meeresspiegel aus, erst in 5500 m Höhe starten lassen könnte, bis zu welcher sie an einem Kabel zwischen zwei Motorluftschiffen emporgehoben werden sollte. Er findet, daß diese Registrierrakete, bei gleicher Maximalhöhe ihres Aufstiegs, dann achtmal leichter sein kann, als wenn sie aus eigener Kraft schon vom Meeresspiegel aufsteigen müßte, was man begreift, wenn man bedenkt, daß bis in 5500 m Höhe schon die Hälfte der ganzen Luftmasse enthalten ist. Selbstverständlich würde der Raketenstart von einem entsprechend hohen Berge dieselben Vorteile bieten. Da solche aber nicht überall zu Gebote stehen, lohnt es sich schon, die Hubmöglichkeiten durch gasgefüllte Freiballone und Motorluftschiffe zu untersuchen, besonders im Hinblick auf die Erreichung vielleicht noch größerer Höhen, als sie die höchsten zugänglichen Bergesgipfel zu bieten vermögen. Dabei müssen wir freilich stets bedenken, daß schon kleine Registrierraketen 150—200 kg wiegen werden. Oberth gibt für sein Modell B einschließlich der sog. Hilfsrakete ein Gewicht von $544 + 220 = 764$ kg an und Raumschiffe, welche einige Menschen bis an die Grenze des Luftkreises tragen sollen, werden mindestens mit 5—10 t Startgewicht anzusetzen sein.

Nun ist die Hubkraft eines gasgefüllten Ballons gleich dem Unterschiede seines Gasgewichtes zum verdrängten Luftgewichte, seine Steigkraft aber gleich der Hubkraft abzüglich seines Festgewichtes, worunter man das Gewicht aller festen Teile, wie der Ballonhülle, des Netzwerks oder Gerippes, der Körbe oder Gondeln, Motoren, Fahrgäste und Nutzlast usf. versteht. Da nun bei 0° C am Meeresspiegel ein Raummeter Luft 1293 g wiegt, reines Helium aber nur 180, reiner Wasserstoff nur 90 g, so ergibt sich die Hubkraft eines Ballons pro Raummeter für chemisch reine Heliumfüllung zu 1113 g, chemisch reine Wasserstofffüllung zu 1203 Gramm. Praktisch darf man aber wegen Verunreinigung dieser Gase für Helium nur mit 1000, für Wasserstoff mit 1100 g Hubkraft pro Raummeter Gasinhalt rechnen. Gilt dies für die vorgenannten Versuchsbedingungen, so ändert sich die Hubkraft sofort, wenn einer der sechs maßgebenden Werte, oder deren mehrere, nämlich die Dichte, der Druck oder die Temperatur sowohl des Füllgases, wie der Luft, sich verändern. Für den Gebrauch der Ballone muß man dabei zwischen offenen und geschlossenen unterscheiden. (Siehe »Die Hütte« 22. Aufl., I., S. 334.)

a) Steigt ein prall gefüllter, offener Ballon (wie es die gewöhnlichen Freiballone mit offenem Füllansatz sind), dann strömt der Überschuß des sich ausdehnenden Gases ins Freie. Infolgedessen nimmt sogleich vom Start an die Hubkraft proportional dem äußeren Luftdruck ab, beträgt also in 5500 m Höhe nur mehr die Hälfte, in 11000 m Höhe nur noch ein Viertel. Gilt dies theoretisch, so sinkt sie praktisch natürlich nur so lange, bis die Hubkraft gleich dem Festgewicht des Ballons wird, denn ist dieser Zustand erreicht, dann ist keine Steigkraft mehr überschüssig und der Ballon befindet sich im Gleichgewicht mit der umgebenden Luft in seiner Maximalhöhe. Will man noch höher dringen, so stehen theoretisch wohl drei Möglichkeiten zu Gebote, nämlich: Erniedrigung der äußeren Lufttemperatur, Erhöhung der Temperatur des Füllgases und Verminderung des Festgewichtes, praktisch kommt aber nur die letzte in Form der Ballastabgabe in Frage. Erleichtert man z. B. durch sie das ursprüngliche Festgewicht auf die Hälfte, dann wird der Ballon weitersteigen, bis der äußere Luftdruck auf die Hälfte desjenigen in seiner ersten Maximalhöhe gesunken ist.

Läßt man einen offenen Ballon nur schlaff gefüllt starten, dann bleibt seine Hubkraft so lange unverändert, bis das sich ausdehnende Gas den Ballon prall erfüllt, was in der sog. Prallhöhe erreicht wird. Von da ab verhält er sich beim weiteren Steigen wie ein prall gestarteter Ballon. Ein geringes Übersteigen der Gleichgewichtslage, etwa durch den Schwung der Aufwärtsbewegung bewirkt aber sofort beschleunigtes Sinken des Ballons, wenn nicht durch weiteres Ballastauswerfen das Festgewicht weiter vermindert wird, denn es gibt beim Abstieg keine untere Gleichgewichtslage, weil sich der Rauminhalt des Ballons und damit seine Hubkraft proportional dem nach unten zunehmenden Luftdruck vermindern.

b) Steigt ein geschlossener prall gefüllter Ballon, so muß er eine dehnbare Hülle haben, wenn er nicht sofort platzen soll; ließ man ihn schlaff steigen, dann tritt diese Forderung natürlich erst in der Prallhöhe ein. Die Hubkraft bleibt bei geschlossenen Ballonen theoretisch in allen Höhenlagen gleich, dafür bläht sich der Ballon aber entsprechend auf, so daß sein Rauminhalt umgekehrt proportional dem Luftdruck zunimmt. Beim Anstieg auf 45 km Höhe wird sich also das Volumen des Ballons vertausendfachen, sein Durchmesser verzehnfachen müssen.

Man sieht schon hier, daß es sehr schwer ist, mit Ballonen erhebliche Nutzlasten auf große Höhen zu tragen, denn das Festgewicht läßt sich beim Freiballon schon nur schwer unter ein gewisses Maß pro Raummeter Gasinhalt drücken und bei Motorluftschiffen liegen die Verhältnisse noch ungünstiger. Gummiballone ohne Netz lassen sich aber nur in kleinen Ausmaßen herstellen und auch ihre Dehnbarkeit ist dadurch begrenzt, daß selbst bester Gummi nur eine Aufblähung auf 20—25fache ursprüngliche Oberfläche verträgt. Gibt man aber größeren Gummiballonen ein für die Dehnung bemessenes Netz, dann wächst wieder ihr Festgewicht so sehr, daß dadurch die maximale Steighöhe sehr stark vermindert wird.

So brauchte der bei seinem letzten Weltrekordaufstieg auf 13000 m Höhe tödlich verunglückte Cap. H. C. Gray einen 22640 Raummeter haltenden Wasserstoffballon, um unter Abwurf seines gesamten 2132 kg wiegenden Sandballastes 12200 m hoch zu kommen, worauf es ihm nur unter Opferung seiner geleerten Sauerstoffflaschen gelang, 13000 m zu erreichen, in welchem Moment die Nutzlast des Ballons nur mehr seine Person, Bekleidung und einige Geräte, zusammen kaum noch 250 kg betrug. — Motorluftschiffe dagegen, deren Steigkraft nahe dem Meeresspiegel 15—30 t beträgt, kamen wegen ihrer schwereren Bauart bisher über 7500 m Höhe überhaupt noch nicht hinauf. Aber auch mit Gummiballonsonden gelang es nur selten, kleine Lasten an Registrierapparaten von 2—5 kg Gewicht auf 27—35 bis 40 km Höhe zu bringen, und es erscheint aussichtslos, auf solche Weise noch nennenswert über 40 km hinauszukommen.

Daraus ergibt sich klar, daß es sinnlos wäre, zu erhoffen, Raketenschiffe durch Ballone bis an die Grenze der Erdatmosphäre heben zu können. Das einzige, was man vernünftigerweise erstreben kann, ist eine Hebung größerer Lasten von 5—10 t auf 5000—6000 m, wie es Oberth angenommen hat, und kleinerer Lasten von $\frac{1}{2}$—1 t auf vielleicht allerhöchstens 10 000 bis 12 000 m. Mehrere Ballone sind auf jeden Fall nötig, damit das zwischen ihnen passend aufgehängte Raketenschiff freie Bahn zu einer senkrechten Auffahrt hat, wenn man nicht nach v. Hoeffts Vorschlag in den einen Ballon selbst einen Startschacht einbauen will.

Stellt man sich die Raketenlast zwischen zwei Motorluftschiffen, die zuerst parallel dahinfahren, 1000 m tiefer wie ein Pendel hängend vor, und läßt man dann das eine Luftschiff nach rechts, das andere nach links schwenken, dann würde sich das Kabel mit der summierten Eigengeschwindigkeit beider Luftschiffe wie die Sehne eines Bogens spannen und das Raketenschiff nach oben schnellen. Man überzeugt sich durch eine einfache Rechnung leicht, daß dabei Beschleunigungen von 30—40 m/sec² auftreten und eine Endgeschwindigkeit von etwa 250 m/sec erteilt werden kann. Selbstverständlich muß eine gut wirkende Vorrichtung das Kabel rechtzeitig lösen (wie beim Start der Segelflugzeuge). Ob dieser Start von Raketen durch Ballonhub und Kabelabschnellung praktisch jemals von Nutzen sein kann, soll hiemit nicht entschieden werden.

3. Die Luft als Sauerstoff spendendes Mittel.

Wenn auch der äußere Luftdruck und Sauerstoffgehalt nach dem eingangs dieses Kapitels Gesagten für die Insassen eines hermetisch dicht abgeschlossenen Schiffes belanglos sind, so sind doch Fälle denkbar, in welchen der Luftsauerstoff doch in gewissem Grade zum motorischen Betrieb herangezogen werden kann, besonders bei den ersten Übergangstypen vom heutigen Propellerflugzeug zum spätern reinen Raketen-Weltraumschiffe. Hier kommt nämlich die Möglichkeit in Frage, den Raketen nur den steilen Hochstart zu überlassen, in der erreichten Höchstlage (von z. B. 12—20 km über dem Meer) aber dann die horizontale Hauptstrecke mit Hilfe eines Zugpropellers von besonderer

Blattform, Schraubensteigung und Tourenzahl zu befahren, worauf eine normale Gleitfluglandung anschließt. In diesem Sinne sind die Ausführungen besonders interessant, welche Dr.-Ing. Kumm der Versuchsanstalt für Luftfahrt auf der Tagung von 1927 in Wiesbaden gemacht hat.

Danach reichen die heutigen sog. Höhenmotoren, die mit Überbemessung der Zylinder und Überverdichtung arbeiten, nicht aus, um die verminderte Luftdichte in Höhen über 10 km zu wirtschaftlichen Weit- und Dauerflügen auszunutzen. Vorverdichtung der dem Vergaser zuzuführenden Luft durch eigene Gebläse ist notwendig. Mit solchen kann die am Erdboden gemessene Motorleistung bis in 10 km Höhe fast unvermindert erhalten, bis 20 km Höhe auf 42% und bei 30 km Höhe auf 10 % der Bodenleistung gehalten werden, bei Leistungsgewichten der gesamten Motoranlage, die bis 20 km Steighöhe noch innerhalb der 2,5-kg/PS-Grenze bleiben, die für das Fliegen von Maschinen schwerer als Luft Grundbedingung ist. Werden die Kompressoren nicht mechanisch durch Zahnradübertragung von der Kurbelwelle des Hauptmotors, sondern durch Abgasturbinen angetrieben, so läßt sich die Bodenleistung bis auf 13 km Höhe fast unvermindert erhalten, während von da ab nach oben den großen Höhen zu die Leistung noch schneller nachläßt als bei mechanischem Antrieb der Vorverdichter. Am besten erscheint daher gemischter Antrieb der Vorverdichter bis 13 km Höhe mit Abgas, darüber mechanisch. Dann kann bis 13 km Höhe volle Bodenleistung, in 20 km Höhe noch 70% und in 30 km Höhe noch 30% der Bodenleistung erhalten werden, bei Leistungsgewichten von 1 kg/PS in 13 km, 1,7 kg/PS in 20 km und 2,8 kg/PS in 25 km Höhe über dem Meer, der äußersten Höhe, die theoretisch nach dem heutigen Stande der Entwicklung der Gebläse und mit ihnen erreichbaren Wirkungsgrade für Propellerflugzeuge noch horizontal befliegbar sein dürfte (sofern man voraussetzen darf, daß die Maschinen durch fremde Kraft zunächst bis in diese Höhe emporgehoben werden, was z. B. durch einen Raketenstart möglich wäre).

Damit seien diese Betrachtungen abgeschlossen, welche uns gezeigt haben, inwieweit der Luftkreis der Erde als Hindernis und Fördernis des Raumfahrtproblems in Erscheinung tritt. Die Gashüllen anderer Planeten werden in ihrer Wirkung ähnlich sein, wobei vor allem ihre Dichte und Zusammensetzung am Boden und in den untersten Schichten maßgebend ist, denn wenn sich das Schiff erst in Höhen entrungen hat, in welcher der Gasdruck unter 50 mm Hg gesunken ist, dann bleibt es sich gleich, aus welchen Stoffarten die umgebenden Gase bestehen, da nur mehr ihr Widerstand gegen die Bewegung in Frage kommt. Ist der Gasdruck aber erst unter 5 mm Hg gesunken, dann unterscheidet sich die Fahrt in solchem Luftkreis kaum noch von der Befahrung des vollkommen leeren Sternenraums.

IV. Der menschliche Organismus.

Auch der Mensch selbst ist unter die Hindernisse der Raumfahrt zu rechnen, insofern als sein Körper von der Natur nur für die am Erdboden vorkommenden Verhältnisse gebaut ist und sich nur innerhalb ganz enger Grenzen anderen Lebensbedingungen anpassen kann. Die Einhaltung der sich daraus ergebenden Anforderungen bietet den Konstrukteur eines Raumfahrzeugs viele Schwierigkeiten.

1. Der Lebensbedarf des Menschen.

Für den Menschen selbst genügt es nicht, daß seiner Lunge jeweils die zur Atmung gerade benötigte Sauerstoffmenge zugeführt wird, sondern es muß auch der ganze Körper unter einem hinreichenden Gasdruck stehen.

Nun beträgt der Atmosphärendruck am Meeresspiegel im Mittel 760 mm Quecksilbersäule und schwankt um diesen Betrag höchstens mehr oder weniger 30 mm Hg. Dabei besteht das Gasgemisch der Luft in diesem Falle aus 20,9% Sauerstoff, 78,1% Stickstoff und 1% anderen Gasen, davon hauptsächlich Argon. Wie die Messungen ergeben haben, ändert sich die prozentuale Zusammensetzung der Luft bis in 10 km Höhe über dem Meer nur ganz unbedeutend, so daß wir sie als gleichmäßig ansehen dürfen. Dagegen nimmt der Luftdruck (s. unsere Tabelle S. 45) bis in 5 km Höhe auf 410 und bis in 8 km Höhe auf 277 mm Hg ab. Im selben Maße wird natürlich auch die Menge des Luftsauerstoffs im Raummeter geringer, so daß es immer tieferer Atemzüge bedarf, um (selbst in ruhiger Körperhaltung, ohne anstrengende Arbeit) den notwendigen Sauerstoff einzusaugen. Schließlich kommt eine, je nach der Naturanlage des einzelnen und dem Training, recht verschiedene Höhenlage (6000—8000 m), in welcher es die Lunge nicht mehr schaffen kann, wenn nicht künstlich Sauerstoff zugesetzt wird, womit man vorsichtshalber am besten schon in 4000 m Höhe beginnt.

Nach Angaben des Drägerwerks Lübeck muß die Mindestspannung des Sauerstoffs in den Lungen 40 mm Hg betragen, wobei das Hämoglobin nur noch zu 70% gesättigt wird. Rechnet man dazu 40 mm Wasserdampf, 35 mm Kohlensäure und 7 mm Stickstoffspannung, so kommt man auf eine Drucksumme von mindestens 129 mm Hg, unter welche auch der äußere Luftdruck nicht sinken darf, wenn das Leben erhalten bleiben soll, entsprechend einer Höhe von 14500 m über dem Meer.

Das gleiche bestätigen auch die Versuche, welche Dr. Ernst Gillert (lt. seinem Vortrag auf der W.G.L.-Tagung am 3. Juni 1928 in Danzig) unter der Beobachtung von Dr. Kaiser in der Unterdruckkammer der D.V.L. in Adlershof an sich selbst ausgeführt hat. Danach konnte bei $^1/_2$stündiger Versuchsdauer unter Sauerstoffatmung eine rasche Dekompression vom Normaldruck auf die theoretische Lufthöhe von 12000 m und die nachfolgende in 2—3 Minuten bewirkte Kompression auf den Druck einer Höhenlage von 4000 m ohne Schaden ertragen werden. Dagegen trat bei einer Druckverminderung bis 133 mm, entsprechend einer Höhe von 14300 m, vollkommene Bewußtlosigkeit ein, während die in 40 Sekunden bewirkte Kompression auf etwa $^1/_2$ Atmosphäre sofortige Wiederbelebung nach sich zog.

Der Ausgang dieses Versuches beweist, daß die genannte Maximalhöhe auf kurze Zeit nur eben noch ertragen werden kann, daß es aber unmöglich ist, in ihr längere Zeit zu leben.

Für die Aufsuchung größter Höhen muß man daher dazu übergehen, den ganzen Körper in luftdichte Taucheranzüge oder gleich in eine luftdicht geschlossene Schiffskammer einzuschließen, in deren Innerem mindestens der Druck einer Drittel Atmosphäre künstlich aufrechterhalten und für Ergänzung des durch die Atmung verbrauchten Sauerstoffs sowie für Beseitigung der Kohlensäure auf chemischem Wege gesorgt wird.

Die technischen Schwierigkeiten der Konstruktion solcher Vakuum-Taucheranzüge und Druckluft-Schiffskammern sind gewiß nicht gering, aber aller Voraussicht nach nicht unüberwindlich. Einfache Wassertaucheranzüge (die auf äußeren Überdruck gebaut sind) kann man natürlich nicht nehmen, auch dann nicht, wenn man sie — um ein Platzen zu verhindern — mit einem feinmaschigen Netz aus Stahlseilen umgeben wollte, denn der innere Überdruck würde die Ärmel und Hosenbeine mit solcher Gewalt prall und geradlinig vom Rumpfteil abstrecken, daß ein Beugen der Arme und Knie mit menschlicher Muskelkraft unmöglich wäre. Man wird also wahrscheinlich zu Modellen, ähnlich den Tiefsee-Panzertauchanzügen, greifen müssen, die im wesentlichen einen luftdichten, völlig starren Harnisch darstellen, der in sich abgestützt, nirgends den Körper selbst berührt, wobei die Gliedmassen in Kugelgelenken drehbar sind.

Bei den luftdicht geschlossenen Schiffskammern wieder besteht die Schwierigkeit hauptsächlich in dem Anwachsen des Gewichtes der Kammerwandung, wenn diese den innern Überdruck sicher aushalten soll. Die Abdichtung selbst ist verhältnismäßig leicht zu bewirken.

Die Gewichtsfrage ist auch die wichtigste, bei der Betrachtung des Atmungsbedarfs. Nach Angaben des Drägerwerks Lübeck wiegt ein Atmungsgerät, für dreistündige angestrengteste Arbeit berechnet, etwa 16 kg, und kann ein Mann Atmungsgerät für 10 Stunden tragen, wenn keine anstrengende Arbeit zu leisten ist. Die Verwendung von flüssigem Sauerstoff ist seiner leichten Behälter wegen zweifellos günstiger als die von gasförmig in schweren Stahlflaschen verdichtetem, doch muß man mit seiner raschen Verdunstung rechnen. Noch besser vom Gewichtstandpunkt ist es natürlich, die ganze Schiffskammer künstlich zu belüften, als jedem der Insassen ein eigenes Atmungsgerät zu geben. Deutsche Unterseeboote z. B. waren für 72 Stunden mit hinreichendem Luftvorrat für ihre gesamte Bemannung ausgerüstet. Es ist nur eine Frage des mitführbaren Gewichts an Sauerstoff und Kalipatronen, um einen abgeschlossenen Raum auch für 8—10 tägige Fahrten bewohnbar zu halten. Durchschnittlich darf man dabei annehmen, daß an Chemikalien zur Bindung der Kohlensäure und an Sauerstoff pro Mann und Stunde $\frac{1}{4}$ kg Gewicht erforderlich sind, wenn keine nennenswerte Muskelarbeit geleistet werden muß. Andernfalls kann der Bedarf bis zum Zehnfachen des genannten Betrages ansteigen. Sollte einmal die Vorrichtung zur Lufterneuerung versagen, so ist in einer größern Kammer die Gefahr für die

Abb. 18. Schema eines Raumtaucheranzugs, dadurch gekennzeichnet, daß er auf inneren Überdruck gebaut ist. Die Gelenke sind kugelig ausgebildet, die Zwischenstücke etwa nach Art der Metallschläuche.

Insassen auch geringer als im engen Taucheranzug, denn der Mensch kann die Anreicherung der Luft mit ausgeatmeter Kohlensäure ertragen, bis diese etwa 2% des Luftgemisches ausmacht und bis es so weit kommt, dürfte in den meisten Fällen der Fehler in der Apparatur gefunden und die »Panne« behoben sein.

Erscheint es so, im ganzen genommen, günstiger, die Kammer selbst zu belüften, so müssen doch Reservetaucheranzüge vorhanden sein, um nötigenfalls das Schiff während der Fahrt im luftleeren Raume verlassen und Reparaturen an der Außenwandung vornehmen zu können, auch um Räume des Schiffsinnern, aus welchen die Luft entwichen ist, betreten und das Leck flicken zu können usf.

Fügen wir hinzu, daß der Tagesbedarf eines Menschen an fester und flüssiger Nahrung etwa 3 kg, der Heizungsbedarf (um den Kammerraum bei außen umgebender Weltraumkälte) auf normaler Zimmertemperatur zu halten 3 kg beträgt, wenn er durch die Verbrennung von $3/4$ kg Petroleum mit $9/4$ kg Sauerstoff gedeckt werden soll, dann ergibt sich einschließlich des durchschnittlichen Atmungsbedarfs von 6 kg ein Gesamtverbrauch pro Kopf und Tag von 12 kg. Sollte es aber möglich sein, den Wärmebedarf durch eingefangene Sonnenenergie zu decken, dann würde man einschließlich hinreichender Reserven in jeder Richtung, mit 10 kg pro Kopf und Tag das Auslangen finden, eine runde, leicht einprägsame Ziffer, mit der auch später gelegentlich gerechnet werden soll, da es doch sehr wahrscheinlich ist, daß man auf dem größten Teil der Raumfahrten mit der Sonnenwärme heizen kann.

Selbstverständlich wird man Einrichtungen treffen, um alle irgendwie verbrauchten Stoffe und Abfälle sobald als möglich aus dem Schiffe auszustoßen, denn ihre Mitführung bedeutet in dem Augenblick einen unnützen Ballast, als die Schiffsmaschinen in Tätigkeit treten.

Die Menge der mitgeführten Bedarfsartikel bedingt natürlich wieder das Gewicht der zu ihrer Aufbewahrung erforderlichen Gefäße, wobei der Transport verflüssigter Gase, wie Sauerstoff (und Wasserstoff) besondere Schwierigkeiten bereitet, da diese schon weit unter 100^0 unter Null sieden. Das Gewicht ihrer Gefäße wird daher im günstigen Falle 0,3 des Inhaltsgewichts ausmachen, während für die sonst mitzuführenden Stoffe und Vorräte wohl mit einem Gefäßgewicht von 0,1 des Inhalts das Auslangen gefunden werden kann.

Außer diesen dem Verbrauch und der Abstoßung unterliegenden Gewichten bedingt aber die Anwesenheit von Menschen im Raumschiff auch sonst noch erhebliche Gewichte an Ausrüstungsgegenständen, davon je ein Raumtauchanzug und Fallschirm pro Kopf als unentbehrlich gelten müssen, und vielleicht mit 80 kg anzusetzen sind. Nehmen wir noch 20 kg an sonstiger Ausrüstung, Anteil am Küchengerät, Kleidung usf. hinzu, dann kommen wir auf die runde Zahl 100 kg pro Kopf. Außerdem muß natürlich zu wissenschaftlichen Forschungszwecken ein gewisses Instrumentarium mitgeführt werden. 100 kg dafür im ganzen, werden knapp genug bemessen sein.

Alle diese bisher aufgezählten Gewichte zusammen machen die zu befördernde Nutzlast aus, sind also zum sonstigen Netto-Leergewicht des ganzen Schiffes hinzuzuzählen, wenn man das Brutto-Leergewicht finden will, welches später für die Berechnung der erforderlichen Treibstoffladung und des Brutto-Startgewichts maßgebend ist.

Durch zahlenmäßige Anschreibung erkennt man sofort, daß für Kurzfahrten von wenigen Stunden in der Erdatmosphäre oder an deren Grenzen der dem Verbrauch unterworfene Bedarf sehr gegen den dauernd verbleibenden Ausrüstungsbedarf zurücksteht, bei längeren Fahrzeiten aber diesen rasch überholt und bei den monatelangen Fahrzeiten der interplanetarischen Reisen schließlich allein maßgebend wird. Z. B.:

Fahrzeit Tage	1/10	1	10	100	500
2 Menschen zusammen . . .	160	160	160	160	160 kg
Ausrüstung (persönliche) . .	200	200	200	200	200 »
Forschungsausrüstung . . .	100	100	100	100	100 »
Lebensbedarf (gesamter) . .	2	20	200	2000	10000 »
Gefäße des Lebensbedarf . .	1/2	5	50	500	2500 »
Zu befördernde Nutzlast: . .	462 1/2	485	720	3060	13400 kg

Nehmen wir in Gedanken an eine Fahrt mit Landung auf dem Monde noch 80 kg an Werkzeugen hinzu und 200 kg an Signalgerät, um vom Monde aus Lichtzeichen zur Erde zu geben, so ergibt sich für eine derartige Fahrt eines mit 2 Personen bemannten Schiffs eine erforderliche Nutzlast von rund 1 t Gewicht, was leicht festzuhalten ist.

2. Die Andruckfestigkeit des menschlichen Körpers.

Als vor rund 100 Jahren die Eisenbahn aufkam, fehlte es nicht an wissenschaftlichen Gutachten, in welchen vor der Benutzung dieses neuartigen Verkehrsmittels mit der Begründung dringend gewarnt wurde, der Mensch könne die enorme Geschwindigkeit der Dampfwagen nicht ohne Schaden zu nehmen ertragen. Wenn wir daran denken, daß damals noch kaum 45 Stundenkilometer erreicht wurden, so macht uns das heute lächeln, die wir mit größtem Vergnügen im Speisewagen eines mit 90 km/h dahinbrausenden D-Zuges essen und trinken oder sogar im modernen Großflugzeug bei 180—240 Stundenkilometern Geschwindigkeit uns Erfrischungen reichen lassen. Daß der Mensch aber noch wesentlich höhere Geschwindigkeiten schadlos aushalten kann, haben die Weltrekorde der Automobile, die auf rund 340 km/h getrieben wurden und die Rekorde der Renn- flugzeuge bewiesen, die in den besten Momenten sogar schon 560 km/h erreichten. Und wir können getrost behaupten, daß auch noch viel größere, ja beliebig hohe Geschwindigkeiten er- träglich sind, drehen wir uns doch alle mit dem rotierenden Erd- ball ununterbrochen um dessen Achse, was für die Bewohner der Äquatorgegenden einer Sekundengeschwindigkeit von 465 m oder 1674 Stundenkilometer entspricht. Außerdem fahren wir mit der Erde um die Sonne mit 30 km/sec oder 108 000 km/h und bewegen uns mit der Sonne und den andern Planeten zu- sammen gegen den Weltätherstrom mit der noch viel größeren Geschwindigkeit von 750 km/sec oder 2 700 000 km/h. Die er- forderlichen Höchstgeschwindigkeiten der im früheren Kapitel berechneten Raumfahrten brauchen uns daher keinerlei Besorgnisse zu bereiten.

Anders steht es mit der Art und Weise, wie diese Geschwindig- keiten erreicht werden können und sollen: auf sie kommt es an, ob der Mensch, ohne Schaden zu nehmen, die geforderte End- geschwindigkeit überhaupt annehmen kann. Die Änderung der Geschwindigkeit, die Größe der (auf die volle Sekunde umgerechneten) jeweiligen Beschleunigung oder Verzögerung (in m/sec²) ist das Maßgebende.

Als Vergleichsmaßstab dient hierzu die Erdschwere, die sowohl den Gewichtsdruck wie die Fallbeschleunigung der Körper (s. S. 3) hervor- ruft. Aus ihr folgt: Wirkt (im luft- und schwerefrei gedachten Raume) auf einen Körper eine Zugkraft gleich seinem irdischen Gewichte, so wird er gegen seine Massenträgheit eine Beschleunigung von 9,81 m/sec² er- fahren. Wirkt eine Zugkraft vom Doppelten . . . n-fachen seines Gewichtes, so wird sein sekundlicher Geschwindigkeitszuwachs in der Bewegungs- richtung das Doppelte . . . n-fache von 9,81 m/sec² betragen. Weiter folgt: Soll ein Körper (am Meeresspiegel im luftleeren Raum gedacht) gegenüber der Erdschwere frei in Schwebe gehalten werden, so muß auf ihn eine senk- recht nach oben gerichtete Kraft gleich seinem Gewicht ausgeübt werden, oder eine Beschleunigung von 9,81 m/sec². Soll aber der Körper außerdem noch mit Beschleunigung nach oben emporsteigen, dann muß die auf ihn ausgeübte Hubkraft jedenfalls mehr bzw. ein n-faches seines Gewichtes betragen. Bilden die Richtungen der am Körper angreifenden Kräfte einen Winkel miteinander, so sind sie geometrisch (nach dem Kräfteparallelogramm) zu addieren.

Von den Kräften selbst gibt es zwei Arten; solche, die wie die Schwere, die Fliehkraft und die magnetische Anziehung an jedem einzelnen Atom des Körpers und solche die, wie beim Seilzug, Propellerzug, Radantrieb usf. nur an einem Punkte des Körpers angreifen.

Die Beschleunigung eines Fahrzeuges wirkt dabei auf den menschlichen Körper genau so, wie ein Gewichtsdruck aus der Fahrtrichtung her, die Bremsung dagegen wie ein Druck in der Fahrtrichtung, wovon sich jedermann beim Anfahren und Anhalten eines Trambahnwagens oder Autos leicht überzeugen kann. Zu dem gewöhnlich allein senkrecht nach unten wirkenden Schwere-Andruck des Körpergewichtes addiert sich dann nämlich der Beschleunigungs- oder Bremsungsandruck, der nach einwandfreien Tachometermessungen an Automobilen beim Start starkmotoriger Wagen 5—7 m/sec², beim Abbremsen mit Vierradbremse sogar 15—25 m/sec² betragen kann. Beim Kurvenfahren kommt noch der Fliehkraftsandruck dazu, der nicht selten 20—30 m/sec² erreicht, wobei ängstlichere Gemüter allerdings manchmal schon Schwindelgefühle verspüren. Daß aber starker Andruck und insbesondere Andruckwechsel durchaus nicht zu den Plagen sondern sogar den mit Geld erkauften Genüssen gerechnet wird, beweisen neben den Schiffsschaukeln, Karussellen und Teufelsrädern der Jahrmärkte besonders auch die so beliebten Achterbahnen, wo sich die Insassen beim Hinabschießen in die Tiefe fast andruckfrei, beim Emporschwingen unter verstärktem Andruck fühlen. Die stärksten Andruckwechsel treten aber m. E. wohl beim sogenannten Eisernen See auf, bei welchem Zentrifugalandrücke von 30—50 m/sec² vorkommen, so daß man, wenn man nicht durch stiernackige Kopfhaltung vorbeugt, das Gefühl hat, als ob einem der Kopf weggerissen würde. Ähnlich hohe Bremsandrücke sind beim Abfangen von Flugzeugen aus Sturzflügen keine Seltenheit, und einmal hat nach einwandfreier Messung (s. Z.F.M. 1926, H. 24) ein amerikanischer Fliegeroffizier sogar eine Bremsung von 74 m/sec² ausgehalten. Ein anderer Flieger wurde nach Oberth beobachtet, wie er eine so enge Schraubenkurve viermal durchflog, daß er etwa 30 Sekunden lang einem Zentrifugalandruck von 50 m/sec² ausgesetzt war. Auch die einwandfreien Messungen von Dr.

74

Gillert und Dr. Kaiser in der rotierenden Kammer der D.V.L. in Adlershof haben bewiesen, daß Zentrifugalandrucke bis zum $4^1/_2$fachen der Erdschwere schadlos ertragen werden können — wenn dabei das Gesicht der Drehachse zugewendet ist. Blickt man nach außen, tritt schon viel früher Bewußtlosigkeit auf. Die Hauptgefahr liegt in Druckänderungen in der Gehirnrückenmarkflüssigkeit, in Funktionsstörungen des Kleinhirns und des Gleichgewichtsorgans, weniger im Verhalten anderer Körperteile. Hierher gehört endlich auch die Leistung des Artisten Leinert, der sich aus einer 8 m langen Kanone von 62 cm Kaliber etwa 20 m hoch und entsprechend weit schießen läßt und laut Berechnung beim Abschuß einer Beschleunigung von 40 m/sec², beim Auffallen im Netz aber sogar einem Bremsandruck von 200 m/sec² unterliegt. Bezeichnend ist dabei, daß er wohl stehend aus der Kanone fährt, aber genau liegend in das Netz fällt. Prof. Oberth führt sogar einen Fall an, daß ein Feuerwehrmann aus 25 m Höhe liegend in ein Sprungtuch fiel, das sich nur 1 m eindrückte, woraus folgt, daß er einem Andruck von 240 m/sec² unterworfen war, da der Andruck gleich dem Quadrat der Geschwindigkeit, geteilt durch die doppelte Wegstrecke ist.

Man darf daher für die Zwecke der Raketenfahrt als sicher annehmen, daß der Mensch einen Andruck vom 4—5 fachen der Erdschwere in liegender Stellung längere Zeit auszuhalten vermag, weil sich dann das Gesamtgewicht der Körpermasse auf verhältnismäßig die größte Zahl von Quadratzentimetern Aufliegefläche verteilt. Das bedeutet aber, daß der Mensch auch bei senkrechter Fahrt nach oben einen sekundlichen Geschwindigkeitszuwachs von 30—40 m/sec² wird ertragen können, was hinreicht, um ihn in 300—400 Sekunden auf die zu einer Reise in die Sternenwelt erforderliche parabolische Geschwindigkeit von (dort oben, wo sie erlangt wird) rund 10000 m/sec zu bringen. Dagegen leuchtet es hier schon ein, daß der menschliche Organismus niemals Beschleunigungen auszuhalten vermag, wie sie beim Abfeuern eines Pulvergeschützes vorkommen (s. unten S. 101).

Um die Andruckfestigkeit von Menschen, welche Raumschiffahrt betreiben wollen, zu prüfen, würde eine karussellartige Vorrichtung geeignet sein, die es gestattet, einen entsprechend eingerichteten und völlig geschlossenen Wagen mit solcher Geschwindigkeit um eine Achse zu schwingen, daß der durch die auftretende Fliehkraft erzeugte Andruck ein beliebiges Vielfaches der Erdschwere beträgt. Es wäre ein leichtes, diese Karussellzentrifuge derart mit selbstschreibenden Meßgeräten und Telephonanlage auszurüsten, daß auch während des Versuches mit dem Prüfling gesprochen und festgestellt werden kann, welche Gefühle bei ihm auftreten bzw. wann er bewußtlos wird.

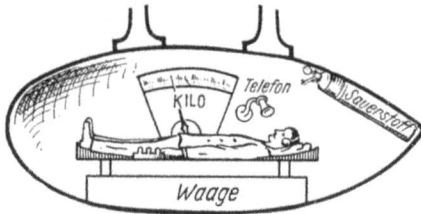

Abb. 19. Prüfungskammer der Karussel-Zentrifuge, auf welcher die Andruckfestigkeit festgestellt werden kann.

Ähnlich wie heute die Wassertaucher in Überdruckkammern auf ihre Druckfestigkeit geprüft werden, können also auch die Raumfahrtkandidaten nötigenfalls auf solchen Riesenzentrifugen auf ihre Andruckfestigkeit geprüft werden, wobei es sehr wahrscheinlich ist, daß ein eifriges Training auf dem Karussell die ursprünglich gemessenen Werte bedeutend hinauftreiben läßt, haben doch schon die Flieger festgestellt, daß man den großen Andruck beim Abfangen aus den Sturzflügen ebenfalls sehr gut gewöhnen kann, was auch Leinert für seinen Fall bestätigt.

Schwieriger erscheint es, das Verhalten des menschlichen Organismus bei abnormer Verringerung des gewöhnlichen, durch die Erdschwere hervorgerufenen Andrucks zu erforschen, denn es gibt kein Mittel, einen Menschen längere Zeit als nur wenige Sekunden einem stark verminderten Andruck auszusetzen.

Läßt man z. B. einen leicht beweglichen Wagen auf Schienen eine abschüssige Bahn hinunterrollen, so beschleunigt er sich unter dem Einfluß der Erdschwere, aber nicht mit deren vollem Betrage, sondern nach dem Sinus des Böschungswinkels der schiefen, abfallenden Rollebene. Die Insassen des Wagens fühlen daher (solange nicht gebremst wird) eine scheinbare Verminderung ihres Körpergewichtes, weil sie wenn auch nicht senkrecht im freien Fall, so doch schief dem Zuge der Erdschwere folgen. Je steiler die Bahn, um so stärker wird die Verminderung des Körpergewichts und bei ganz freiem Fall, wie er z. B. beim Sprung vom Sprungturm ins Wasser vorkommt, fühlt sich der Mensch eigentlich schon genau so völlig schwere- und damit auch andruckfrei, wie dies bei freier Weltraumfahrt der Dauerzustand sein muß, der immer gegeben ist, wenn die Maschinen des Raumschiffs nicht arbeiten. Beim Sprung ins Wasser, beim Fallschirmabsprung

76

aus Luftschiffen und Flugzeugen (solange sich der Schirm noch nicht geöffnet hat) kann man also wohl schon auf Erden das Gefühl der Andrucklosigkeit und Schwerefreiheit auskosten, doch leider immer nur kurze Sekunden, denn wollte man es auch nur eine halbe Minute genießen, so würde die erlangte Endgeschwindigkeit schon so groß, daß sie unsere bisherigen Maschinen und Vorrichtungen weder auszuhalten, noch abzubremsen gestatteten.

Auf Grund der verschiedensten Überlegungen kann aber schon heute ausgesagt werden, daß eine Ursache zu Störungen der Herztätigkeit und sonstigen Funktionen des menschlichen Organismus durch verminderten Andruck nicht gegeben ist, mit Ausnahme der Einwirkung auf das Gleichgewichtsorgan im menschlichen Ohr, dessen Versagen zu Schwindelgefühl Anlaß geben könnte. Doch dürfte im Lobelin Ingelheim und anderen Enttäubungsmitteln ein wirksames Gegenmittel zu finden sein.

Wie groß auch immer die Schwierigkeiten sein mögen, welche sich der Verwirklichung der Weltraumfahrt entgegenstellen, so ist man doch keinesfalls berechtigt, ein »Unmöglich« deshalb auszusprechen, weil der menschliche Organismus die Fahrt angeblich nicht ertragen soll. Sache der Technik wird es eben sein, die Fahrtweise der Raumschiffe danach einzurichten und sie mit allem zu versehen, was der Mensch als Fahrgast zu seinem Leben und Wohlbefinden bedarf.

Unsere Kampfmittel.

Wir kennen nun die der Raumfahrt entgegenstehenden Haupthindernisse und wissen, daß für jedes Kilogramm Gewicht, das den Panzer der Erdschwere durchschlagen soll, eine Arbeit von mindestens 6,37 Millionen mkg aufgewendet werden muß. Dabei sind noch die Verluste durch Luftwiderstand nicht eingerechnet, die sich auf etwa 1,7 Millionen mkg belaufen, so daß ein

Gesamtaufwand von rd. 8,1 Millionen mkg/kg

notwendig ist, um eine Masse von der Erde ganz loszureißen. Diese Zahl erscheint auf den ersten Blick furchtbar, ist doch die Leistung, 1 kg in den Sternenraum zu heben, gleich der Arbeit 8100 Tonnen am Erdboden 1 Meter hoch zu heben, aber sie ist es nicht durch ihre absolute Größe, sondern nur wegen der schwierigen Art und Weise, in der die Hubarbeit hier geleistet werden muß. 8,1 Millionen mkg sind nämlich nur 30 Pferdekraftstunden, also gleich der Kraftentfaltung, die ein 30-PS-Motor in einer Stunde bei einem Verbrauch von etwa 8 kg Benzin und 120 kg zur Verbrennung angesaugter Luft hervorbringt. Die Sache ließe sich also schon machen und wäre bloß eine Frage des Kostenpunktes, wenn wir uns z. B. des Hubverfahrens durch Seilzug bedienen könnten, das wir in unseren technischen Förderbetrieben auf Erden zumeist anwenden, wenn es gilt, erhebliche Massen auf große Höhen zu heben. Es besteht im wesentlich darin, daß wir ein Seil über eine Rolle führen, an das eine Ende die zu hebende Last anhängen und am andern die Zugkraft wirken lassen. Mit solchen Fördermaschinen ziehen wir die Kohle in den Schächten der Bergwerke empor, heben wir die Ziegel und Steine beim Hausbau zumeist. Keinem Menschen wird es einfallen, die Kohlen aus dem Bergwerkgrunde irgendwie heraufzuschleudern. Dagegen kann man bei kleineren Bauten noch heute oft sehen, wie die Maurer die Ziegelsteine einander von Stock zu Stock frei zuwerfen und so einen Aufzug überflüssig machen. Dieses Verfahren stellt die zweite Möglichkeit dar, das Schwerefeld der Erde zu überwinden.

Im ersten Falle wirken wir durch einen Zug nach oben, dem Gewichte der Last, d. h. ihrem Schweredruck gegen die Unterlage entgegen und überwinden diesen durch Aufwendung einer etwas größeren, nach oben gerichteten Kraft, denn die Last bleibt während ihres ganzen Weges, technisch gesprochen, unterstützt; sie ist ja aufgehängt, kann also niemals frei der Schwerebeschleunigung folgen. Im zweiten Falle wirken wir durch den Wurf, das heißt die Erteilung eines Antriebs nach oben der Erdbeschleunigung entgegen.

Vom Standpunkte der theoretischen Mechanik sind beide Verfahren gleichwertig, denn der zur Hebung einer bestimmten Last um eine gewisse Anzahl Meter erforderliche Kraftaufwand bleibt sich gleich, auf welche Weise immer wir sie emporziehen oder frei emporwerfen. Und auf der Erde haben wir deswegen im allgemeinen (wie das Beispiel von den Ziegelsteinen beim Hausbau beweist) die Wahl zwischen den beiden Grundarten des Zuges und Wurfes und nehmen das Verfahren, welches für den gerade vorliegenden Zweck günstiger ist. Anders, wenn es gilt, eine Last in den leeren Weltenraum hinaufzutreiben. Dort ist es unmöglich, einen Haken mit Rolle zu befestigen, über die das Zugseil laufen könnte. Aber nicht nur das Hubverfahren durch Seilzug, sondern auch das durch Propellerzug, dessen sich die Luftfahrt bedient, muß im leeren Weltenraume versagen, denn auch der Propeller kann nur ziehen, wenn er sich in ein umgebendes Mittel (Wasser, Luft) hineinbohren und so sich auf dieses gewissermaßen stützen kann. Wir bleiben daher einzig und allein darauf angewiesen, durch die Erteilung einer hinreichenden Anfangs- oder Endgeschwindigkeit durch irgendeine Vorrichtung die zu hebende Last durch den Doppelpanzer des Erdschwerefeldes und Luftkreises hindurchzutreiben.

Unsere Aufgabe wird es also zunächst sein, die theoretischen Möglichkeiten zu untersuchen, die uns zur Hervorbringung großer Geschwindigkeiten an Körpern nach den Grundgesetzen der Mechanik gegeben sind. Dann gilt es, Umschau zu halten nach den technischen Möglichkeiten, solch hohe Geschwindigkeiten wirklich zu erzeugen. Wir wollen dabei vier Verfahren unterscheiden, einen Körper zu beschleunigen, nämlich den Wurf, die Schnellung, den Schuß und den Rückstoßeffekt.

Es ist immerhin gut, alle Möglichkeiten zu betrachten und nicht eine deswegen auszulassen, weil sie vielleicht auf den ersten Blick gar zu einfältig scheint.

I. Wurfmaschinen.

Unter einem Wurf verstehen wir alle Abschleuderungsarten, bei welchen das Übersetzungsverhältnis eines ungleicharmigen Hebels dazu verwendet wird, um durch eine große, am kurzen Arm angreifende Kraft, der am Ende des langen Arms befestigten Last eine hohe Geschwindigkeit zu erteilen.

Diese Begriffsbestimmung trifft zunächst beim Steinwurf aus freier Hand durchaus zu, wenn man mit dem Arm einen Schwungkreis beschreibt und den Stein im geeigneten Augenblick losläßt. Hier sind es die Armmuskeln, welche am kurzen Hebelarm angreifen, während die Last, der Stein, in der Hand, also am äußersten Ende des langen Hebelarms sich befindet. Schon die Kriegsleute des Altertums scheinen das erkannt zu haben, denn sie versuchten die Wurfkraft des menschlichen Arms durch die »Schleuder« zu erhöhen, wobei man den Radius des Schwungkreises des

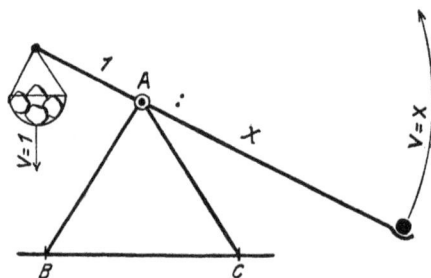

Abb. 21. Schema der Wurfmaschine.

menschlichen Arms künstlich vergrößerte. Seine gewaltigste Ausbildung aber fand dieses einfache Wurfverfahren, bei welchem nur die Hebelübersetzung allein, ohne Aufspeicherung einer Schwungkraft, in Frage kam, in den spätantiken und mittelalterlichen Ballisten manchmal ganz ungeheuren Maschinen, die beträchtliche Massen ziemlich weit warfen, ihnen also immerhin erhebliche Anfangsgeschwindigkeiten erteilt haben müssen. Wahrscheinlich war in der Übergangszeit der Unterschied in der Leistung der besten Wurfmaschinen dieser Art und der ersten schlechten Pulvermörser gar nicht so groß.

Das Prinzip des Ballisten beruht auf dem ungleicharmigen Hebel. Am kurzen Arm wird eine sehr schwere Last aufgehängt, am Ende des langen Arms aber die verhältnismäßig leichte, zu schleudernde Masse. Das Verhältnis der Massen und Hebelarme darf natürlich nicht so sein, daß nahezu Gleichgewicht herrscht (was der Fall wäre, wenn sich Last und Geschoß umgekehrt verhielten wie die Hebelarme), sondern es muß die Last am kurzen Arm möglichst viele Male überwiegen. Läßt man dann

den langen Hebelarm mit dem Geschoß, der zuerst niederge-
bunden war, plötzlich los, so schnellt der lange Arm rasch empor,
weil die Erdschwere die große Last herniederzieht.

Theoretisch ist kein Hindernis, eine solche Maschine zu berechnen, die dem Geschoß die Geschwindigkeit von 12 000 m
in der Sekunde erteilt, nur würde der lange Hebelarm voraussichtlich mehrere 100 m lang ausfallen und die erforderliche Last
am kurzen Arm ungeheuer groß werden.

Man kann aber schon beim Wurf aus freier Hand mit der
Hebelübersetzung des Arms auch eine Aufspeicherung der Schwungkraft bewirken, die in der bewegten Masse des Arms selbst liegt
und so eine größere Endgeschwindigkeit erreichen, indem man
den Arm mehrmals in geschickt gelegten Kurven schwingt, was
besonders beim bekannten Schleuderballwerfen deutlich hervor-
tritt. Dasselbe Prinzip läßt sich maschinell dadurch ausnützen,
daß nicht einfach, wie beim antiken Ballisten, eine wirkliche
Hebelstange, sondern nur das Hebelgesetz in Form von Rad und
Welle angewendet wird. Lassen wir nämlich die Antriebskraft
am kurzen Hebelarm einer Welle (z. B. Flugzeugmotor-Kurbel-
welle) angreifen, dann kann man am äußeren Umfang eines mit
der Welle verbundenen Rades (z. B. auch an der Spitze des
Flugzeug-Propellerblattes) eine sehr hohe Umfangsgeschwindigkeit
erzeugen. Durch die Zwischenschaltung von Zahnradübersetzun-
gen oder Schneckenvorgelegen kann dabei bewirkt werden, daß
die äußeren Ausmaße des eigentlichen Schwungrades in mäßigen
Grenzen gehalten werden.

Es bietet theoretisch keine Schwierigkeiten, die Tourenzahl
zu berechnen, welche ein Rad haben müßte, damit ein Punkt
seines Umfanges beispielsweise eine Geschwindigkeit von 12 000
m/sec besitzt. Da der Umfang rund das 3fache des Durchmessers
(genau das 3,14159fache) mißt, so brauchte ein Rad von etwa
4 m Durchmesser 1000 Touren in der Sekunde, ein solches von
40 m Durchmesser 100 Touren und eines von der Größe des
»Riesenrades« im Wiener Prater bei 80 m Durchmesser nur 50 Um-
drehungen in der Sekunde. Trotzdem ist an eine praktische Ausführung nicht zu denken, weil kein bekanntes Material den auftretenden Fliehkräften standzuhalten vermag, die das Schwung-
rad längst zerrissen haben würden, ehe es auch nur auf den
fünften Teil der erforderlichen Geschwindigkeit gebracht werden
könnte. Um nur einige Beispiele zu nennen, besitzen die Propeller-
blattspitzen bei Flugzeugpropellern Umschwungsgeschwindig-

keiten von 210—350 m/sec, bei hochtourigen Elektromotoren und Dampfturbinen kommen solche von 400—600 m/sec vor. Über 800 m/sec ist man aber wohl noch niemals hinausgekommen, selbst nicht bei Rädern deren Speichen und Schwungwulste aus geflochtenen Stahldrahtlitzen (statt aus Guß- oder Schmiedestahl) bestanden. Jeder Versuch, die parabolische Geschwindigkeit von 12000 m/sec nach irgendeinem Wurfverfahren zu erzeugen muß daher als praktisch unausführbar und aussichtslos bezeichnet werden.

II. Abschnellmaschinen.

Unter einer Abschnellung verstehen wir jedes Verfahren, bei welchem der zu bewegende Körper durch die Auslösung elastischer Kräfte beschleunigt wird. Auch dieses Verfahren ist in seiner primitivsten Form schon uralt.

Als die einfache Art des Schleuderns nicht mehr genügte, bei welcher man nur den Radius des Schwungkreises des menschlichen Arms künstlich vergrößerte, kam man auf den Gedanken, die Elastizität gewisser Stoffe als Energiespeicher (wie wir heute sagen würden) auszunützen. So erfand man den Bogen, der es nicht nur gestattete, unförmliche Steine, sondern verkleinerte Lanzen, die sog. Pfeile, zu schleudern. Spannt der Schütze den Bogen, so speichert er damit die aufgewendete Kraft seiner Armmuskeln in Gestalt einer elastischen Spannung im Baustoff des Bogens (nicht in der Sehne!) auf. Umgekehrt wird bei der heute von unsern Jungens viel benützten Gummischlauchschleuder die Elastizität des Gummizugs, also gewissermaßen der Sehne als Speicher benützt, während die Gabel starr ist.

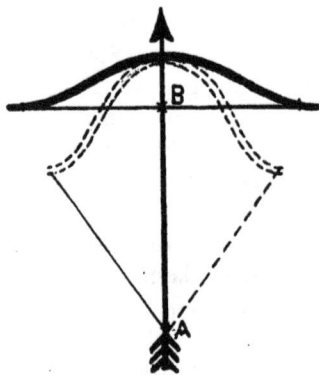

Abb. 22. Einfacher Bogen.

Das Prinzip des Katapulten ist wieder das gleiche wie beim Bogen. Er ist nur eine ins Gigantische übertragene Armbrust, ein Bogen, dessen Sehne durch einen Flaschenzug oder eine Schraube gespannt wird. Auch hier liegt kein Hindernis vor, einen Bogen von solcher Größe zu berechnen, daß seine Elastizität imstande ist, mehrere Milliarden Meterkilogramm Arbeit, die beim Spannen des Bogens geleistet werden muß, aufzuspeichern, um sie, wenn die Sehne abschnellt, einem torpedoförmigen »Raumschiff« mitzuteilen, so daß es mit 12000 m/sec Geschwindigkeit fortfliegt. Ebenso kann man sich auch eine Gummizugschleuder von entsprechend gewaltigen Ausmaßen denken. Wollte man doch eine solche Maschine konstruieren, würde man lieber die Gummizüge durch starke Spiralfedern verbinden und eine Hebelübersetzung wie beim Ballisten dazunehmen. Die Unmöglichkeit liegt wieder nur in der Ausführung.

An solche plumpen Riesenmaschinen mittelalterlichen Gepräges, deren Ausführbarkeit sehr bezweifelt werden muß, schließt sich nun seltsamerweise ein ganz »moderner« Gedanke unmittelbar an: das elektrische Solenoid-Geschütz. Solenoid nennt man bekanntlich eine elektrische Spule, die aus vielen tausenden Metern Draht bestehen kann, und die innerlich hohl ist. Sie stellt so gewissermaßen eine Art Kanonenrohr dar. Bringt man nun in ihr Inneres eine Granate aus Eisen, derart, daß er in der Hohlröhre sich eben noch leicht bewegen kann, und schaltet man in geeigneter Weise plötzlich den Strom ein, so wird diese Granate mit auffallend großer Geschwindigkeit aus dem Rohre getrieben und fliegt wie ein Geschoß weiter. Wir glauben nicht, daß es richtig wäre, diese Solenoide mit Pulvergeschützen zu vergleichen. Denn man darf sich vorstellen, daß an Stelle der Gummischnüre die Kraftlinien des elektrischen Feldes sozusagen dasjenige sind, was elastisch gespannt ist. Man hat vor dem Weltkriege öfters von diesen Solenoid-Kanonen gelesen, und es sollen von den Kriegsarsenalen verschiedener Staaten auch Versuche im großen Maßstab mit ihnen gemacht worden sein. Die Geschwindigkeit, mit welcher die Geschosse aus den Solenoiden fuhren, scheint die der besten Pulvergeschützgranaten erreicht, wenn nicht übertroffen zu haben. Nur der Umständlichkeit und schweren Verwendbarkeit halber, vielleicht auch wegen der geringen Treffsicherheit, scheinen diese Maschinen nicht weiter ausgebildet worden zu sein. Wir erwähnten sie der Vollständigkeit halber, denn es ist auch hier wieder theoretisch ohne weiteres möglich,

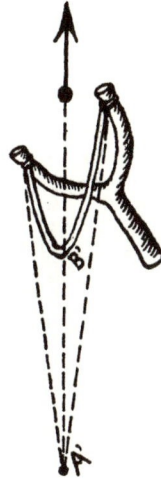

Abb. 23. Gummizugschleuder.

eine Solenoid-Kanone von solcher Größe zu berechnen, daß das Geschoß bei Anlegung der entsprechenden Stromspannung die Geschwindigkeit von 12 000 m/sec erhalten müßte,

Nach Dr. Franz v. Hoeffts Arbeiten, der sich gerade mit dem Solenoid-Geschütz eingehend befaßt hat, hätte ein solches vor einem Pulvergeschütz sogar sehr viele Vorteile. Vor allem tritt ein eigentlicher Rohrdruck gar nicht auf. Das Rohr selbst hätte bei 60 cm Kaliber aus 150 einzelnen, je 2,4 m langen Spulen zu bestehen, die zusammen eine Rohrlänge von 360 m ergeben. Es müßte dieses Rohr in einen senkrecht in hohen Bergesgipfel eingebohrten Schacht montiert und vor dem Abschuß luftleer gepumpt werden (Begründung s. u. beim Pulvergeschütz S. 102). Der Verschlußdeckel am oberen Ende soll Pyramidenform besitzen und nur durch den äußeren Luftdruck zusammengehalten und gedichtet werden. Die Solenoidgranate selbst muß so eingerichtet sein, daß sie in der Mitte der jeweilig durchfahrenen Spule angelangt, den Strom aus dieser selbsttätig ausschaltet, weil sie sonst von den elektrischen Kräften, sobald sie die Spulenmitte überschritten hat, zurückgezogen würde. Die erforderliche Stromspannung wird von Dr. v. Hoefft mit 200 000 Volt angegeben, ein Wert, den unsere Elektroingenieure heute schon ohne Schwierigkeit meistern. Der für die Ausführung hervorstechendste Vorzug der Solenoid-Kanone wäre aber der, daß jede einzelne Spule leicht getrennt hergestellt und transportiert werden kann, und daß man es in der Hand hat, durch Aneinanderreihung beliebig vieler Spulen die Strecke, auf welcher die Beschleunigung stattfinden muß, beliebig lang zu machen. Da die verlangte Mündungsgeschwindigkeit der Granate von etwa 12 000 m/sec oder 12 km/sec gegen die Ausbreitungsgeschwindigkeit der elektrischen Kräfte mit 300 000 km/sec verschwindend gering ist, steht hier nicht zu fürchten, daß die Kraft sozusagen dem Geschoß nicht mehr nachzukommen vermag, was bei den Molekulargeschwindigkeiten der Gase im Pulvergeschütz sehr zu berücksichtigen ist. Endlich würde die Granate beim Solenoid-Geschütz nach v. Hoefft ohne eigentlichen Abschußknall glatt und elegant aus der Mündung

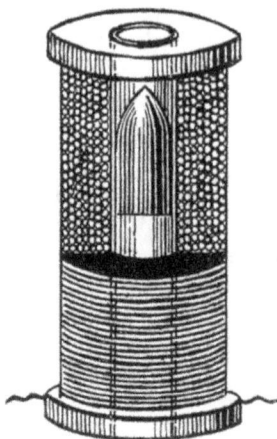

Abb. 24.
Schnitt durch ein Solenoid.

des luftleeren Rohres fahren, um erst von da an mit gewaltigem Pfeifen zenithwärts zu entschwinden. Erst die in das luftleere Rohr hineinstürzende Außenluft würde nachher einen bodenerschütternden Stoß und Nachknall erzeugen.

Da bei geradem Lauf des Solenoidgeschützes doch wohl Rohrlängen von 1000 m kaum überschritten werden könnten, so würde ein solches Abschußverfahren für die Beförderung von Menschen doch niemals in Frage kommen, denn bei gleichmäßiger Beschleunigung aus der Ruhelage bis zur Endgeschwindigkeit von 12000 m/sec an der Rohrmündung beträgt dann die mittlere Geschoßgeschwindigkeit im Rohr 6000 m/sec und die Laufzeit bei 1000 m Rohrlänge $\frac{1}{6}$ Sekunde. Die auf die volle Sekunde umgerechnete Beschleunigung des Geschosses ist demnach 12000 $\times$ 6 = 72000 m/sec, d. i. rd. 1000 mal soviel, als der Mensch günstigenfalles ohne Schaden auszuhalten vermag.

Um die Strecke, längs welcher die Beschleunigung stattfinden soll, noch wesentlich mehr zu verlängern, wäre aber theoretisch immer noch die Möglichkeit gegeben, einen ringförmigen Tunnel aus lauter Solenoiden zu bauen und in ihm die Granate so lange kreisen zu lassen, bis sie die gewünschte Endgeschwindigkeit erreicht hat und dann durch eine während der letzten Umkreisung umgestellten Weiche in einen tangential nach außen führenden Tunnelstutzen, gleichsam die Mündung dieses ringförmig gerollten Solenoid-Geschützes geleitet wird. Natürlich müßte auch hier der Solenoidring luftleer gepumpt und die Mündung mit einem Deckel gegen die Außenluft abgeschlossen sein. Bei genügend großem Krümmungsradius würde die Biegung von der entsprechend geformten Granate theoretisch auch befahren werden können. Die Schwierigkeit liegt in der Praxis wieder hauptsächlich in den auftretenden Fliehkräften und in der Unausführbarkeit der Weichenanlage, so daß auch dieser Plan, der in der Aprilnummer von »Je sais tout« von 1927 den angeblichen französischen Ingenieuren Mas und Drouet zugeschrieben wurde, als praktisch aussichtslos bezeichnet werden muß, so verlockend er an und für sich erscheint, da er es theoretisch gestattet, die Beschleunigung der mehrmals im Ringtunnel der Solenoide umkreisenden Granate so gering zu wählen, daß der Mensch die Anfahrt wohl aushalten könnte. Nur darf man dabei nicht vergessen, daß die Bremsung, welche das Geschoß beim Austritt aus der Mündung durch den enormen Luftwiderstand erfährt, schon wieder viele dutzendmal größer ist als sie der Mensch bestenfalls ertragen kann, ohne sofort getötet zu werden. Damit scheidet auch das Solenoid-Ge-

schütz für immer für die Beförderung von Menschen den in Weltraum aus.

Aber auch energietheoretisch werden gegen das Solenoidgeschütz
(von Prof. C. Cranz in seiner Ballistik) schwerwiegende Einwendungen
erhoben. Wenn man nur eine Mündungswucht der Granate von 12 772 m/t
zugrunde legt (40,6 cm Schiffsgeschütze erreichen eine Mündungswucht bis
zu 42 000 m/t), die durch chemische Energie des Explosivstoffs beim Pulvergeschütz in etwa $1/_{100}$ sec geleistet wird, dann ergibt sich, daß zur selben
Kraftleistung in gleicher Wirkungszeit eine Stromstärke von 12 500 000 A
bei 1000 V Spannung nötig wäre, wenn man von allen anderen Verlusten
absieht. Durch elektrische Kräfte kann daher nach C. Cranz, eine derartige
Arbeitsleistung nur auf einer sehr langen Strecke oder mit Rotation nur in
langer Zeit geleistet werden.

Der größte und unvermeidliche Nachteil aller Wurf- und
Schnellmaschinen, mit Ausnahme des Solenoid-Geschützes, liegt
aber darin, daß bei ihnen ganz unnützerweise nicht nur dem
Geschoß, sondern auch großen Teilen der Maschine selbst die
gewünschte Geschwindigkeit erteilt werden muß. Dies erfordert
einen ganz ungeheuerlichen, mindestens hundertfachen Mehr-
aufwand an Energie, die noch dazu nachher durch entsprechende
Bremsvorkehrungen wieder in andere Formen umgewandelt
werden muß, soll nicht die Maschine selbst bei der Abschleuderung
zerschmettert werden.

III. Geschütze.

Unter einem Schuß verstehen wir hier das Ausstoßen eines
Geschosses aus einer Röhre durch den Druck der hinter ihm
befindlichen völlig eingeschlossenen Gase eines explodierenden Stoffes. Die außerordentlich gewaltigen Leistungen,
welche der Geschützbau in den letzten Kriegsjahren aufzuweisen
gehabt hat, sind noch in jedermanns Erinnerung. Und in der
Tat sind nach diesem Verfahren bei den sog. »Ferngeschützen« die
bisher höchsten überhaupt erreichten Geschwindigkeiten von
1500—1600 m/sec einem Körper erteilt und die größten Maschinenleistungen erzielt worden.

Deshalb mag es gestattet sein, auf die Geschütze etwas aus-
führlicher als auf die bisher beschriebenen Schleudervorrichtungen
einzugehen, zumal seit Jules Vernes Roman »Die Reise zum Mond«
das Problem der Mondkanone immer wieder aufgetaucht ist,
die Schwierigkeiten aber nur bei gründlicher Erwägung aller
Faktoren beurteilt werden können.

1. Die Lehre vom Kanonenschuß.

Rein theoretisch ist es freilich sehr leicht, ein Geschütz zu berechnen, welches bis zum Monde trägt, denn vom Standpunkte der inneren Ballistik aus ist maßgebend nur die Seelenlänge des Rohres, als der Weg, längs dessen die Beschleunigung wirksam ist, dann der mittlere Rohrdruck als die Kraft, mit welcher die Pulvergase das Geschoß antreiben, und die Querschnittsbelastung der Granate, als die Masse, welche über dem Geviertzentimeter des Kaliberquerschnitts liegt und die sich durch ihre Trägheit der Beschleunigung widersetzt. Daraus folgt, daß man, um eine möglichst hohe Mündungsgeschwindigkeit zu erzielen, das Rohr möglichst lang, den mittleren Rohrdruck möglichst hoch und die Querschnittsbelastung möglichst klein machen muß.

Sind zwei der vorgenannten Größen gegeben, so kann man die dritte sofort folgendermaßen berechnen: Gegeben ein zulässiger mittlerer Rohrdruck von 3000 Atm. und eine Querschnittsbelastung von 0,1 kg$^+$/cm^2; verlangt eine Mündungsgeschwindigkeit von 1200 m/sec. Wie lang muß die Rohrseele gemacht werden? — Dann ist die Mündungswucht pro cm^2 des Geschoßbodens $W = \frac{1}{2}$ m $v^2 = \frac{1}{2} \times 0{,}1 \times 1440000 = 72000$ mkg. Geteilt durch den mittleren Rohrdruck von 3000 Atm. als treibende Kraft folgt daraus als zugehöriger Weg die Seelenlänge 24 m. Wäre dagegen die Seelenlänge mit 15 m vorgeschrieben gewesen, so würde sich umgekehrt ein zugehöriger,

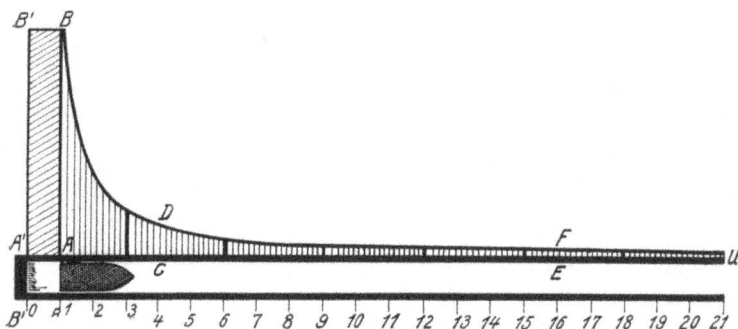

Abb. 25. Ideale Gasdruckkurve bei einem Kanonenschuß, wenn angenommen wird, daß die ganze Ladung momentan entflammt und die Ausdehnung adiabatisch erfolgt. In Wirklickheit tritt der Höchstwert des Drucks aber nicht am Anfang, sondern erst später auf und bleibt auch wesentlich niedriger als der theoretische Betrag.

notwendiger mittlerer Rohrdruck von 4800 Atm. errechnet haben, wäre die Querschnittsbelastung nur halb so groß, mit 0,05 kg$^+$/cm^2 gegeben gewesen, würde die halbe Seelenlänge bzw. der halbe mittlere Rohrdruck oder ein halb so großes Produkt aus beiden zur Erzielung der gleichen Mündungsgeschwindigkeit von 1200 m/sec genügt haben.

Praktisch sind freilich dem Ballistiker bald Grenzen in jeder Hinsicht gezogen.

a) So kann die Seelenlänge schon deshalb nicht beliebig lang gemacht werden, weil infolge der Abkühlung der Pulvergase durch ihre Expansion und die Berührung mit der kalten Seelenwandung bald eine Stelle kommt, wo die sinkende Schubkraft der Gase nur mehr gleich der Gesamtreibung ist, welche das Geschoß im Laufe erfährt. Diese Stelle bezeichnet aber zugleich die Seelenlänge der höchsten unter sonst gleichen Umständen erzielbaren Mündungsgeschwindigkeit; denn wäre der Lauf noch länger, so würde bei gleichbleibender Reibung diese immer mehr gegenüber dem sinkenden Gasdruck überwiegen und das Geschoß allmählich abbremsen, bis es schließlich sogar stecken bleibt.

Für das Armeegewehr Mod. 98, das bei 0,79 cm Kaliber und 74 cm normaler oder 92 Kaliber langer Seelenlänge sein 10 g schweres S-Geschoß bei einer Ladung von 3,2 g Blättchenpulver mit 895 m/sec Mündungsgeschwindigkeit verfeuert, zeigt die Rechnung unter Zugrundelegung des durch Versuche ermittelten Reibungswiderstandes von 114 kg, daß die höchste mögliche Mündungsgeschwindigkeit von 916 m/sec bei 118 cm oder 150 Kaliber Seelenlänge erreicht wird, während das Geschoß stecken bleiben müßte, wenn der Lauf 668 cm lang gemacht würde.

Bei gewöhnlichen Geschützen wurde, noch weniger als beim Armeegewehr, die Seelenlänge der maximalen Mündungsgeschwindigkeit früher nie erreicht, da besonders bei den größeren Kalibern das Rohr nicht länger als 50 Kaliber gemacht werden konnte, wollte man technisch unausführbare Rohrlängen und zu schwere Rohrgewichte vermeiden. Dagegen haben offenbar aus diesem Grunde die Konstrukteure des wunderbaren Ferngeschützes, das erstmalig am 23. März 1918 Paris aus dem bis dahin unerhörten Abstand von 128 km von seinem Standort bei Laon beschoß, das Rohr von 21 cm Kaliber 36 m oder 171 Kaliber lang gemacht und ihm eine innere Seelenlänge von 150 Kalibern gegeben, und nur etwa ¾ der Seele mit Drall versehen, das letzte Viertel aber glatt ausgebohrt, um so den Punkt, wo die Reibung dem Gasdruck gleich wird, noch etwas weiter hinauszuschieben. Denn es ist klar, daß, je glatter das Rohr ist und je mehr alle sonst dem Geschoß beim Herauffahren aus dem Lauf einen Widerstand bereitenden Ursachen beseitigt werden, die nutzbare Rohrlänge und damit auch die erreichbare Höchstgeschwindigkeit um so größer werden.

b) Auch der mittlere Rohrdruck, den wir als zweiten Faktor in der Grundgleichung kennenlernten, ist praktisch in enge Grenzen eingeschlossen. Er trägt seinen Namen nicht umsonst, denn der wirkliche Gasdruck im Rohr wechselt von Punkt zu Punkt, während das Geschoß herauffährt. Die wahre Druckkurve festzustellen ist das schwierigste Problem der inneren Ballistik. Hier sei nur so viel gesagt, daß bei rasch explodierenden

Pulvern der Maximaldruck ein Vielfaches des mittleren Rohr-drucks erreicht und daß es nur durch die Herstellung ganz besonders langsam abbrennender Pulver gelungen ist, ein Verhältnis des Maximaldrucks zum mittleren Druck wie 2 : 1 oder darunter zu erreichen. Die Sache wird um so schwieriger, je länger im Kaliberverhältnis das Rohr ist und je weiter es bis zu einem niedrigen Mündungsdruck hinaus ausgenutzt werden soll. Beim Armeegewehr z. B. beträgt der Maximaldruck etwa 3000 Atm., der mittlere Rohrdruck etwa 1000 Atm. und der Mündungsdruck rund 400 Atm. Da aber der höchstzulässige Maximaldruck von der Stahlqualität der Kanonenrohre und ihrer sonstigen Konstruktion abhängig ist, und nach unseren heutigen technischen Möglichkeiten 5000 Atm. keinesfalls überschreiten darf, so darf man die Steigerung der Rohrleistung nicht dadurch versuchen, daß man den Maximaldruck steigert (was an und für sich wohl bis auf 30000 Atm. möglich wäre, soweit es von den Explosivstoffen abhängt), sondern nur dadurch, daß man bei festgehaltenem Maximaldruck von 5000 Atm. bestrebt ist, die nach diesem rasch absinkende Druckkurve im Rohr zu heben, um so die von ihr eingeschlossene »Arbeitsfläche« zu vergrößern.

Durch eine einfache Rechnung (s. H. Lorenz »Ballistik«, R. Oldenbourgs Verlag, München 1917, S. 5) überzeugt man sich leicht, daß bei gleicher Ausnutzung ein und desselben Treibmittels die Erhöhung der Mündungsgeschwindigkeit nur durch Vergrößerung der Pulverladung und des Laderaumes bei gleichzeitiger Verlängerung des Rohres durchführbar ist. Da aber laut unseren Ausführungen unter a) die Seelenlänge für sich durch andere Bedingungen begrenzt ist, so nützt schließlich auch die Vergrößerung der Pulverladung und des Laderaumes nichts mehr, wenn nicht die besonderen Eigenschaften des Pulvers es gestatten, nahezu den Maximaldruck möglichst lange zu erhalten und den Mündungsdruck (der ursprünglichen Rohrlänge) entsprechend hinaufzusetzen, so daß eine weitere Verlängerung des Rohres durch Hinausschieben des Punktes, wo der Gasdruck gleich den Reibungswiderständen ist, möglich wird. Dies nötigt uns, einiges über die Treibstoffe zu sagen.

c) Die Eigenschaften eines Explosivstoffes werden in erster Linie durch seine chemische Zusammensetzung, aber auch durch seine mechanische Verarbeitung bestimmt. Denn auch ein chemisch gleiches Pulver kann in verschiedenen Formen als Staub-, Korn-, Blättchen-, Würfel-, Stangen-, Röhrenpulver ganz verschieden abbrennen. Aber auch bei gleicher Form kann sich dasselbe Pulver im einen Geschütz als zu faul, im andern als zu scharf erweisen, denn es muß die gewählte Pulversorte im wohlabgestimmten Verhältnis zum Laderaum und der Massenträgheit des zu bewegenden Geschosses stehen, wenn die beste Schuß-leistung herausgeholt werden soll. Theoretisch werden die Eigen-schaften eines Explosivstoffes hauptsächlich durch folgende Begriffe bestimmt:

1. Der Energieinhalt, ausgedrückt in cal/kg oder WE/kg, gibt die absolute Kraft des Treibstoffs an. Er wird in der kalori-metrischen Bombe gemessen. Dabei ist zu beachten, daß der zur Explosion nötige Sauerstoff schon im Pulver enthalten ist und nicht erst, wie beim Verbrennen von Petroleum, Benzin usf. aus der umgebenden Luft entnommen werden muß. Schwarzpulver hat z. B. 685 cal/kg, Nitroglyzerinpulver 1290.

2. Das spezifische Gasvolumen, d. h. die Gasmenge in Litern bei 0^0 C und 760 mm Hg, welche aus der Explosion von 1 kg des Pulvers entsteht. Man berechnet sie aus Avogadros Satz, wonach jedes Grammolekül eines Gases bei 0^0 C und 760 mm Hg den Raum von 22,32 Litern einnimmt. Das spez. Gasvolumen des Schwarzpulvers beträgt 285, bei Ammonazid 1700 Liter.

3. Die Explosionstemperatur. Sie wird aus den chemi-schen Umsetzungsgleichungen nicht ohne Mühe errechnet und läßt sich experimentell nur sehr schwierig nachprüfen. Sie be-trägt z. B. für Kollodiumwolle 1940^0, für Schwarzpulver 2770^0, für Oxyliquit 4180^0 C.

4. Das Explosionsvolumen folgt aus Gay-Lussacs Gesetz, wonach sich jedes Gas bei Erwärmung um 1^0 C um $1/273$ seines Volumens ausdehnt, aus der Gleichung $Ve = V_0 (273 + t) /273$. Für Nitroglyzerin erhält man ein Explosionsvolumen pro Kilo von 8670 Litern, oder das 13870fache des Raumbedarfs der ursprünglichen Sprengstoffmenge.

5. Der Explosionsdruck. Diesen findet man nach dem Gay-Lussac-Mariotteschen Gesetz aus der Gleichung $P = (V_0 P_0 / 273) \cdot (273 + t) : (V - A)$, wobei V_0 das spez. Gasvolumen, P_0 den Atmosphärendruck, t die Explosionstemperatur, V das den aus 1 kg Sprengstoff entwickelten Gasen zur Verfügung stehende Volumen, A das sogenannte Kovolumen ($= V_0/1000$) bedeuten.

Als spezifischen Explosionsdruck bezeichnet man nach Berthelot jenen ideellen Druck (ohne Berücksichtigung des Kovolumens) der entsteht, wenn im Raume eines Liters genau ein Kilogramm des Sprengstoffs zur Explosion gebracht wird.

In diesem Falle ist die Ladedichte, welche angibt wie viele Kilogramm im Raume eines Liters der Explosionskammer geladen wurden, gleich Eins. Bei den Geschützen erreicht sie aber gewöhnlich nur Werte von 0,4—0,7, bei den Gewehren 0,70—0,85. Jedenfalls kann die Ladedichte niemals höher sein als die Massendichte oder das spez. Gewicht des Sprengstoffes selbst, denn mehr als festgeschlagen voll kann man die Pulverkammer nicht laden.

Rechnungsmäßig ergeben sich für manche Explosivstoffe sehr hohe Explosionsdrucke, so für Ferngeschützpulver etwa 10000 Atm. selbst bei einer Ladedichte von nur 0,6. Der wirkliche Maximaldruck im Geschützrohr beim Abschuß erreicht dagegen selten mehr als die Hälfte des berechneten Betrages, da einmal die Explosion nicht momentan erfolgt, so daß der Höchstdruck erst auftritt, wenn das Geschoß schon ein Stück Weg im Lauf zurückgelegt hat, wodurch der den Gasen zur Verfügung stehende Raum wesentlich vergrößert wird, dann auch, weil sehr viel von der Explosionswärme an die kalten Rohrwandungen abgegeben wird, wodurch die wirksame tatsächliche Explosionstemperatur sehr vermindert wird.

Wegen der Wichtigkeit auch für die später zu erörternden Raketenprobleme geben wir einige Werte in Tabellenform:

Name des Explosivstoffes	Schwarz-pulver	Blättchen-pulver	Schieß-baumwolle	Nitro-glyzerin-pulver	Fern-geschütz-pulver	Knallqueck-silber
1. Energieinhalt . Cal/kg	685	830	1 100	1 290	∾1 400	410
2. Spezif. Gasvolum . . l	285	920	859	840	∾ 999	314
3. Explos. Temperatur ^{0}C	2 770	2 400	2 710	2 900	∾3 300	3 530
4. Explosionsvolum . . . l	3 177	9 008	9 386	9 763	12 957	4 374
5. Spezif. Gewicht . . kg/l	1,65	1,56	1,50	1,64	1,6	4,4
6. Explosionsdruck Atm.		Ammon-nitrat		Nitro-Glyz.	Pikrin-säure	
Für Ladedichte = 0,1 .	336	542	1 061	1 098	983	468
» » 0,2 .	708	1 217	2 343	2 351	2 174	966
» » 0,3 .	1 123	2 077	3 921	3 947	3 650	1 501
» » 0,4 .	1 587	3 211	5 912	5 640	5 523	2 072
» » 0,5 .	2 112	4 779	5 802	7 829	7 982	2 686
» » 0,6 .	2 708	7 082	12 000	10 560	11 350	3 347
» » 0,7 .	3 393	10 800	17 020	14 060	16 240	4 062
» » 0,8 .	4 201	17 870	21 810	21 520	24 030	4 952
» » 0,9 .	5 126	36 250	38 500	25 270	38 310	5 683
» » 1,0 .	6 236	—	—	35 010	—	6 602
» » 1,6 .	29 340	—	—	—	—	14 560
» » 2,4 .	—	—	—	—	—	43 970

d) Die Querschnittsbelastung, welche den dritten Faktor in der Grundgleichung des Schusses darstellt, spielt ebenso wie die Form des Geschosses für die Flugbahn im luftleeren Raume keine Rolle. Hier kommt es nur auf die Mündungsgeschwindigkeit allein an. Handelte es sich also um den Abschuß einer Granate von einem luftlosen Himmelskörper aus, wie von unserem Monde, man müßte trachten, die Querschnittsbelastung durch eine möglichst leicht gehaltene Hohlkonstruktion der Granate unter Anwendung leichter Werkstoffe wie Aluminium, Elektronmetall u. dgl. so niedrig als möglich zu halten. Gerade die gegenteiligen Schwierigkeiten treten aber auf, wenn es sich darum handelt, im Luftkreis eines atmosphärenumhüllten Planeten eine Granate recht weit oder recht hoch zu treiben. Hier kann man die Querschnittsbelastung bei kleineren Kalibern überhaupt nicht mehr und auch bei großen nur schwer hoch genug machen, indem man das Geschoß fast massiv, mit Schwermetallen gefüllt und im Verhältnis zu seinem Kaliber sehr lang macht. Deshalb auch haben die Konstrukteure der Ferngeschütze die Querschnittsbelastung der zugehörigen Granaten stets erheblich höher, als sonst für gleiches Kaliber üblich, genommen, und es entsteht für das Problem der Mondkanone (s. u. S. 97) die Frage, ob es überhaupt eine Querschnittsbelastung gibt, welche genügt, um trotz des Luftwiderstandes eine Granate von ausführbarem Kaliber und einer noch einigermaßen nahe bei der parabolischen Geschwindigkeit ($V_p = 11\,182$ m/sec) liegenden Mündungsgeschwindigkeit zugleich durch den Luftmantel und das Schwerefeld der Erde zu treiben.

Wie man erkennt, sind also auch in bezug auf die Querschnittsbelastung der Geschosse dem Konstrukteur praktisch sehr enge Grenzen gezogen, besonders wenn das Kaliber vorgeschrieben, oder nur innerhalb eines geringen Spielraums veränderlich ist.

Ein Höchstleistungsgeschütz zu erbauen, ist daher eine äußerst schwierige technische Aufgabe, denn es gilt, die sich widersprechenden Bedingungen der einzelnen Wirkfaktoren zu dem im Sinne der gestellten Aufgabe bestmöglichen Ergebnis zu vereinigen. Etwas anderes ist es, wie im Kriege, auf verhältnismäßig nahen Zielen eine große Zerstörungskraft einwirken zu lassen, eine andere Sache, um jeden Preis größte Schußweiten zu erreichen.

e) Die Flugbahn der Geschosse ist im luftleeren Raume annähernd eine Parabel, nur bei sehr großen Wurfweiten und Steighöhen ist sie als Teil einer Keplerschen Bahnellipse um den Schwerpunkt des betreffenden Himmelskörpers anzusehen. Dabei findet man die größte Wurfweite überschläglich sofort, indem man die Mündungsgeschwindigkeit ins Quadrat erhebt und durch zehn teilt. Die Steighöhe bei diesem weitesten, unter 45^0 abgefeuerten Schuß beträgt dann $\frac{1}{4}$ der Wurfweite, dagegen die größte Steighöhe bei gleicher Mündungsgeschwindigkeit aber senkrechtem Schuß nach oben $\frac{1}{2}$ der größten Wurfweite, was sehr leicht zu merken ist. Dagegen gehört die Berechnung der Flugbahnen der Geschützgranaten im Luftkreis zu den mühsamsten und schwierigsten Problemen der äußeren Ballistik. Wir können daher nicht näher auf sie eingehen. Es sei nur so viel gesagt, daß das Geschoß des Infanteriegewehres nur 5% seiner Wurfweite im luftleeren Raum, nämlich 4 km statt 80 km erreicht, daß die kleineren Feldgeschütze 20—25%, die schweren Kaliber 25—30%, die schwersten Schiffs- und Küstengeschütze 30—35% der theoretischen Wurfweite erreichten. Nur die Fernkanonen kamen an 50% heran, weil ihre Granaten unter 54 bis 58^0 Neigung aufsteigend rasch die dichten Luftschichten durchstießen und erst in Höhen von äußerst geringem Luftwiderstande den theoretisch günstigsten Winkel von 45^0 Elevation erreichten. Wir geben, des Interesses wegen, anschließend die Bahndaten für eine Ferngranate, die 126 km weit tragen soll, auf grund strenger Formeln gerechnet. So ähnlich muß auch die Flugbahn jener Geschosse verlaufen sein, welche damals, 1918, wie Blitze aus heiterm Himmel, in Paris einschlugen. Die authentischen Daten für diese Geschosse sind natürlich strengstes Geheimnis.

Ferngeschütz	Neigung 0	Horizontal-abstand km	Höhe über dem Boden km	Geschoß-geschwindigkeit m/sec	Flugzeit sec
Abschuß	54	0,00	0,00	**1500**	0,0
	53	3,45	4,67	1300	4,2
	50	10,83	14,00	1060	14,3
	45	19,70	23,72	930	27,3
	40	26,80	30,33	860	38,2
	25	43,07	41,04	720	62,1
Scheitel	0	63,34	·46,20	**650**	94,5
	25	83,55	41,60	714	120,0
	40	99,06	31,20	840	150,5
	50	115,99	16,60	950	173,3
	53	122,00	6,12	945	191,0
	58	**126,00**	0,00	860	199,0

Die ganze Majestät dieser Zahlen enthüllt sich freilich erst, wenn man sie als Schaulinie aufträgt und zum Vergleiche die höchsten Berge der Erde und sonstigen bisherigen Höhenweltrekorde, welche der Mensch erreichte, in das Bild einträgt (siehe Abb. 26). 46200 m hoch stieg die Granate schon bei weitestem Schuß, annähernd 70000 m hoch würde sie bei senkrechtem

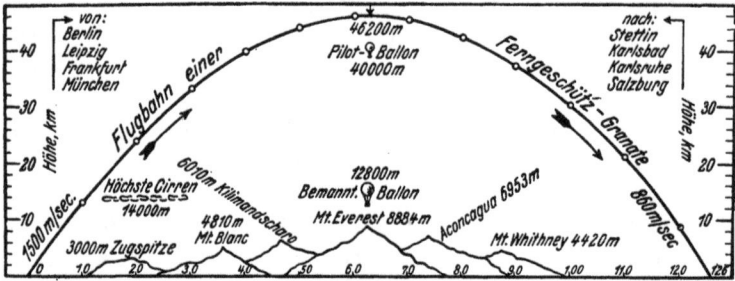

Abb. 26.

Abschuß gestiegen sein! Was ist daneben noch der Mount Everest, der höchste Berg der Erde mit seinen 8884 m! Und in nur 3 Minuten 20 Sekunden durchmaß die Granate die 150 km lange Bahn!

Für die Beurteilung eines senkrechten Kanonenschusses in den Weltenraum sei hier noch angefügt, daß nach eingehenden Untersuchungen der führenden Fernballistiker, es in diesem Falle gleichgültig bleibt, wie die Luftmasse auf dem Wege verteilt ist. Man darf sich daher für die Berechnung der Gesamtverzögerung, welche die Granate erfährt, statt der wirklichen, der sogenannten homogenen, isothermen Atmosphäre von 7800 m Höhe bedienen, die von unten bis oben gleich dicht wie unsere Luft am Meeresspiegel gedacht ist und in einer Säule von 7800 m Höhe dieselbe Luftmasse wie die wirkliche Erdatmosphäre enthält.

2. Bisherige artilleristische Höchstleistungen. — Ferngeschütze.

Zum Vergleich mit dem Problem der Mondkanone erscheint es ratsam, eine Übersicht über bisherige artilleristische Leistungen in Form einer Tabelle zu geben, sowie anschließend noch einiges über die Geschichte der Ferngeschütze, die ja am ehesten als Vorbild der Mondkanone dienen können, weil sie die bisher höchsten Mündungsgeschwindigkeiten erreichten, auszuführen.

94

Geschützart		Gewehr	Feldkanone	Schiffsgeschütz	Ferngeschütz	Küstenkanone	Engl. Fern-geschütz
Kaliber	cm	0,79	7,5	21,0	21,0	40,64	50,8
Kaliber-Querschnitt	cm²	0,49	44,2	346,4	346,4	1297,10	2026,8
Seelenlänge	Kaliber	101,50	26,7	50,0	~150,0	50,00	100,0
Seelenlänge	m	0,80	2,0	10,5	33,6	20,30	50,8
Rohrlänge	Kaliber	116,52	28,7	55,0	171,0	52,50	105,0
Rohrlänge	m	0,90	2,2	11,0	36,0	21,40	53,7
Rohrgewicht	kg	1,00	310,0	15450,0	142000,0	113100,00	550000,0
Geschoßgewicht	kg	0,01	6,5	125,0	100,0	920,00	2000,0
Mündungsgeschwindigkeit . . .	m/sec	900,00	600,0	940,0	1600,0	940,00	1340,0
Größte Schußweite	km	4,00	9,0	26,0	130,0	40,00	160,0
Mündungswucht	mT	0,413	119,3	5629,0	15360,0	41440,00	183000,0
Mündungswucht f. 1 kg Rohrgewicht	mkg	413	383,9	364,0	108,0	366,00	333,0
Mittl. Triebkraft	kg	516	59700,0	534850,0	457140,0	2039400,00	3602400,0
Mittl. Rohrdruck	atm	1053	1350,0	1544,0	1320,0	1572,00	1777,0
Mittl. Laufzeit	sec	$1/563$	$1/150$	$1/46$	$1/23$	$1/23$	$1/13$
Mittl. Leistung	PS	3100	238600,0	3359500,0	4735200,0	12780000,00	32780000,0
Mittl. Leistung/Rohrgewicht . .	PS/kg	3100	769,7	217,4	33,35	115,63	58,24

Selbstverständlich hat man in allen kriegführenden Staaten von jeher danach gestrebt, Höchstleistungsgeschütze zu bauen, denn je stärker die zerstörende Wirkung der Granaten und je größer die Wurfweite, um so mehr durfte man sich dem Gegner gewachsen bzw. überlegen fühlen.

Nach Stettbacher (»Die Schieß- und Sprengstoffe«, J. A. Barth, Leipzig 1919) hat die französische Artillerie schon 1895 Versuche mit einer 16½-cm-Kanone von 100 Kalibern Seelenlänge angestellt, wobei eine Mündungsgeschwindigkeit von 1200 m/sec erreicht und eine Schußtafel bis zu 80 km Entfernung aufgestellt wurde. In Deutschland gab den ersten Anstoß zu praktischer Fernballistik ein Schießversuch bei Krupp, wobei die Granate eines 24-cm-Geschützes entgegen der Erwartung der Berechner 48 km statt nur 32 flog. Und in England hat 1915 laut Augustheft des »Journ. of the Royal Artillery« ein Offizier sogar eine 20zöllige Kanone angegeben, die bei nur 1340 m/sec Mündungsgeschwindigkeit eine 2000 kg schwere Granate sogar 160 km weit werfen sollte. Er hatte aber wohl nicht bedacht, daß bei mindestens 100 Kalibern Seelenlänge das Geschützrohr 60—65 m lang werden und 600—800 Tonnen wiegen müßte, um die Mündungsleistung von 183000 Tonnenmeter herzugeben. Ebenso sind die Berechnungen jener französischen Offiziere vorläufig auf dem Papier stehengeblieben, welche in der Nummer vom 5. September 1918 von »La Croix« offenbar unter dem Einfluß der deutschen Beschießung von Paris sogar Fernkanonen für 240 und 480 km Tragweite angaben, wobei sie Mündungsgeschwindigkeiten von 1980 bzw. 2800 m/sec errechneten. Dagegen ist es beachtenswerter, daß die Franzosen seit 1924 Ferngeschütze besitzen, die (laut Zimmerle, »Waffenlehre«, Auflage 1926) eine 108 kg schwere Granate bei nur 1450 m/sec Mündungsgeschwindigkeit und bloß 160 kg Nitroglyzerinpulverladung 120 km weit zu schleudern vermögen. Ebenso ist die Rohrlänge von 23,1 m bei 21,1 cm Kaliber überraschend gering zu nennen.

Immerhin können die Konstrukteure der deutschen Ferngeschütze, Prof. Rausenberger und Prof. O. v. Eberhard, auch heute noch, nach zehn Jahren, den Ruhm für sich in Anspruch nehmen, mit der äußersten Wurfweite von 135 km ihrer Kanone bisher unübertroffen zu sein.

Dabei mußte das 142000 kg schwere, 36 m lange Rohr schon aus drei Stücken, einem 38-cm-Rohr, einem eingesetzten, mit Drall versehenen 21-cm-Rohr und einem glatt ausgebohrten Ansatzstück zusammengesetzt, und zur

Vermeidung von Durchbiegungen an einem brückenträgerartigen Gerüst aufgehängt werden. Trotzdem schwankte der Lauf, infolge der ungeheuren Wirkung der Explosion der 180—300 kg Nitroglycerinpulverladung, welche das etwa 100 kg schwere Geschoß mit einer Mündungsgeschwindigkeit bis zu 1600 m/sec verfeuerte, nach dem Abschuß noch 2 Minuten lang wie eine Gerte im Winde. — Es ist aber doch höchst wahrscheinlich, daß auch diese gewaltige Leistung die Möglichkeiten der deutschen Konstrukteure noch nicht erschöpfte, sondern daß sie, wenn der Krieg noch ein Jahr länger gedauert hätte, Mündungsgeschwindigkeiten von 1700—1800 m/sec erreicht und damit Wurfweiten von 200—250 km erzielt hätten. Denn noch etwas längere Rohre hätte man ohne Zweifel herstellen können und auch die Pulverchemie sah — nach Stettbacher — noch durchaus die Möglichkeit, den Energieinhalt der bis dahin stärksten Nitroglycerinpulver (von 1290 cal/kg bei 40% Sprengölgehalt) noch weiter bis hart an den Grenzwert der Sprenggelatine (von 1620 cal/kg bei 92% Nitroglycerin und 8% Schießbaumwolle) zu steigern und dabei doch durch die mildernde Wirkung des Hexanitroaethans und ähnlicher Hexanitrokörper die gefährlichen Eigenschaften der hochbrisanten Sprenggelatine zu bannen und ein langsam abbrennendes Treibpulver zu erhalten.

3. Das Problem der Mondkanone.

Nach diesen Vorbereitungen ist es nun endlich möglich an das Problem der Mondkanone heranzutreten und auch kritisch zu beurteilen, inwieweit das kühne Projekt, welches Jules Verne in seinem berühmten Roman »Die Reise zum Monde« ausführlich geschildert hat, modernen ballistischen Einsichten standhält. Ohne Zweifel hat sich Jules Verne von den ersten Fachleuten der damaligen Zeit beraten lassen und nicht, wie vielfach angenommen wird, als reiner Phantast frei erfundene Zahlen hingeschrieben.

a) Die Columbiade des Gun-Clubs.

Nachdem Verne im ersten Kapitel den »Gun-Klub« als eine Gesellschaft leidenschaftlicher Artilleristen dem Leser vorgestellt hat, deren Mitglieder »eine Achtung genießen, die in direktem Maßstabe dem Quadrate der Entfernung proportional ist, welche die Geschosse der von ihnen erfundenen Kanonen erreicht haben«, schildert er im Kapitel II die große außerordentliche Sitzung, in welcher der Präsident Barbicane, um die Klubmitglieder darüber hinwegzutrösten, daß ihnen kein Krieg auf Erden Gelegenheit gibt, ihrem ballistischen Ehrgeiz zu fröhnen, den Vorschlag macht, die Erreichung des Mondes durch ein Geschoß zu bewerkstelligen. Den Höhepunkt der Rede bildet ihr Schluß, an welchem Barbicane voraussetzt, daß es den Mitgliedern des Gun-Klubs nicht unbekannt sein könne, daß die Widerstandskraft der Kanonenrohre und die Treibkraft des Pulvers ohne Grenzen sind, worauf er schließt: »Ich habe die Frage unter allen Gesichtspunkten betrachtet, habe sie entschlossen angefaßt, und aus meinen unbestreitbaren Berechnungen ergibt sich, daß jedes Geschoß, das mit einer anfänglichen Geschwindigkeit von 12000 Yards in der Sekunde in der Richtung nach dem Monde hingeschleudert wird, notwendig dort anlangen muß. Ich habe daher die Ehre, meine wackern Kollegen, Ihnen dieses kleine Experiment vorzuschlagen.« (12000 Yards sind etwa 11200 m.)

Kapitel III schildert die Wirkung dieser Rede aufs Publikum. Im IV. Kapitel wird ein astronomisches Gutachten vom Observatorium in Cambridge eingeholt. Die Fragen lauten:

1. Ist's möglich, ein Geschoß nach dem Monde zu schleudern? Antwort: Jawohl, wenn man ihm eine Mündungsgeschwindigkeit von 11200 m/sec erteilt.

2. Welches ist die genaue Entfernung des Mondes? — Antwort: diese ist wegen der Bahnexzentrizität verschieden. Die geringste ihrer beiderseitigen Mittelpunkte beträgt 357000 km. Davon Erd- und Mondhalbmesser (6378 km und 1735 km) abgezogen, gibt als Abstand ihrer Oberflächenpunkte 348900 km.

3. Binnen welcher Zeit hätte das Geschoß bei hinreichender Anfangsgeschwindigkeit diesen Abstand zu durchfliegen; folglich, in welchem Zeitpunkte wird man es abschleudern müssen, damit es in einem bestimmten Moment auf dem Monde eintreffe? — Antwort: 97 h 13 m 20 s wird es brauchen. Um soviel Zeit früher muß man abfeuern, wenn das Geschoß zu einem bestimmten Zeitpunkte auf dem Mond anlangen soll.

4. Wann steht der Mond in der günstigsten Stellung? Antwort: wenn er in Erdnähe und im Zenit des Geschützes steht.

5. Nach welchem Punkt des Himmels muß das Geschütz gerichtet sein? — Antwort: nach dem Zenit; es muß drum ein Ort auf der Erde gewählt werden, in dessen Zenit der Mond stehen kann, also ein Ort zwischen $\pm 28^0$ geogr. Breite.

6. An welcher Stelle wird der Mond sich am Himmel befinden, wenn das Geschoß abgefeuert wird? — Antwort: 64^0 vom Zenit, denn soviel macht die Bewegung des Mondes in den 97 Stunden aus, inbegriffen, was die Erdrotation das Geschoß mit sich reißt.

Wie man sieht, arbeitet Jules Verne darauf hin, den einfachsten Fall zu wählen, damit der Leser die Sache am besten begreift. Er will dem laufenden Monde gerade so vorzielen, wie einem Hasen, den man von einem langsam fahrenden Wagen aus schießen will, wobei man eben auch die Eigengeschwindigkeit des Wagens zu berücksichtigen hat. Die Kugel soll nahezu eine gerade Linie von der Erde zum Monde fliegen. In Wahrheit würde sie, wie sich aus der Zusammensetzung des Geschwindigkeits-Parallelogramms für jeden Punkt ergibt, infolge des Zusammenwirkens des Erdrotationsanteils mit dem Antrieb des Schusses eine S-förmige Kurve mit einem Wendepunkte sein.

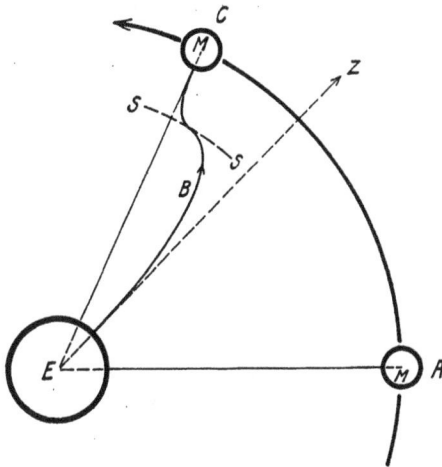

Abb. 27. Weg des Geschosses, welches der Gun-Club zum Monde senden wollte. Z Zielrichtung im Augenblick des Abschusses, in welchem sich der Mond im Orte A befand. C Mondstellung, in welcher das Geschoß auf ihm anlangt. B Geschoßbahn, S—S Schwerefreie Linie zwischen Erde und Mond. (Das Bild ist nur schematisch, nicht maßstäblich richtig.)

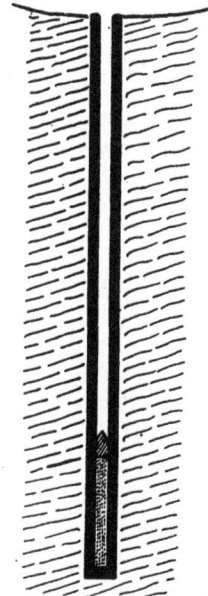

Abb. 28. Senkrechter Schnitt durch Barbicanes Columbiade.

Im Kapitel VII beginnt dann die Debatte über die Kugel. Man kann nicht sagen, daß sie sehr sachlich geführt wird. Das Gefühl und die Begeisterung geben den Ausschlag. Die Größe, d. h. der Außendurchmesser der Kugel (man denkt zunächst nur an eine solche, nicht an ein Langgeschoß!) wird aus der Bedingung abgeleitet, daß man sie mit stärksten Fernrohren auf ihrem ganzen Wege und auch beim Eintreffen auf dem Monde noch soll sehen können. Präsident Barbicane glaubt mit einem neu zu erbauenden Riesenspiegel auf dem höchsten Berge Amerikas eine 48 000 fache Vergrößerung erreichen und einen Körper von

9 Fuß Durchmesser auf der Mondoberfläche noch sichten zu können, drum soll die Kugel 9 Fuß (= 108 amerik. Zoll à 25 mm = 2,70 m) im Durchmesser erhalten. Die Sitzung nimmt ihren Fortgang.

Zuerst soll die Kugel massiv und aus Gußeisen gemacht werden. Das macht dem Major Elphiston bange. Daraufhin schlägt Barbicane eine Hohlkugel vor, die nur 2½ t wiegen soll. Schließlich einigt man sich, eine Aluminiumhohlkugel zu nehmen, die 20 000 Pfund, also 10 t wiegen soll. Die Wände sollen 12 Zoll dick sein. Am Schlusse der Debatte wird den Herren nur noch vor dem Kostenpunkt Angst, denn das Aluminium wird von Jules Verne zum damaligen Preise von 9 Dollar das Pfund gerechnet. Heute kostet das Kilogramm kaum 1 Mark im großen, der Preis würde also keine Rolle mehr spielen.

Im VIII. Kapitel befaßt sich der Ausschuß des Gun-Klubs mit der Frage des Geschützes. Seine Aufgabe ist bekannt, es soll die 10 t schwere Kugel mit einer Geschwindigkeit von 11 200 m aus der Mündung schleudern; der Hohldurchmesser ist auch gegeben, denn das Geschoß soll 270 cm Durchmesser besitzen. Die Frage ist jetzt, wie lang das Geschützrohr werden muß und wie dick seine Wandungen sein sollen, um den Explosionsdruck der Pulvergase auszuhalten.

J. T. Maston, der ungestüme Sekretär des Gun-Klubs ruft gleich dazwischen, er verlange, daß das Geschütz mindestens eine halbe Meile lang gemacht werden solle (1 engl. Landmeile = 1,61 km, also 800 m). Der Übertreibung beschuldigt, wehrt er sich energisch. Der Vorsitzende meint, gewöhnlich seien die Geschütze 20—25 mal so lang, wie ihr Kaliber, darauf ihm Maston ins Gesicht sagt, ebensogut könnte man mit einer Pistole gegen den Mond schießen. Endlich einigt man sich auf die hundertfache Kaliberlänge, also 900 Fuß oder 270 m. Dies ist, wie wir vorhin sahen, tatsächlich ganz gut geraten; auch soll das Rohr, um die R e i b u n g zu vermindern, keinen Drall erhalten, sondern glatt ausgebohrt werden. Ebenso soll die Pulverkammer dieselbe Weite wie die Rohrseele haben. Als Wandstärke werden sechs Fuß vorgeschlagen und auch ohne Einwendung angenommen. Die Kanone soll lotrecht stehend aus Gußeisen einfach in die Erde gegossen werden. J. T. Maston berechnet, daß sie 68 040 t wiegen wird. Dabei nimmt Barbicane offenbar an, daß die umgebende Erde das in sie versenkte Rohr derart zusammenhalten wird, daß es nicht springen kann. Das ist einigermaßen glaublich, wenn man sich das Kanonenrohr in sehr hartes und homogenes

Felsgestein, wie Granit, Porphyr u. dgl. von großer Mächtigkeit eingelassen denkt. Dann erscheint nämlich das gegossene Metallrohr eigentlich nur als Innenauskleidung des steinernen wirklichen Geschützrohres, dessen Wandstärke unangebbar ist.

Das IX. Kapitel ist der Pulverfrage gewidmet. Verne läßt dabei seine Helden so rechnen: 1 l Pulver wiegt 900 g und erzeugt, zur Explosion gebracht, 4000 l Gas. Bei gewöhnlichen Kanonen beträgt die Pulvermenge $^2/_3$ vom Gewichte des Geschosses, bei großen Geschützen geht sie aber auf $^1/_{10}$ herab. Worauf Maston meint, wenn diese Theorie richtig sei, dann brauche man nur das Geschütz groß genug zu machen, um überhaupt kein Pulver mehr zu benötigen. Aber die Sitzung wird bald wieder ernst, und als man sich schon auf ein gewisses Rodmannsches Pulver geeinigt zu haben scheint, naht der Augenblick, die Pulvermenge zu bestimmen. Die Herren sehen sich an und raten. 100 t will ein gewisser Morgan, 250 t schlägt Elphiston vor und Maston, der ungestüme Sekretär, fordert 400 t. Doch diesmal wird er von dem Präsidenten Barbicane nicht nur nicht getadelt, sondern dieser findet auch das noch zu wenig und verlangt Verdoppelung auf 800 t, was ein Gewichtsverhältnis der Kugel zum Pulver wie 1 : 80 ergibt.

Die Unterbringung der gewaltigen Pulvermenge macht den Herren freilich noch Sorgen genug. Es zeigt sich, daß 800 t Schießpulver das Kanonenrohr zur Hälfte füllen würden, so daß das verbleibende Rohrende zu kurz wird. Endlich findet man in der Schießbaumwolle ein Auskunftsmittel. Die Sitzung schließt in der Überzeugung, daß 54 m hoch Schießbaumwolle in den Kanonenschlund gestopft dieselbe Treibkraft wie Barbicanes 800 t Pulver entwickeln werden und das Geschoß bis zur Mündung auf 11 200 m/sec zu beschleunigen vermögen.

Da das Rohr im ganzen 270 m lang ist, davon aber 54 m als Pulverkammer fortfallen, hat die Kugel nur einen Weg von 216 m oder 80 Kaliberlängen im Lauf zur Verfügung, auf dem ihr die gesamte Mündungswucht von 64 Milliarden mkg übertragen werden muß, die sich aus ihrem Gewicht von 10 000 kg und der geforderten Mündungsgeschwindigkeit von 11 200 m/sec berechnet. Daraus folgt weiter der mittlere Rohrdruck zu 5175 Atm., die mittlere Laufzeit zu $^1/_{26}$ sec, die Schußleistung zu 22,2 Milliarden PS.

Über die Rolle des Luftwiderstandes finden wir bei Jules Verne nur im VIII. Kapitel Barbicanes leicht hingeworfene Bemerkung, »daß dieser unbedeutend sein wird«. Es ist notwendig, dieser Sache doch etwas genauer nachzugehen, denn wir haben schon öfters die begeisterten Mitglieder des Gun-Klubs etwas unzuverlässig gefunden.

Wir müssen zwei Arten des Luftwiderstandes unterscheiden, nämlich den der Luftsäule im Kanonenrohr und den der freien Luft, nachdem das Geschoß die Mündung der Kanone bereits verlassen hat.

Im Moment der Explosion hat Barbicanes Kugel eine 216 m hohe, 2,70 m im Durchmesser haltende Luftsäule im Geschützlauf über sich, die nirgends seitlich ausweichen kann, sondern von dem mit furchtbarer Geschwindigkeit herauffahrenden Geschosse vor sich her wie eine Stahldrahtspiralfeder zusammengepreßt wird. Da die Geschoßgeschwindigkeit die Schallschnelligkeit vielmal, zuletzt mehr als 30 fach überschreitet, kann diese Luft auch nicht einmal nach oben aus der Geschützmündung entweichen, weil sie dazu keine Zeit hat, sondern es ist fast geradeso, als ob die Kanone an der Mündung durch einen Deckel verschlossen wäre. Kurz, die aus der Mündung fahrende Kugel wird von dieser zusammengepreßten Luft wie von einer Zipfelmütze bedeckt sein, die erst von diesem Augenblicke an seitlich auseinanderflattert. Technisch gesprochen muß das Geschoß also die ganze Masse dieser Luftsäule auf seine eigene Geschwindigkeit beim Verlassen der Geschützmündung beschleunigen und noch die Kompressionsarbeit leisten.

Nun berechnet sich der Rauminhalt der 216 m hohen Luftsäule in Barbicanes Kanone zu 1237 m³. Das Gewicht der Luftsäule bzw. nachherigen Luftkapuze beträgt bei 1,2 kg pro Raummeter rund 1500 kg, also etwa ¹/₆ vom Gewichte des Geschosses. Um diese Masse auf 11 200 m/sec zu beschleunigen, ist also nochmals ein Aufwand gleich einem knappen Sechstel jener 63,78 Milliarden mkg erforderlich, für Kompression und Beschleunigung zusammen also etwa 14 Milliarden mkg. Erinnern wir uns, daß der mittlere Explosionsdruck der Pulvergase hinter dem Geschoß nicht hoch über 5000 Atm. herauskam und daß diese Zahl wohl anfangs hoch überboten, später, je mehr sich das Geschoß aber der Mündung nähert, auch erheblich unterschritten wird, so könnte es kommen, daß, noch bevor das Geschoß aus der Mündung fährt, der ansteigende Druck der vor ihm komprimierten Luft höher wird als der abnehmende der Pulvergase hinter dem Geschoß, so daß es im Lauf abgebremst wird.

Glücklicherweise lassen sich diese ganzen wohlgemessenen 14 Milliarden mkg Widerstand der Luftsäule im Rohr ersparen, wenn man so schlau ist, das Geschütz kurz vor dem Abfeuern luftleer zu pumpen. Natürlich muß man dann auf die Mündung einen Deckel machen, der sehr leicht und nur so stark zu sein braucht, daß ihn der äußere Luftdruck nicht eindrückt. Das nunmehr mit unverminderter Kraft in voller Schnelle aus dem Rohre fahrende Geschoß wird ihn mit Leichtigkeit und dem Aufwande weniger Zehner von Meterkilogramm zerschmettern.

Schlimmer steht es mit dem Widerstand der freien Luft. Wohl nimmt er vom Augenblick, in welchem das Geschoß die Mündung verläßt, rasch ab und beträgt am Ende der ersten Sekunde nur mehr $1/_5$ vom Ausgangswerte, aber immerhin macht er für eine Mündungsgeschwindigkeit von 11 200 m/sec und einen Formwert des Geschosses von $p = 1/_6$ etwa 230 Atm. aus. Demgegenüber erscheint Barbicanes hohle Aluminiumgranate wie eine Seifenblase, die jemand mit einem Billardstock gegen einen Sturmwind vorstoßen wollte.

Wegen seiner geringen Wandstärke würde nämlich das Geschoß schon im Kanonenrohr durch die furchtbare Pressung der von rückwärts nachdrängenden Pulvergase und des von vorne entgegendrückenden Widerstandes der Luftsäule im Rohre plattgedrückt worden sein, selbst wenn es sich nicht im Laufe festgefressen hätte, was durchaus wahrscheinlich gewesen wäre. Barbicane erwähnt nämlich nichts von Führungsringen, die zwar hier nicht wegen des Dralls, aber wegen der Ausdehnung des Aluminiums im Sinne der Kolbenringe bei unseren Automobilmotoren notwendig gewesen wären. Er hatte übersehen, daß Aluminium einen dreimal größeren Ausdehnungskoeffizienten als Gußeisen besitzt.

Aber auch abgesehen von allem diesem hätte die Granate niemals den Luftkreis zu durchschlagen vermocht, denn dazu war ihre Querschnittsbelastung mit 10 000 kg/57 256 cm^2 = 175 g/cm^2 viel zu gering. Auf 11 200 m/sec gebracht, enthielt sie pro Kilo Gewicht wohl 6,4 Millionen kg, pro cm^2 Querschnitt aber nur 1,12 Millionen mkg, d. i. kaum 60% von dem, was der Gesamtluftwiderstand allein verschlingen mußte, wenn sie die parabolische Geschwindigkeit eingehalten hätte. Daraus folgt klar, daß die berühmte Granate des Gun-Klubs, wenn sie nicht schon im Rohre ein unrühmliches Ende fand, in der ersten Sekunde in der Luft stecken geblieben wäre. Weit entfernt, zum Monde zu gelangen, würde sie, selbst wenn sie nicht schmolz, nur einen lächerlich kleinen Bogen über der Erde beschrieben haben, ein Einwand, den Jules Verne im Roman erwähnt (dort allerdings übergeht), um dem kundigen Leser durch die Blume zu sagen, daß er selbst schon gewußt hat, warum Barbicanes Columbiade sich nicht in die Wirklichkeit umsetzen läßt.

b) Die Mondkanone in fern-ballistischer Betrachtung.

Vom neuzeitlichen Standpunkt aus gilt es zunächst die ein-schließlich des Luftwiderstandes erforderliche Mündungsgeschwin-digkeit für das in Frage kommende Kaliber, bei einer möglichen Querschnittsbelastung und Formgebung der Granate, zu berech-nen. Man wird auf zwei fächerförmige Kurvenscharen geführt, die zum Teil Schnittpunkte , zum Teil keine solchen miteinander gemeinsam haben. Die ersten bedeuten mögliche Lösungen des Problems bei endlicher Mündungsgeschwindigkeit, die letzten sagen an, daß es für die betreffende Querschnittsbelastung und Geschoßform überhaupt keine noch so große Geschwindigkeit mehr gibt, bei welcher der in der Granate dann vorhandene Über-schuß an Wucht über das Schwerefeld der Erde hinreichen würde, den zugehörigen Luftwiderstand zu überwinden. Die günstigsten Lösungen sind folgend in Tafelform einander gegenübergestellt:

Querschnittsbelastung	2 kg/cm²	1,5 kg/cm²	1,0 kg/cm²	0,75 kg/cm²	0,50 kg/cm²	1/3 kg/cm²
Mündungs-V	km/sec	km/sec	km/sec	km/sec	km/sec	km/sec
für Formwert p $1/2$	14,65	16,80	27,70	—	—	—
» » » $1/3$	13,15	13,95	16,75	21,90	—	—
» » » $1/6$	12,05	12,40	13,15	14,10	16,85	27,50
» » » $1/12$	11,55	11,57	12,06	12,55	13,15	14,65
für 30 cm Kaliber Geschoßgewicht .	—	1060,35	706,90	353,45	—	—
Mündungswucht für $p = 1/6$ in Metertonnen pro cm²	8 309 400	6 230 700	5 120 400	—	—	

Man erkennt hieraus, daß z. B. bei der technisch durchaus möglichen Querschnittsbelastung von 1 kg/cm² eine Mündungs-geschwindigkeit von 13150 m/sec (statt 11182 m/sec im luft-leeren Raum) genügen müßte, um eine Granate vom Formwert $p = 1/6$ bis zum Monde hinaufzutreiben. Diese Geschwindigkeit hängt nur von der Querschnittsbelastung und dem Formwert, aber nicht vom Kaliber ab. Die Frage ist nur, ob auch eine Möglichkeit besteht, der Granate diese Mündungsgeschwindigkeit mitzuteilen. Das kann nur die Berechnung entscheiden:

Theoretisch ist es (nach S. 87) freilich sehr leicht, die erforderliche Ka-none zu berechnen, denn aus der Mündungswucht von 8 646 500 mkg/cm² des Geschoßbodens folgt, wenn man einen mittleren Rohrdruck von 6000 Atm. gelten läßt, eine Seelenlänge von 1441 m. Wollte man auf die von Jules Verne in seinem Roman angenommene Lauflänge von 216 m kommen, so müßte der mittlere Rohrdruck gerade genau 40 000 Atm. betragen. Nehmen wir auf Grund der Erfahrungen an den Ferngeschützen an, daß 150 Kaliber Seelenlänge der höchsten Mündungsgeschwindigkeit entsprechen, so kommen wir für die Mondkanone auf ein Kaliber von 144 cm, könnte man bei besonders glattem Rohr 208 Kaliber Seelenlänge nehmen, so würde ein Kaliber von genau 1 m ausreichend sein. Indessen nützt dies alles praktisch nichts, da ein derartig hoher mittlerer Rohrdruck mit unseren heutigen Treibstoffen weder erzeugt, noch von unseren besten Stahlqualitäten als Rohrwandung ertragen werden kann.

Das Ergebnis ist, wie man sieht, negativ, d. h. es ist mit unseren heutigen technischen Hilfsmitteln einfach ausgeschlossen, eine Granate bis auf den Mond zu verfeuern. Indessen braucht uns dies nicht allzusehr leid zu tun, denn selbst wenn es möglich wäre, so könnten doch niemals Menschen in ihr, wie es Jules Verne beschreibt, eine Reise zu unserem Trabanten antreten, denn die Beschleunigung beim Abschuß würde mehr als 300 000 m/sec² betragen, das ist rund 1000 mal mehr als der Mensch bestenfalls ohne vom Andruck zermalmt zu werden, aushalten kann. Eine unbemannte Granate mit einem Aufwande von vielen Millionen Goldmark in den Raum hinauszutreiben, hätte aber wenig Sinn, denn was nützte es schon, die Schar der Milliarden Nickeleisenmeteore noch um eine stählerne Granate zu vermehren.

IV. Raketen.

Als Rakete bezeichnen wir ganz allgemein jede Maschine, die sich kraft des Rückstoßes der entweichenden Gase eines selbst mitgeführten explodierenden Treibmittels fortbewegt.

Die theoretische Erkenntnis, daß raketenartige Maschinen sich auch im luftleeren Raume aus eigener Kraft auf der Grundlage des jetzt abzuleitenden Satzes von der Erhaltung des Schwerpunktes bewegen können, hat schon Isaak Newton 1687 in seinen Vorlesungen über Himmelsmechanik ausgesprochen. Den einwandfreien, praktischen Nachweis im Laboratorium aber hat Prof. R. H. Goddard, wie er selbst in seinem Werke (A Method of reaching extreme Altitudes-Smithsonian Edition 1919) ausführlich darlegt, im Jahre 1917 erbracht, als er Raketen, kontrolliert durch genaue Meßapparate, in luftleeren Kammern abbrannte und fand, daß sie genau denselben, ja eher noch einen etwas besseren Rückstoß ergeben als beim Abbrennen in der freien Luft. Damit ist der Einwand, der von Laien immer wieder vorgebracht wird, endgültig widerlegt, die Meinung nämlich, daß sich die

Raketen auf die Luft stützen und deshalb im luftleeren Raume nicht sich in Bewegung zu setzen vermögen.

a) Der Satz von der Erhaltung des Schwerpunktes.

Um die Wirkungsweise des Rückstoßprinzips recht zu verstehen, wollen wir zunächst einige einfache Versuche betrachten.

Denken wir uns zwei gleichmassige Kugeln und zwischen sie eine Spiralfeder im zusammengepreßten Zustande hineingetan,

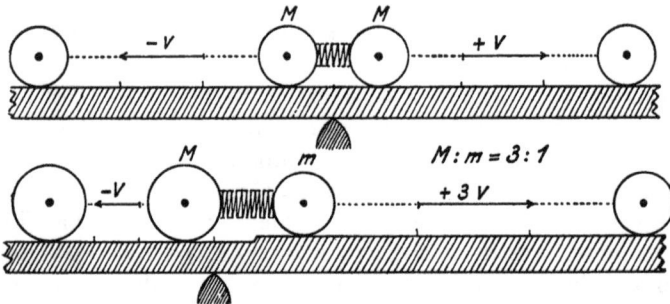

Abb. 29. Kugelbeispiele auf dem Wagebalken zur Erklärung des Satzes von der Erhaltung des Schwerpunkts. (Näheres im Buchtext.)

so wird diese, losgelassen, die Kugeln nach beiden Seiten auseinandertreiben, und zwar mit der gleichen Kraft, ist es doch von selbst klar, daß der Druck einer solchen Feder an sich nach beiden Seiten gleichgroß sein muß. Beide Kugeln erhalten also, anders ausgedrückt, einen gleichen Bewegungsantrieb, da die Kraft dieselbe ist. Sind nun auch ihre Massen gleich, so ist es selbstverständlich, daß auch die empfangenen Beschleunigungen und damit auch die Endgeschwindigkeiten dieselben sein müssen. Beide Kugeln bewegen sich demnach in ganz gleicher Geschwindigkeit nach entgegengesetzten Richtungen fort. Daraus folgt aber: daß ihr gemeinsamer Schwerpunkt an seiner alten Stelle bleibt.

Nun ändern wir unser Beispiel ab. Wir nehmen jetzt eine große Kugel und eine kleine, so daß sich die Massen verhalten wie 3 : 1 und setzen wieder die gespannte Spiralfeder dazwischen.

Die wirkende Kraft ist nach beiden Seiten die gleiche; die Massen aber sind verschieden. Infolgedessen muß nach dem Satze Kraft = Masse × Beschleunigung auch die erteilte Endgeschwindigkeit verschieden sein, und zwar genau im umgekehrten Ver-

106

hältnisse wie die Massen. Die dreimal leichtere Kugel wird die dreimal größere Geschwindigkeit erlangen. Betrachten wir wieder das Verhalten in bezug auf den ursprünglichen, gemeinsamen Schwerpunkt beider Massen, dann sehen wir, daß dieser auch jetzt erhalten bleibt, denn zu jedem beliebigen Zeitpunkte wird immer die kleinere Masse sich dreimal so weit vom alten Schwerpunkt entfernt haben, als die große Masse nach der andern Seite ausgewichen ist. Es ist dabei gleichgültig, ob, wie in unserem Beispiele, die beide Massenteile auseinandertreibende Kraft erst in irgendeiner Gestalt (Spiralfeder u. dgl.) zwischen sie hineingetan wird, oder ob sie ihnen selbst irgendwie innewohnt, wie z. B. bei der krepierenden Granate oder dem zerplatzenden Schrapnell. Wie viele Sprengkugeln oder Granatsplitter dabei auch immer nach allen Richtungen auseinanderstreben, stets geschieht es so, daß deren gemeinsamer Schwerpunkt auf der alten ballistischen Kurve weiterfliegt, als ob das Geschoß ungeteilt geblieben wäre. Bei den allbekannten und zur Verschönerung unserer Nachtfeste beliebten Feuerwerksraketen ist es das abbrennende Pulver, das, sich selbst vergasend, in jedem Augenblicke die Rolle der Spiralfeder übernimmt, indem es seine eigenen Moleküle aus der Düse der Rakete hinaustreibt. Mit vollem Rechte dürfen wir daher auch jedes Molekülchen der kleinen Kugel im zweiten theoretischen Beispiel gleichachten, während die Masse der noch übrigen Rakete als die große Kugel erscheint, nur daß das Massenverhältnis jetzt nicht mehr 1 : 3, sondern 1 zu soundsovielen Trillionen ist.

Man nennt die Erkenntnis, welche wir aus solchen Versuchen gewinnen konnten, den »Satz von der Erhaltung des Schwerpunktes«. Er gilt in jedem Schwerefelde, im lufterfüllten wie im luftleeren Raum, ja ungestört eigentlich nur im luft- und schwerefreien Felde, während im Luftraum und unter der Schwerewirkung die Beiträge des Luftwiderstandes und der Schwerkraft als Störungen in Erscheinung treten. Auf diesem einfachen Satze beruht nun die ganze Raketentechnik.

b) Das Rückstoßgesetz und seine Anwendung.

Da es uns hier weniger interessiert, ob bei einer Massentrennung der alte Schwerpunkt erhalten bleibt, als vielmehr, was die sich trennenden Massen anfangen werden, ist es nötig, den Schwerpunktssatz in das Rückstoßgesetz umzuformen. Man kann ihn nämlich auch so aussprechen:

Wenn sich zwei Massen aus innewohnender oder zu ihrem System gehöriger Kraft voneinander trennen, dann ist das Produkt aus Masse $\times$ Geschwindigkeit nach der einen Seite stets gleich dem Produkt aus Masse $\times$ Geschwindigkeit nach der andern Seite. Daraus folgt aber sofort durch einseitige Auslegung: Wenn eine Masse Teile von sich aus eigener Kraft nach einer Richtung ausstößt, dann erfährt sie dadurch selbst eine in entgegengesetzter Richtung wirkende Rückstoßkraft, die gleich ist dem Produkt aus der Masse mal der Geschwindigkeit der abgestoßenen Teile.

Dagegen ist die Wucht oder lebendige Kraft, welche die beiden sich trennenden Massen nach entgegengesetzten Seiten entführen, voneinander verschieden, und zwar dem Massenverhältnis reziprok. D. h. ist die Granate 1000mal leichter als das Rohr, so entführt sie das Tausendfache an Wucht, im Vergleich zum zurückweichenden Geschützrohr.

Mathematisch angeschrieben also:

$$M_1 V_1 = M_2 V_2, \text{ aber } \tfrac{1}{2} M_1 V_1^2 \neq \tfrac{1}{2} M_2 V_2^2.$$

Dieser letzte, meist übersehene oder doch zu wenig gewürdigte Umstand ist es aber gerade, der es uns ermöglicht, das Rückstoßgesetz technisch für gewünschte Bewegungseffekte nutzbar zu machen.

Genau besehen gilt das Rückstoßgesetz auch schon für die Bewegungsweise eines Fußgängers, Automobils, einer Eisenbahnlokomotive oder sonst eines beliebigen Fahrzeuges, das sich durch direkte oder durch die Reibung vermittelte Abstützung vom festen Erdboden fortbewegt. Nur weil die Masse der Erde unendlich groß ist gegenüber der Masse z. B. eines Fußgängers, wird es nicht bemerkbar, wie der Erdball von den Füßen zurückgedrängt wird. In analoger Weise gilt für die Bewegungsweise eines Ruderbootes, Schraubendampfers oder Flugzeuges, die sich in einem flüssigen bzw. gasförmigen, in sich leichtbeweglichen Mittel unabhängig vom festen Erdkörper vorwärts arbeiten, das Rückstoßgesetz, denn auch hier ist das Produkt aus der sekundlich durch die Ruder, Schrauben oder Propeller zurückgeworfenen Wasser- bzw. Luftmenge mal ihrer Geschwindigkeit gleich der Kraft, welche die Maschine nach vorwärts drückt. Nur tritt hier wegen der vielen Störungsfaktoren die Gesetzmäßigkeit nicht so deutlich hervor, wie z. B. beim Abfeuern einer Schußwaffe.

Jedermann, der jemals eine Pistole oder ein Gewehr abgedrückt hat, weiß nämlich, daß die Hand bzw. Schulter des Schützen dabei einen recht merkbaren Rückschlag der Waffe aufzunehmen hat, der um so ärger ist, je geringer das Gewichtsverhältnis von Waffe und Geschoß zueinander ist.

Bei den Geschützen, besonders den großen Kalibern, wird der Rückstoß so gewaltig, daß er das Geschütz aus seiner Stellung werfen, die Lafette verbiegen oder die Bettung zerschmettern würde, wenn man nicht dem Rohre eine angemessene Rücklaufmöglichkeit bieten würde, so daß sich die empfangene Wucht des Rückstoßes auf einer genügend langen Bremsstrecke totlaufen kann, ohne daß unzulässige Rückdruckkräfte auftreten. Das Abfeuern der schweren Kaliber der neuzeitlichen Schiffs- und Küstengeschütze wäre ohne raffiniert ausgedachte, bis ins kleinste durchgearbeitete Rücklaufbremseinrichtungen vollkommen ausgeschlossen.

Wird z. B. ein Geschoß vom Gewicht $G_0 = 10$ g aus einem Armeegewehr vom Gewicht $G = 4000$ g, bei einer Seelenlänge von $S = 0,8$ m mit einer Mündungsgeschwindigkeit von $V_0 = 900$ m/sec verfeuert, so weicht das Gewehr, genau der Beschleunigung des Geschosses entsprechend, während dieses aus dem Laufe fährt, um $(G_0/G) S = 2$ mm zurück und erlangt dabei im Moment, in welchem das Geschoß die Mündung verläßt, die Rückwärtsgeschwindigkeit $(G_0/G) V_0 = 2,25$ m/sec.

Der Rückstoß tritt naturgemäß bei der elektrischen Solenoid-Kanone gemäß der in jeder Spule erzeugten Beschleunigung ebenso auf wie im Pulvergeschütz. Nur der Rohrdruck fällt hier fort.

Beim Kanonenschuß ist der Rückstoßeffekt durchaus unerwünscht, denn die Energie, welche in der lebendigen Kraft des rückwärts beschleunigten Rohres steckt, ist für das Abschleudern der Granate verloren. Man sucht daher durch sehr schwere Ausführung der Kanonenrohre die schon bei leichtem Feldgeschütz das 150—200fache, bei schwerem Kaliber das 300 bis 500fache, bei den Ferngeschützen sogar das 1000—1400fache vom Geschoßgewicht wogen, die Rücklaufgeschwindigkeit der Rohre zu mäßigen und auch sonst noch durch alle möglichen Kniffe (so z. B. die Schneidersche Mündungsbremse) um einige weitere m/sec zu vermindern, um dafür womöglich dem Geschoß noch einige absolute (d. h. auf den festen Erdboden bezogene) m/sec Fluggeschwindigkeit mehr mit auf den Weg zu geben, da ja die Granate möglichst viel von der Gesamtenergie des Schusses in Gestalt ihrer Flugwucht in sich aufnehmen soll.

Für den Erbauer von hochleistungsfähigen Raketen dagegen gilt gerade der gegenteilige Gesichtspunkt. Hier soll die lebendige Kraft, welche die Hülse der Rakete (die hier die Stelle des Geschützrohrs vertritt) in Gestalt ihrer idealen Endgeschwindigkeit nach Abbrennen der ganzen Treibstoffladung von dannen trägt, möglichst groß werden, während es gleichgültig bleibt, was die ausgestossenen Verbrennungsgase anfangen (die hier die Stelle der Granate vertreten). Man wird daher die Hülse bzw. die leere Raketenmaschine, im ganzen möglichst leicht im Vergleich zum Gewichte der mitgeführten Treibstoffe zu machen trachten, so daß das Massenverhältnis der startbereit gefüllten zur leergebrannten Rakete (M_0/M_1) möglichst groß wird.

Aber auch in anderer Beziehung ist die Rakete gewissermaßen das Gegenteil von der Kanone.

Beim Kanonenschuß ist es der Druck der hinter dem Geschosse eingeschlossenen Gase, welcher dieses so lange beschleunigt, bis es die Mündung des Geschützrohres erreicht. In diesem Augenblicke ist daher seine Geschwindigkeit am größten, denn schon in der nächsten Sekunde wirken Schwerkraft und Luftwiderstand zusammen, sie zu vermindern. Bei der Rakete dagegen ist es der Rückstoß der von ihr selbst ausgeschleuderten Gase, der ihren Auftrieb bewirkt und daher die ganze Maschine so lange beschleunigt, als die Rakete brennt, bzw. bis die mitgeführten Treibstoffe aufgebraucht sind. Die Geschwindigkeit der Rakete ist also anfangs am geringsten und erreicht ihren Höchstwert erst am Schluß, außerdem kann (theoretisch wenigstens) die Beschleunigung beliebig gewählt und durch entsprechende Regulierung der Verbrennung auch eingehalten werden, was die Rakete grundsätzlich zum Transport von Menschen geeignet macht.

c) Das Antriebsgesetz der Rakete.

Es läßt sich auch ohne die Hilfe höherer Berechnungsformeln leicht einsehen, wie es durch kluge Nützung des Rückstoßgesetzes und Schwerpunktssatzes möglich ist, daß eine Raketenmaschine bei entsprechender Bauart sich selbst eine hohe Endgeschwindigkeit erteilen kann.

Wir denken uns, als vereinfachtes Sinnbild einer Rakete, eine stangenförmige Masse M_0. Ihr Schwerpunkt S_0 befinde sich in ihrer Mitte. Diese Masse soll sich nun plötzlich mittendurch teilen und ihre beiden Hälften mit einer gewissen Geschwindigkeit c auseinandertreiben, genau so wie im ersten Kugelbeispiel mit der Spiralfeder inmitten. Nach dem bereits Abgeleiteten ist es klar, daß dann der alte Schwerpunkt S_0 erhalten bleibt und daß beide Massenhälften, weil sie massengleich sind, nach beiden Seiten mit der Geschwindigkeit $\frac{1}{2} c$ sich vom Ur-Schwerpunkte entfernen werden, denn die Geschwindigkeit c galt ja nur, wenn man beide Massen aufeinander bezog. Wir wollen nun, der Unterscheidung halber, die Richtung nach rechts als $+$ (vor-

wärts), die entgegengesetzte als — (rückwärts) bezeichnen und
die vorwärtsgetriebene Massenhälfte mit M_1, die nach rückwärts
gestoßene mit M'_1. Die tiefgestellte Kennziffer $_1$ soll uns an-
deuten, daß die ursprüngliche Masse erst einmal halbiert worden ist.

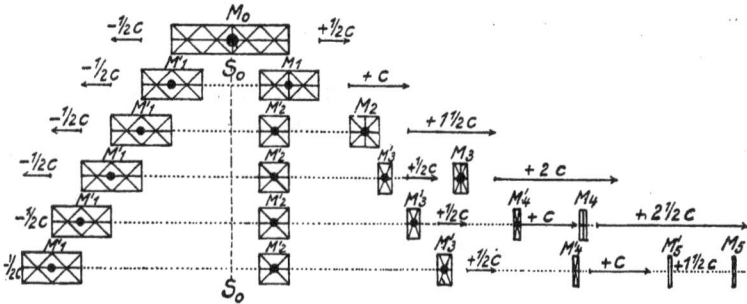

Abb. 30. Teilungsbeispiel zur Veranschaulichung der Rückstoßwirkung bei Raketen.

Die rückwärts fliegende Masse betrachten wir nicht weiter.
Es ist klar, daß wir die vorwärts fliegende nun wieder wie
ein neues Ganzes auffassen und an ihr die Teilung wiederholen
können. Der Schwerpunkt dieser Masse M_1 heiße S_1. Er bewegt
sich mit der Geschwindigkeit $+ \frac{1}{2} c$ mit ihr nach vorwärts, bezogen immer auf den Urschwerpunkt S_0. Teilt sich jetzt M_1
wieder in zwei Hälften, die mit der Geschwindigkeit c auseinander-
getrieben werden, so erhält die nach vorwärts gestoßene also
neuerlich einen Geschwindigkeitszuwachs von $+ \frac{1}{2} c$ in bezug
auf den vorherigen Schwerpunkt S_1, die zurückweichende Hälfte
aber die Geschwindigkeit $- \frac{1}{2} c$ in bezug auf S_1. In bezug auf
den Urschwerpunkt S_0 erlangt also die vorstürmende Masse M_2
schon die Geschwindigkeit $+ \frac{1}{2} c + \frac{1}{2} c = + 1\ c$, während das
zurückgestoßene Viertel M'_2 die Geschwindigkeit $+ \frac{1}{2} c - \frac{1}{2} c$
$= 0$ erhält. Setzen wir die Teilungen beliebig weit fort, so ergibt
sich immer für jede Halbierung ein Geschwindigkeitsgewinn
des vorwärtsfliegenden jeweiligen Massenstückes um $+ \frac{1}{2} c$, für
je 2 Halbierungen zusammen ein Zuwachs um ein ganzes $+ c$.
Es scheint nach diesem Verfahren sehr leicht möglich, daß
das jeweils vorstürmende Stück eine sehr hohe Endgeschwindigkeit, etwa 100 oder 1000 c erlange. Es brauchen dazu ja nur
200 bzw. 2000 Halbierungen ausgeführt zu werden. — Das sieht
sehr harmlos aus, ist aber in Wahrheit eine ganz fürchterliche
Sache. Bedenken wir bloß, was das heißt, 100 oder 1000 oder gar
2000 Halbierungen! Wie verhält sich da die voranstürmende

Masse? Nach der ersten Halbierung ist M_1 noch die Hälfte von M_0 der Ausgangsmasse. Nach der zweiten Teilung stürmt M_2 voran, als Hälfte von der Hälfte, gleich einem Viertel von M_0; M_3 ist schon nur mehr ein Achtel, M_4 ein Sechzehntel, M_5 ein Zweiunddreißigstel . . ., M_{10} ein Tausendvierundzwanzigstel. Nach n Halbierungen ist also die noch übrige voranstürmende Endmasse M_n nur mehr der 2^n. Teil der Ausgangsmasse M_0; oder umgekehrt, das Massenverhältnis $M_0/M_n = 2^n$. Soll die Endgeschwindigkeit $V = 50\,c$ werden, so sind schon 100 Halbierungen nötig, und wir bekommen 2^{100}, was gleich ist 1,27 Quintillionen. Dies bedeutet folgendes: Wäre die Masse unserer Raketenmaschine anfangs so groß wie der ganze Erdball, nur ein einziges Zweitausendstel Gramm davon könnte diese Endgeschwindigkeit erlangen.

Nun wird das Ergebnis wohl etwas günstiger, wenn wir nicht Halbierungen, sondern Teilungen zu ungleichen Stücken vornehmen, und zwar wird der Vorteil um so größer, je kleiner die jeweils abgestoßene Masse im Vergleich zur Ausgangsmasse ist. Am besten ist es, wenn sozusagen unendlich kleine Teilchen ausgestoßen werden, wie dies glücklicherweise bei den Raketen tatsächlich nahezu der Fall ist, da es sich hier um einen Strom von einzelnen Gasmolekülen handelt. Leider macht aber auch dann der erzielbare Gewinn nicht einmal so viel aus, als wenn c in unserem Beispiele von Haus aus doppelt so groß gewesen wäre. Davon überzeugt man sich leicht durch eine Rechenprobe.

Beim Halbierungsbeispiel mußten nämlich jeweils $3/4$ der Ausgangsmasse geopfert werden in zwei Halbierungsschritten, damit der verbleibende Rest einen Geschwindigkeitszuwachs von c erhalte. Sollte (bei Abfahrt aus der Ruhelage) eine Endgeschwindigkeit von $V = 1\,c$ erreicht werden, mußte die Ausgangsmasse 4mal so groß sein wie die Endmasse, sollten $2\,c$ erzielt werden, mußte die erste $4 \times 4 = 4^2 = 16$mal so groß sein, wie die letzte. Allgemein, der Zuwachs von c ging nach Potenzen von 4.

Hätte man jeweils $1/3$ der Ausgangsmasse abgestoßen, so wäre eine Endgeschwindigkeit $V = 1\,c$ nach drei Dritteilungsschritten bei einer Endmasse von $2/3 \times 2/3 \times 2/3 = 8/27$ der ursprünglichen Masse erreicht worden, oder umgekehrt mußte die Ausgangmasse $27/8$ der Endmasse betragen. Dies ist schon ein Gewinn gegen das Halbierungsverfahren, denn $27/8$ sind schon kleiner als $28/7 = 4/1 = 4$, wie wir dort gefunden hatten. Beim Dritteilungsabstoßungsverfahren geht der Zuwachs von c nach Potenzen von $27/8$ oder von 3,375.

Hätte man jeweils $1/4$ abgestoßen, wäre ein Zuwachs von $1\,c$ nach 4 Vierteilungsschritten, bei einer Endmasse von 81/256 der Startmasse oder einer Anfangsmasse von 256/81 der Endmasse nach Potenzen von 3,165 erreicht worden.

112

Für Zehntelabstoßung errechnet sich die Potenz von 2,868
Für Hundertstelabstoßung ebenso die Potenz von 2,729
Für Tausendstelabstoßung analog die Potenz von 2,723
Für Zehntausendstelabstoßung die Potenz von 2,720
Für 1 n-tel-Abstoßung allgemein die Potenz $n^n/(n\text{-}1)^n$.

Man sieht, daß die Potenz bei Abstoßung immer kleinerer Einzel-
teile einem sog. Grenzwert zustrebt und die höhere Berechnungslehre zeigt
auch genau, wie sich dieselbe Sache bei Abstoßung unendlich kleiner Gasmoleküle verhält. Das Ergebnis ist die für die Beschleunigung aller Raketenmaschinen grundlegende, maßgebende Formel, die sich in Worten so aussprechen läßt: Die Endgeschwindigkeit, welche eine Raketenmaschine sich
selbst durch das Ausstoßen von Gasen mit der Geschwindigkeit c zu verleihen vermag, ist gleich dem natürlichen Logarithmus aus dem Verhältnis
der Ausgangsmasse durch die Endmasse mal der Auspuffgeschwindigkeit.
$V = c \log \text{nat} \ (M_0/M_1)$. Umgekehrt ist bei gegebenem V das zu dieser Endgeschwindigkeit oder idealen Antriebsleistung erforderliche Massenverhältnis $M_0/M_1 = e^{V/c}$.
Für die Gasausströmung aus Raketen geht der Zuwachs von V also
nach Potenzen der Zahl $e = 2{,}71828\ldots$ (der Basis der natürlichen Loga-
rithmen).

d) Die Leistung einer Rakete und ihre Steigerung.

Aus dem Antriebsgesetz der Rakete folgt, daß ihre ideale
Antriebsleistung, d. h. die theoretische Endgeschwindigkeit,
die sie sich durch das Abbrennen ihrer gesamten Treibstoffladung
im luft- und schwerefreien Raum selbst zu erteilen vermöchte,
zunächst abhängt von der Auspuffgeschwindigkeit c, mit
welcher der aus ihr hervorschießende Feuergasstrom die Düsenöffnung verläßt und weiter von dem Massenverhältnis M_0/M_1
der vollgefüllten zur leergebrannten Rakete. Eine Steigerung
der Raketenleistung ist also nur entweder durch Erhöhung der

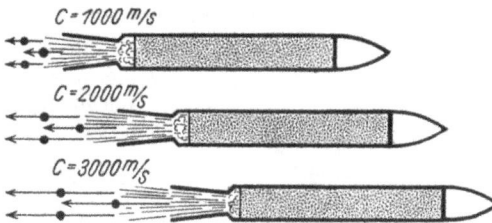

Abb. 31.

Auspuffgeschwindigkeit c oder eine Vergrößerung des Massenverhältnisses M_0/M_1 möglich. Dabei ist aber eine Steigerung von c
im allgemeinen viel wirksamer als eine Vermehrung des Massen-

verhältnisses. Praktisch finden beide Verfahren der Geschwindigkeitssteigerung leider bald ihre Grenzen. (S. Abb. 31, 32)

Die Erhöhung der Auspuffgeschwindigkeit ist in erster Linie eine Treibstofffrage, kann also erst im zugehörigen Abschnitt (s. S. 125) näher besprochen werden, und erst in zweiter Linie von der Düsenform und der Festigkeit des Ofenbaustoffs abhängig. Denn wenn auch hier einiges getan werden kann, z. B. durch die Formgebung der Düse sowie durch klug berechnete Beigaben gewisser Zusatzstoffe, so kann doch die aus dem Satze von der Erhaltung der Energie des Treibstoffs in cal/kg zu folgernde Grenze nicht überschritten werden.

Auch die Steigerung des Massenverhältnisses macht bei Einfachraketen bald große Schwierigkeiten.

Soll eine Rakete nämlich sich die Fahrtgeschwindigkeit $= c$ erteilen, dann muß ihre Ausgangsmasse 2,72 mal so groß sein wie ihre Endmasse, oder mit andern Worten, die gefüllte, startbereite Maschine muß 2,72 mal soviel wiegen wie die leere Hülle. Soll vom Stand weg als Fahrtschnelle die doppelte Gasauspuffgeschwindigkeit $2\,c$ erzielt werden, ist ein Massenverhältnis 7,4 : 1 erforderlich ; für $3\,c$ entsprechend 20,1 : 1 für $4\,c$ weiter 54,6 : 1, für $5\,c$ schon 148,4 : 1, für $10\,c$ gar 22024 : 1.

Man kann auch umgekehrt so sagen: ein Raketenschiff, welches eine Endgeschwindigkeit $V = C$ erreichen soll, muß 63,21%, wenn es $V = 2\,C$ erreichen will 86,46%, wenn es $V = 3\,C$ erzielen soll 95,2% seines Startgewichtes an Treibstoffen mitnehmen.

Es dürfte aber technisch, selbst bei bester Konstruktion, kaum noch möglich sein, eine Einfachrakete so zu bauen, daß die volle Maschine 10 mal soviel wiegt wie die leere. Man darf nicht vergessen, daß die Wandungen und die Maschinenteile eine gewisse Stärke haben müssen, und daß die Rakete schließlich auch eine gewisse Nutzlast tragen soll, selbst wenn diese nur aus Leuchtpulvern für die Lichtsignale oder aus Registrierapparaten, dem Fallschirm u. ä. notwendigen Nebengeräten besteht.

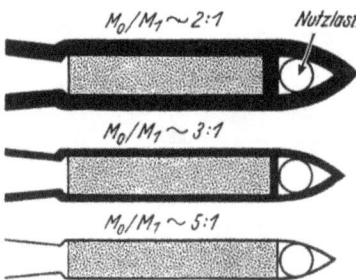

Abb. 32. Schema verschiedener Verhältnisse M_0/M_1.

Bei Pulverraketen kann man das Massenverhältnis M_0/M_1

auch dadurch erhöhen, daß man nicht die ganze Ladung gleich in den Raketenofen stopft, wie dies bei den gewöhnlichen bisher üblichen Raketen allgemein der Fall war, sondern sie in einzelne Patronen aufteilt, die wie bei den Maschinengewehren durch irgendeine geeignete Vorrichtung nacheinander in den Ofenraum eingebracht werden. Dabei kann nämlich dann der dickwandige Ofen verhältnismäßig klein gemacht werden, so daß sein Gewicht gegenüber der in leichten Patronenhülsen mitgeführten Ladungsmenge verschwindend gering wird. Da die leeren Hülsen für das Raketenschiff einen nutzlosen, schwer abstoßbaren Ballast bedeuten würden, wird man gut tun, wie es bei den neuesten schweizerischen Maschinengewehren der Fall ist, an Stelle messingener Hülsen Patronenhülsen aus Zelluloid zu verwenden, die ebenso wie die aus Nitrozellulose gemachten Kartuschbeutel mit der Ladung verbrennen. Bei Raketen mit flüssigen Treibstoffen wird derselbe Vorteil der Gewichtsersparnis dadurch erreicht, daß auch hier nur der Ofen für den erforderlichen Druck dimensioniert zu werden braucht, nicht aber als Lagerraum für den ganzen Vorrat an Treibstoffen, die vielmehr in dünnwandigen Behältern gesondert mitgeführt werden.

Endlich gibt es noch ein weiteres Mittel, um das Verhältnis M_0/M_1 zu steigern. Es bringt nämlich auch die Übereinanderstellung mehrerer Raketen, davon die jeweils unterste abgekuppelt wird und zurückfällt, sobald ihre Betriebsstoffe verbraucht sind, einen sehr wertvollen Gewinn für die Endgeschwindigkeitssteigerung, was man sofort einsieht, wenn man nur bedenkt, daß alsdann die obere frische Rakete die tote Last der Leerhülle der untern Maschine nicht auch noch mitzuschleppen braucht. Wollte man aber unbedingt nur an einer Rakete festhalten, so würde man doch gut tun, verschiedenwertige Brennstoffe zu wählen und die Tankzellen abwerfbar einzurichten.

Wie groß der Vorteil der Abkupplung ist, läßt sich leicht an einem kleinen Beispiel zeigen. Denken wir uns zunächst eine einfache Rakete von 1000 kg Voll- und 100 kg Leergewicht, also $M_0/M_1 = 10$. Dann ist die erreichbare Endgeschwindigkeit (bei konstantem c!) gleich 2,3 c. Nehmen wir nun aber eine Doppelrakete, deren Gesamt-Vollgewicht ebenfalls 1000 kg und deren Gesamtleergewicht auch 100 kg wiegt. Dabei soll die untere Rakete

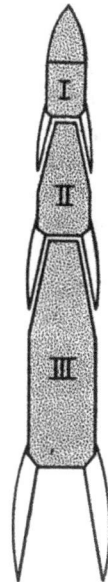

Abb. 33.
Schema einer übereinandergestellten Rakete.

800 kg voll, 80 kg leer, die obere 200 kg voll, 20 kg leer wiegen. Steigt diese Doppelrakete auf, bis die Betriebsstoffe der untern Maschine verbraucht sind, dann beträgt ihre Endgeschwindigkeit 1,273 c, denn es ist hier $M_0/M_1 = $ 1000/280. Kuppeln wir jetzt nicht ab, so muß die obere Rakete die tote Last der untern, d. s. 80 kg, auch noch mitschleppen und die erreichbare Endgeschwindigkeit bleibt wie früher 2,3 c. Kuppeln wir aber ab, dann stellt die obere Rakete eine frische, unverbrauchte Maschine für sich, im Massenverhältnis voll zu leer wie 10:1 dar und kann sich selbst aus eigener Kraft nochmal eine Geschwindigkeit von 2,302 c erteilen. Dies zu den 1,273 c dazu ergibt eine wirkliche Gesamt-Endgeschwindigkeit von 3,575 c.

Theoretisch ließe sich durch das Übereinanderstellen von beliebig vielen Raketen, die der Reihe nach abgeworfen werden, sobald ihre Betriebsmittel erschöpft sind, die Endgeschwindigkeit, auch bei einer endlichen bzw. geringen Auspuffgeschwindigkeit c, ins Unermeßliche steigern. Praktisch aber dürfte schon die Fünffachrakete kaum noch ausführbar sein. (Vgl. S. 170.)

e) Wirkungsgrad und Fahrtweisen der Raketen.

Wenn wir auch hier noch vom thermischen Wirkungsgrad (d. h. dem Verhältnis der in der Auspuffgeschwindigkeit enthaltenen Energie der Treibgase zu der ursprünglich im Treibstoff aufgespeicherten chemischen Energie) noch absehen müssen, weil seine Betrachtung zu den Ofen- und Düsenformfragen gehört (s. S. 137), so ist doch hier eine Erwägung des energetischen Wirkungsgrades der Raketen am Platze (worunter wir das Verhältnis der in der Schiffsbewegung in Erscheinung tretenden Energie zu der im Auspuffvorgang freiwerdenden Bewegungsenergie verstehen) weil es für die Verwirklichung des Raumfahrtgedankens höchst wichtig ist, die Fahrtweise der Raketenschiffe ausfindig zu machen, bei welcher die Gesamtausnutzung der Treibstoffladung die günstigste ist.

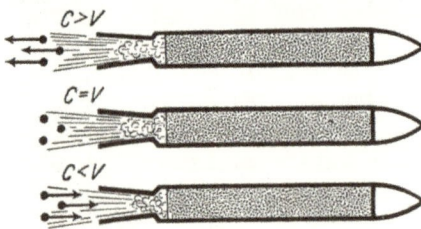

Abb. 34. Die 3 grundsätzlichen Fahrtweisen der Rakete.
C größer als V, $C = V$ und C kleiner als V.

Unmittelbar nach dem Start, bei noch geringer Geschwindigkeit der Maschine, äußert sich nämlich fast die ganze Auspuffenergie der Gase, bezogen auf den Standpunkt eines Beobachters auf dem festen Erdboden, in Rückwärtsbewegung der Gase, nicht in Vorwärts-

116

bewegung der Rakete. Ja es ist, im Augenblick der Abfahrt selbst, der »mechanische Wirkungsgrad« der Rakete sozusagen Null. Deshalb erscheint es sehr vorteilhaft, durch irgendwelche Startvorrichtung, der Rakete, schon bevor sie in Tätigkeit tritt, eine gewisse, möglichst hohe Anfangsgeschwindigkeit mitzugeben, denn mit steigender Fahrtgeschwindigkeit bessert sich der momentane mechanische Wirkungsgrad dann sehr rasch, und es geht die ganze Energie der ausgepufften Gase auf die Rakete selbst über, wenn diese sich mit der Geschwindigkeit $V-C$ nach vorwärts bewegt, denn dann kommen die Gase hinter der Rakete gerade zum Stehen. Der mechanische Wirkungsgrad ist dann genau gleich 100%. Wächst die Geschwindigkeit der Maschine noch weiter, dann leisten in der Rakete noch vorhandene, nun erst zur Vergasung gelangende Brennstoffe sogar mehr als 100% der ihnen durch den eigentlichen Auspuffantrieb mitgeteilten Energie, weil sie dann auch von der, auf Kosten der Ausstoßung der früher verbrauchten Brennstoffe, als Insassen der Rakete erlangten lebendigen Kraft noch einen Teil wieder hergegeben. Die ausgepufften Gase stehen dann in bezug auf den Beobachter am festen Erdboden auch nicht mehr still, sondern bewegen sich mit der Differenz der Geschwindigkeit von Rakete und Gasstrom nach vorwärts.

Im Gegensatz zu dem bisher besprochenen momentanen Wirkungsgrad, der, je höher V das C übertrifft, um so mehr ansteigt, verhält sich der integral aufgefaßte energetische Wirkungsgrad eines mit konstantem C vom Stand weg sich beschleunigenden Raketenschiffs anders. Dieser steigt nur bis $V = 1{,}593\ C$ auf $64{,}7\%$, fällt aber für noch höhere V wieder ab. Hat man mehrere Treibstoffe von verschiedenem, aber festem C, so benützt man daher am besten den mit dem kleinsten C zur Anfahrt bis $V = 1{,}6\ C$, nimmt darauf den nächst stärkern. Hat man vollends (z. B. bei flüssigen Treibstoffen durch Mischung) die Möglichkeit, C innerhalb gewisser Grenzen durch Regulierung zu verändern, dann sucht man, so weit es irgend geht, $C = V$ zu fahren. Selbstverständlich kann man $C = V$ nicht starten, denn für geringe V müßten bei entsprechend niedrigem C ungeheure Massen abgestoßen werden.

Um das Gesagte tiefer zu begreifen, denke man sich ein Selbstlade-Geschütz auf einem Eisenbahnwagen, das Geschosse mit der stets gleichbleibenden Geschwindigkeit von 10 Einheiten pro Sekunde nach rückwärts ausstößt, weiters einen Beobachter auf dem festen Bahndamm.

Steht der Waggon noch und feuert das Geschütz zum erstenmal, dann tritt die ganze Schußenergie in der Rückwärtsbewegung des Geschosses zutage. Da die aufzuwendende Schußenergie mit dem Quadrat der Geschwindigkeit geht, wendet das Geschütz also 100 Arbeitseinheiten auf. Durch den Schuß-Rückstoß kommt der Waggon mit dem Geschütz natürlich ins Rollen. Besitzt er bereits eine Geschwindigkeit von 2 Einheiten nach vorwärts und wird die nächste Granate verfeuert, dann treten im Schuß wohl wieder 100 Arbeitseinheiten auf, während vom Standpunkt des Beobachters am Bahndamm nur 64 notwendig sind, um das Geschoß mit der Geschwindigkeit von 8 Einheiten rückwärts fliegen zu lassen. Es kommen daher schon 100—-64 = 36 Einheiten dem Antrieb des Waggons zugute. Fährt der Wagen bereits gleichschnell, wie das Geschoß zurückgeschleudert wird, dann fällt dieses, vom Bahndamm betrachtet, einfach senkrecht zu Boden. Die Schußleistung kommt voll der Beschleunigung des Waggons zugute. Fährt der Wagen noch schneller,

Abb. 35. Beispiel des Steinwurfs aus einem fahrenden Zuge, welches vollkommen analog dem im Text befindlichen Schuß aus dem Eisenbahngeschütz gedeutet werden kann.

z. B. mit 12 Einheiten, dann gilt: Als Wageninsasse besaß das Geschoß schon vor dem Verfeuern 144 Wuchteinheiten. 100 gibt der Schuß neu dazu, es sind also 244 verfügbar. Um das Geschoß vom Standpunkt des Beobachters am Bahndamm von 12 auf 2 Einheiten Vorwärtsgeschwindigkeit abzubremsen, ist eine Bremsarbeit von 144 — 4 = 140 Wuchteinheiten zu leisten. Diese von 244 angezogen, geben 104 Einheiten, die dem Waggon als Gewinn zu buchen sind. Durch die Aufwendung von 100 neuen Arbeitseinheiten im Schuß sind also dem Waggon 104 Wuchteinheiten zugeführt worden. Der energetische Wirkungsgrad beträgt danach 104 %. Für $V = 4\,C$ beträgt er bereits 1000 %, für $V = 6\,C$ 2600 %, für $V = 10\,C$ sogar 8200 %. Daß trotzdem die Summe über alle Abschüsse keinen 100 % übersteigenden Gesamtwirkungsgrad ergeben kann, zeigt sich aber sofort, wenn man die Frage stellt, wie sich die lebendige Kraft des Waggons zur Summe der aufgewendeten Schußleistungen (bei der Rakete analog die kinetische Energie des Schiffes zu der bis dahin in den Auspuffgasen aufgetretenen kinetischen Energie) verhält. (C ist hier = 1 angesetzt.)

Da diese letzte einfach proportional dem Treibstoffverbrauch ist, haben wir $M_1 \cdot V_1^2 / (M_0 — M_1) \cdot C^2$ zu bilden, wobei M_0 und M_1 in bekannter Weise die Startmasse und Endmasse des Schiffes bedeuten. (Ergebnis s. d. Tabelle.)

V/C	Ausgangsmasse $M_0/M_1 = e^{V/C}$	Endmasse $M_1/M_0 = 1/e^{V/C}$	$M_1 \cdot V^2$ Doppelte Schiffswucht	$M_0 - M_1$ Brennstoffverbrauch	Nutzeffekt $\dfrac{M_1 \cdot V_1^2}{(M_0-M_1)\cdot C^2}$	Anteil des Schiffs an der neuen Explosionsenergie	V^2/C^2 Erssessene Wucht der Treibstoffladung	Mechan. Wirkungsgrad der neuen Explosionsenergie
0,1	1,105	0,905	0,009	0,095	0,09474	0,19	0,01	0,19
0,2	1,221	0,819	0,032	0,181	0,17680	0,36	0,04	0,36
0,3	1,350	0,741	0,067	0,259	0,25868	0,51	0,09	0,51
0,4	1,492	0,670	0,107	0,330	0,32424	0,64	0,16	0,64
0,5	1,649	0,607	0,152	0,393	0,38677	0,75	0,25	0,75
0,6	1,822	0,549	0,198	0,451	0,43903	0,84	0,36	0,84
0,7	2,014	0,497	0,243	0,503	0,48310	0,91	0,49	0,91
0,8	2,226	0,450	0,288	0,550	0,52364	0,96	0,64	0,96
0,9	2,460	0,407	0,329	0,593	0,55482	0,99	0,81	0,99
1,0	2,718	0,368	0,368	0,632	0,58229	1,00	1,00	1,00
1,1	3,004	0,333	0,403	0,667	0,60420	0,99	1,21	1,01
1,2	3,320	0,301	0,434	0,699	0,62089	0,96	1,44	1,04
1,3	3,670	0,273	0,461	0,727	0,63412	0,91	1,69	1,09
1,4	4,055	0,247	0,481	0,753	0,63880	0,84	1,96	1,16
1,5	4,482	0,223	0,502	0,777	0,64608	0,75	2,25	1,25
1,6	4,953	0,202	0,517	0,798	0,64788	0,64	2,56	1,36
1,7	5,474	0,183	0,528	0,817	0,64627	0,51	2,89	1,49
1,8	6,050	0,165	0,536	0,835	0,64190	0,36	3,24	1,64
1,9	6,686	0,150	0,540	0,850	0,63529	0,19	3,69	1,81
2,0	7,389	0,135	0,541	0,865	0,62543	0,00	4,00	2,00
2,2	9,025	0,111	0,536	0,889	0,60292	—0,44	4,84	2,44
2,5	12,184	0,082	0,513	0,918	0,55883	—1,25	6,25	3,25
3,0	20,085	0,050	0,448	0,950	0,47158	—3,00	9,00	5,00
3,5	33,115	0,030	0,370	0,970	0,38145	—5,25	12,25	7,25
4,0	54,597	0,018	0,293	0,982	0,29838	—8,00	16,00	10,00
4,5	90,013	0,011	0,225	0,989	0,22750	—11,25	20,25	13,25
5,0	148,410	0,007	0,168	0,993	0,16919	—15,00	25,00	17,00
6,0	403,400	0,002	0,089	0,998	0,08918	—24,00	36,00	26,00
8,0	2980,700	0,00034	0,0215	0,99966	0,02151	—48,00	64,00	50,00
10,0	22024,000	0,000045	0,0045	0,999955	0,00450	—80,00	100,00	82,00

Diese im wesentlichen auf Oberth fußenden, auf dem Energiebegriff aufgebauten Betrachtungen über den Wirkungsgrad von Raketen, sind in neuester Zeit durch v. Hoefft mit der Begründung angefochten worden, die Wirkungsweise des Rückstoßmotors sei kein Arbeits-, sondern ein Stoßproblem. Das letzte ist gewiß richtig, entwertet aber die vorstehenden Ableitungen keineswegs, sondern kann sie nur ergänzen. Um dies zu verstehen, muß man sich zunächst den grundlegenden Unterschied zwischen Arbeitsmotor und Rückstoßmotor klar machen. Beim ersten ergibt das Produkt aus dem Gasdruck im Zylinder in kg mal dem Kolbenweg in m die pro Explosionshub geleistete Arbeit in mkg; beim letzten dagegen liefert das Produkt aus der sekundlich ausgestoßenen Gasmasse mal ihrer Auspuffgeschwindigkeit C lediglich eine reine Kraft in kg, unabhängig vom Weg.

Die Folge des Umstandes nun, daß beim Kolbenmotor die sekundlich verfügbare Menge mkg fest gegeben erscheint, ist aber, daß bei Verwendung solcher Motoren zum Antrieb von Fahrzeugen, die Zugkraft im verkehrten Verhältnis zur Fahrgeschwindigkeit abnimmt, da die PS-Leistung konstant bleibt, während beim Raketenmotor umgekehrt die Zugkraft konstant ist, wie groß auch die Fahrgeschwindigkeit sein möge. Infolgedessen steigt beim Rückstoßer die für ein gewisses Tempo errechenbare (äquivalente) PS-Leistung im gleichen Verhältnis mit dem Anwachsen der Fahrgeschwindigkeit. (Nur in diesem Sinne, für ein gerade betrachtetes Tempo kann man überhaupt bei Raketenmotoren von einer soundsoviel PS äquivalenten Leistung sprechen, an und für sich kann die Wirkungsweise der Rakete weder nach mkg gemessen, noch in PS angegeben werden, denn ihr eignet eine andere technische Dimension zu. Vgl. S. 47/48).

Daher zeigt sich bei Anfahrt aus der Ruhelage beim Arbeitsmotor anfangs wegen der bei noch geringer Fahrgeschwindigkeit hohen Zugkraft wohl eine starke Beschleunigung, die aber rasch abnimmt und alsbald auf Null sinkt, weil schon bei mäßigem Tempo der Ausgleich zwischen der sinkenden Zugkraft und dem mehr als quadratisch steigenden Gesamtwiderstand erreicht wird. Abgesehen vom schlechten thermischen Wirkungsgrad (der auch bei besten Diesel- oder Doppelkolbenmotoren nur 40% erreicht) ist also der Arbeitsmotor grundsätzlich nur zur Erzeugung von (im kosmischen Sinne) mäßigen, kurzdauernden Beschleunigungen auf geringe Endgeschwindigkeiten, allerdings dann für deren dauernde Innehaltung geeignet.

Beim Raketenmotor dagegen erhält sich die Zugkraft bis zu beliebig hohen Endgeschwindigkeiten, solange der Treibstoff reicht, und führt wegen der mit V steigenden äquivalenten PS-Leistung auch für irdische Fahrtverhältnisse erst bei wesentlich höhern Geschwindigkeiten zum Ausgleich mit dem Bewegungswiderstand. Dank des guten thermischen Wirkungsgrades von heute bereits 60% (später vielleicht 70—80%) ist der Rückstoßmotor daher grundsätzlich zur Erzeugung (auch im kosmischen Sinne) sehr starker und anhaltender Beschleunigungen bis zu höchsten Endgeschwindigkeiten, weniger dagegen zur Innehaltung niedrigerer Geschwindigkeiten geeignet.

Als dynamischen Wirkungsgrad des Rückstoßes bezeichnet man (nach v. Hoefft) zweckmäßig das Verhältnis des tatsächlichen Auspuffs C, zu der aus der Treibstoffenergie $E = \frac{1}{2}\,m\,v^2$ errechenbaren, höchstmöglichen.

f) Der erforderliche Rückstoß.

Bei der Raketenfahrt im luft- und schwerefreien Raum, welchen wir unseren bisherigen Betrachtungen über die Theorie der Raketenbewegung stillschweigend zugrunde gelegt haben, wird die erreichbare Endgeschwindigkeit einzig und allein nur durch die Auspuffgeschwindigkeit C und das Verhältnis der Startmasse zur Leermasse M_0/M_1 bestimmt. Dagegen bleibt es gleichgültig, in welcher Zeit und in welcher Weise die Treibstoffladung abbrennt. Es ist hier keine bestimmte Beschleunigung erforderlich.

Anders dagegen verhält sich die Sache, wenn eine Rakete im Schwerefeld eines Himmelskörpers und durch dessen Luftkreis aufsteigen soll. In diesem Falle muß schon allein zur Überwindung des Schwerefeldes ihre Aufwärtsbeschleunigung gleich ihrem jeweiligen Gewichte sein. Findet der Aufstieg bei jeweils günstigster Geschwindigkeit statt, so ist (s. S. 50) nochmals dieselbe Kraftentfaltung zur Überwindung des Luftwiderstandes erforderlich. Übertrifft die tatsächliche Fahrtgeschwindigkeit die jeweils günstigste, so ist der Anteil des Luftwiderstandes noch größer. Daraus folgt, daß schon aus diesen Gründen der erforderliche Rückstoß mindestens gleich dem doppelten Gewichte des Raketenschiffs sein muß. Soll das Schiff außerdem sich selbst beschleunigen, so ist dazu eine weitere Rückstoßkraft notwendig, welche das jeweils augenblickliche Gewicht der Gesamtmaschine sovielmal übertreffen muß, wievielmal die gewünschte Beschleunigung größer ist als die der Erdschwere. Da man nun die Eigenbeschleunigung des Schiffes so hoch wählen muß als möglich, damit das Raketenschiff nicht unnütz lange gegen das Schwerefeld anzukämpfen braucht (solange die Fahrt den Luftkreis schneidet darf aber dabei die günstigste Geschwindigkeit nicht zu sehr nach oben überschritten werden), so erkennt man hieraus, daß der erforderliche Gesamtrückstoß, den die Raketenmaschinen leisten müssen, schon bei bemannten Schiffen das 3—5fache des jeweiligen Maschinengewichtes betragen muß, bei unbemannten kann sie sogar das 10—15fache erreichen. Verglichen mit der Tatsache, daß z. B. bei Flugzeugen selbst im Startmoment, wo der Propellerzug am größten ist, dieser kaum je das halbe Maschinengewicht erreicht, im vollen Fluge selbst aber dann nur mehr die Hälfte dieses Betrages ausmacht, erscheint daher die Beanspruchung der Raketenmotoren außerordentlich hoch.

Die Bedeutung der Abfahrtsbeschleunigung erkennt man leicht durch eine kleine Nebenrechnung. Soll eine bemannte Rakete bei senkrechter Auffahrt durch den doppelten Panzer der Erdschwere und des Luftwiderstandes dringen, so muß sie 332 Sekunden lang mit einer lotrechten Aufwärtsbeschleunigung von 30 m in der Sekunde fahren. Dann erreicht sie nach dieser Zeit eine wirkliche Endgeschwindigkeit von 9960 m/sec in einer Höhe von 1653 km über dem Erdboden, in welcher die parabolische Geschwindigkeit wegen der Abnahme der Schwere nach Newtons Gesetz schon nur mehr 9954 m/sec beträgt. Höher braucht sich die Rakete in Wirklichkeit gar nicht zu beschleunigen. Aber man darf nicht glauben, daß ihr deswegen etwas geschenkt worden sei. Sie hat während des 332 Sekunden dauernden Aufstieges durchschnittlich 8 m/sec (anfangs 9,81, zuletzt 6,17) infolge der Erdschwerewirkung, d. i. im ganzen 2656 m/sec von ihrer Geschwindigkeit verloren, dazu noch mußte sie den Luftwiderstand überwinden, der 200 m/sec Bremsung bedeutet. »Der ideale Antrieb« der Raketenmaschine muß also so bemessen gewesen sein, daß sie, ohne Luftwiderstand und Erdschwerebehinderung, sich eine theoretische Endgeschwindigkeit von 9960 + 2656 + 200 = **12816** m/sec erteilt haben würde.

Unbemannte Maschinen kann man viel schneller beschleunigen, so daß sie immer nahezu mit der oben erklärten, theoretischen »günstigsten« Geschwindigkeit fahren. Prof. Oberth findet z. B., daß sein Raketenmodell in diesem Falle nur eine Gesamtverzögerung von 800 m/sec erleidet. Freilich erhält es seine volle Geschwindigkeit schon in ungefähr 280 km Höhe. Wir müssen also die 800 m/sec zu 10932 m/sec dazuzählen und erhalten eine erforderliche ideale Endgeschwindigkeit von **11732** m/sec gegen 12816 m/sec vorhin. Hier muß man normal, nicht quadratisch addieren.

Neuestens gibt Prof. Oberth (in dem S. 16 angezogenen Leyschen Sammelwerk) an, daß bei Benutzung der sogenannten »Synergie-Kurven« auch bemannte Raumschiffe schon mit 11700 bis 12300 m/sec idealem Antrieb dem Bannkreis der Erde zu entrinnen vermögen.

Noch deutlicher tritt der ungeheure Vorteil der starken Beschleunigungen aus dem Berechnungsergebnis über die erforderlichen Startmassen M_0 gegenüber den Endmassen M_1 hervor, welche dem Bannkreis der Erdanziehung unter Voraussetzung einer Auspuffgeschwindigkeit von 2000 m/sec entrinnen können, welches C. Cranz (Ballistik, Auflage von 1926, Bd. II, S. 416) angibt. Danach ist für eine ideale Beschleunigung von

$b = g/4$	$g/2$	g	$2g$	$5g$	∞	$g =$
$M_0/M_1 = 66800$	7685	1839	785	431	252	Erdschwere

Ist die Auspuffgeschwindigkeit k mal größer als 2000 m/sec, so sind die angegebenen Zahlen zur Potenz $1/k$ zu erheben. Für $5 g = 50$ m/sec idealer Beschleunigung und $C = 4000$ m/sec erhält man also $M_0/M_1 = 20{,}76$, für $C = 5000$ m/sec $M_0/M_1 = 10{,}13$, das heißt technisch durchaus günstige und ausführbare Massenverhältnisse.

Der erforderliche Gesamtrückstoß, welchen ein Raketenschiff entfalten muß, um eine vorgeschriebene Bahn einzuhalten, wächst also wie die jeweilige Summe aus der Erdschwerebeschleunigung + dem Luftwiderstande + dem Produkt aus augenblicklicher Schiffsmasse mal ihrer verlangten wahren Beschleunigung, in dem gerade betrachteten Bahnpunkte. Diese letztere bleibt daher stets gegenüber der idealen Beschleunigung, d. h. jener, welche derselbe Gesamtrückstoß dem Schiffe im luft- und schwerefreien Raum erteilen würde, um den Betrag des Luftwiderstandes und der Schwereverzögerung zurück.

Beim Beginn der Fahrt ist der erforderliche Gesamtrückstoß stets verhältnismäßig hoch, weniger weil die Schwere besonders stark, als vielmehr, weil der Luftwiderstand schon bei geringen Geschwindigkeiten in der dichten Luft am Meeresspiegel groß und weil das Startgewicht der vollgefüllten Maschine hoch ist. Während des Aufstiegs nimmt er dann zunächst weiter zu, bis er je nach der gewählten wirklichen Aufwärtsbeschleunigung seinen Höchstwert erreicht. (Für senkrechten Aufstieg bei 30 m/sec² Beschleunigung tritt der Höchstwert in 7800 m Höhe über dem Meere auf.) Nachher nimmt der erforderliche Gesamtrückstoß aber wieder rasch ab, weniger weil die Erdschwere schon merklich nachließe, als vielmehr, weil der Luftwiderstand dann bald ganz fortfällt und hauptsächlich, weil bis dahin die Schiffsmasse durch den Verbrauch des Großteils der Treibstoffe schon auf einen winzigen Bruchteil der Startmasse abgenommen hat.

Da der erforderliche Rückstoß seinem absoluten Betrage nach für die Maschinenleistungen der Schiffsraketen maßgebend ist, so muß für jede Fahrt der in der zugehörigen Höhe eintretende Höchstwert vorher genau berechnet werden, denn für diesen und nicht für den beim Start vom Boden weg erforderlichen Rückstoß muß die Höchstleistung der Schiffsmaschinen bemessen sein. Daher werden Raketen-Raumschiffe niemals mit Vollgas vom Meeresspiegel fort starten können, sondern nur mit Halbgas bzw. Zweidrittelgas, denn sie müssen noch eine Kraftreserve für die Höchstbeanspruchung bereithalten.

Prof. H. Oberth hat schon in der ersten Auflage seines Werkes »Die Rakete zu den Planetenräumen« (s. dort S. 18, 38) in diesem Sinne den bequemen Ausdruck P/M_0 eingeführt, als »die Beschleunigung, welche der in irgendeinem Bahnpunkt von den Schiffsmaschinen gerade geforderte Rückstoß, der Ausgangsmasse des Schiffes im luft- und schwerefreien Raume erteilen würde«. P/M_0 hängt nur von der günstigsten Geschwindigkeit (s. S. 50) ab. Man kann daher eine einzige Tabelle angeben, die für alle unbemannten Raketen gilt, aus der man den erforderlichen Rückstoß berechnen kann, wenn man die Zahlwerte von P/M_0 einfach mit dem betreffenden M_0 der gerade betrachteten Rakete vervielfältigt. Nach Prof. Oberths Tabellenrechnung zeigt sich, daß z. B. für die von ihm angenommene unbemannte Rakete der höchste erforderliche Rückstoß $^4/_3$ mal so groß ist, als der für den Start notwendige. Dieses Modell müßte also mit $^3/_4$ der Vollgasleistung starten.

g) Die sekundlich auszustrahlende Masse.

Der Wert des jeweils erforderlichen Gesamtrückstoßes P bedingt für das gerade betrachtete Schiffsmodell unmittelbar die sekundlich auszustrahlende Masse ΔM, denn es besteht die

Grundgleichung $P = C \cdot \Delta M$. Aus dem Schwerpunktssatz und dem Rückstoßgesetz folgt unmittelbar, daß: die auszustrahlende Masse sich zur Restmasse des Schiffes verhält wie die geforderte sekundliche Idealbeschleunigung zur Auspuffgeschwindigkeit; mathematisch angeschrieben $M \cdot \Delta V = C \cdot \Delta M$.

Wird z. B. ein Treibstoff verwendet, der eine Auspuffgeschwindigkeit $C = 2000$ m/sec liefert und soll das Schiff sich eine ideale (d. h. im luft- und schwerefreien Raum geltende) Beschleunigung von konstant 20 m/sec erteilen, so muß sekundlich $20/2000 = 1/100 = 1\%$ der jeweiligen Schiffsmasse ausgestrahlt werden. Sinkt die Schiffsmasse durch den Treibstoffverbrauch, dann nimmt natürlich die sekundlich auszustrahlende Masse ebenso ab, aber das Verhältnis zur jeweiligen Schiffsmasse bleibt bestehen; d. h. in dem Augenblick, in welchem die Schiffsmasse nur mehr die Hälfte der Ausgangsmasse beträgt, braucht dann zur Erzielung der konstanten Beschleunigung von 20 m/sec^2 nur mehr die Hälfte der ursprünglichen Treibstoffmenge sekundlich ausgestoßen zu werden. Würde man dagegen umgekehrt die sekundlich ausgestrahlte Masse konstant lassen, dann müßte die Beschleunigung des Schiffes im reziproken Verhältnis zur abnehmenden Schiffsmasse anwachsen. Den genauen Einblick in diese Beziehungen schafft die Berechnung:

Wohl die schönste und klarste Ableitung der auszustrahlenden Masse hat Ing. W. Hohmann in seinem Werke »Über die Erreichbarkeit der Himmelskörper (s. d. S. 2) gegeben. Er sagt: Wird der Betrieb so eingerichtet, daß in jedem Augenblicke die sekundlich ausgestrahlten Massen dm/dt proportional der jeweils noch vorhandenen Masse m sind, so daß $(dm/dt):m = a =$ konstant ist, so wird die Beschleunigung gleichförmig und von der Masse unabhängig $dv/dt = c \cdot a$, solange c unverändert bleibt. Die Massenabnahme erfolgt dabei nach dem Gesetz $dm/dt = - am$, woraus durch Integration log nat $m = -at + Z$ gefunden wird. Durch Einsetzung der Ausgangsmasse m_0 ergibt sich die Integrationskonstante $Z = $ log nat m_0, also log nat $m = - at + $ log nat m_0 oder log nat $(m/m_0) = - at$, woraus $m/m_0 = e^{-at}$ oder $m_0/m = e^{at}$ folgt; d. h. die nach Ablauf der Zeit t übriggebliebene Masse ist $m = m_0/e^{at}$.

Aus ihr ergibt sich für einen Schiffstyp, welcher 80% des Startgewichts an Treibstoffen mitzuführen und 1% sekundlich auszustoßen vermag, daß bei der zweiten Art von Fahrt die Brenndauer nur 80 Sekunden betragen kann, weil dann schon die ganze Ladung verbrannt sein wird, während das gleiche Schiff bei Fahrtweise nach der ersten Art für konstant gehaltene Beschleunigung eine Brenndauer von 161 sec aufweisen wird. Hätte die Treibstoffladung nur 70% bzw. sogar 90% betragen, würde den Brenndauern von 70 bzw. 90 sec im Falle der zweiten Fahrtweise eine solche von 120 sec bzw. 230 sec für konstante Beschleunigung entsprochen haben. Der Unterschied zwischen den beiden Brenndauern bei erster und zweiter Fahrtweise wird also um so größer, je mehr Prozent des Startgewichts die Ladung ausmacht.

Aus der Beziehung, welche die auszustrahlende Masse im Verhältnis zum erforderlichen Gesamtrückstoß regelt, erkennt man sofort, daß bei mäßigen oder geringen Auspuffgeschwindigkeiten c angesichts der für die Auffahrt im Schwerefelde und Luftkreis der Erde erforderliche Mindest-Idealbeschleunigung von 30—50 m/sec^2 außerordentlich große Massen sekundlich ausgestrahlt werden müssen, so daß ernstlich die Frage entsteht, ob sich das technisch überhaupt ermöglichen läßt. Die Besorgnis, ob die Insassen die furchtbare Startbeschleunigung der Raketenschiffe lebend werden überstehen können, ist daher für den Anfang sicher nicht am Platze, sondern ganz im Gegenteil die Sorge, ob es überhaupt möglich sein wird, hinreichend große Beschleunigung zu erzeugen.

Denn wenn auch eine gewöhnliche Feuerwerksrakete (von 18 mm Kaliber, 50 g Hülse, 90 g Ladung, 60 g Stab, 70 g Nutzlast, zusammen 270 g Startgewicht) bei $C = 300$ m/sec sich einen Rückstoß gleich dem 10 fachen ihres Startgewichts erteilen kann, indem ihre ganze Ladung in genau einer Sekunde abbrennt, also $\frac{1}{3}$ ihres Startgewichts in einer Sekunde schon ausgestrahlt wird, so ist dieses oder ein ähnliches Verhältnis bei einigermaßen großen Modellen gänzlich ausgeschlossen. So vermag z. B. eine große Photorakete von 40 kg Startgewicht und 10 kg Ladung bei 2,5 sec Brenndauer schon nur mehr $^1/_{10}$ ihres Vollgewichts sekundlich auszustrahlen und sich, wenn dies bei $C = 600$ m/sec geschieht, eine Anfangsbeschleunigung vom 6 fachen der Erdschwere zu erteilen. Ein Raumschiff von 3—5 t Startgewicht wird jedenfalls kaum mehr als 2% davon sekundlich auszustrahlen vermögen. Man bedenke, daß selbst ein Flugzeug von 3000 PS Motorenstärke sekundlich nur 200 Gramm Benzin plus etwa der 14 fachen Menge Luft in 3 kg Gasgemisch verwandelt zur Explosion bringt und ausstößt, während hier 60—100 kg Treibstoffe sekundlich vergast, im Raketenofen zur Explosion gebracht und durch die Düsen ausgestrahlt werden müssen.

h) Das Treibstoffproblem der Rakete.

An und für sich ist jeder fest oder flüssig, vorgemischt oder in getrennten Bestandteilen bei kleinem Raumbedarf mitführbare Brenn- oder Explosivstoff zum Betriebe von Raketen anwendbar, doch hängt die besondere Eignung von der Erfüllung gewisser Bedingungen ab. Der Unterschied zwischen Brenn- und Explosivstoffen besteht dabei eigentlich nur darin, daß die ersten verbrennen, indem sie sich mit dem Sauerstoff der umgebenden Luft verbinden, während die letzten den benötigten Sauerstoff schon in sich tragen bzw. in konzentrierter Form zugeführt erhalten. Deshalb ist z. B. Kohle ein Brennstoff, wenn man sie an der freien Luft anzündet, zugleich aber der furchtbarste Sprengstoff, wenn man Kohle gepulvert mit flüssigem Sauerstoff übergießt und entzündet. Ebenso ist Benzin, an freier Luft gezündet, ein harmloser Brennstoff, mit Luft gemischt und vergast entflammt aber ein kräftiger Explosivstoff.

Für den Betrieb von raketenartigen Maschinen erwünscht ist in erster Linie ein hoher Energiegehalt, denn die erreichbare Auspuffgeschwindigkeit C hängt nach der Gleichung $C = 73 \cdot \sqrt{cal/kg}$ vom Kalorieninhalt ab, indem man annehmen darf, daß sich bei guter Ofenkonstruktion und Düsenform $^2/_3$ des chemischen Gefälles in Auspuffgeschwindigkeit der ausgestoßenen Gase verwandeln lassen.

Erwünscht ist ferner eine recht hohe Gaskonstante, denn je größer diese ist, bei um so niedrigerer Temperatur und infolgedessen auch niedrigeren Ofendrucken läßt sich eine hohe Auspuffgeschwindigkeit erzielen. (Vgl. Tab. S. 131).

Ofendruck und Temperatur dürfen nämlich nicht zu hoch werden, da im Gegensatz zu den schweren Kanonenrohren die leichten Raketenhülsen und Ofenwandungen zu hohen Temperatur- und Druckbeanspruchungen nicht gewachsen sein würden, zumal sie nicht nur — wie beim Schuß — kleine Bruchteile einer Sekunde diesen Beanspruchungen ausgesetzt sind, sondern ihnen mindestens viele Sekunden lang bis zu einigen Minuten standhalten müssen. Deshalb ist eine äußere Ofenwandkühlung durch einen Kühlmantel auf jeden Fall erforderlich und bei gewissen Treibstoffen, deren eigentliche Explosionstemperatur sehr hoch ist, auch noch die Einspritzung eines besonderen Kühlstoffes in den Explosionsraum notwendig. Da die eigentlichen Ofen und Düsenfragen im nächsten Abschnitt erst behandelt werden können, hier nicht mehr davon.

Je nach der Verwendung fester oder flüssiger Treibstoffe (gasförmig mitgeführte kommen wegen des hohen Gewichtes der Behälter, in welchen sie komprimiert sein müßten, nicht in Frage) unterscheidet man Pulverraketen und Flüssigraketen. Und je nachdem ob das Abbrennen ununterbrochen oder in einzelnen Explosionen erfolgt, kontinuierliche und intermittierende

Raketen.. Einfach gestopfte Pulverraketen können nur kontinuierlich abbrennen, denn wenn die Ladung einmal entzündet ist, kann man ihr Abbrennen nicht mehr beeinflussen noch unterbrechen. Das gleiche gilt für Raketen, bei welchen der feste Treibstoff in Draht- oder Bandform kontinuierlich eingeführt wird. Dagegen sind Pulverraketen, bei welchen die Ladung in Patronen in den Explosionsraum eingebracht wird, intermittierend. Ebenso dann, wenn bandförmig oder stangenartig nachgeschobenes Pulver durch eine Unterbrechereinrichtung in Portionen zerlegt in den Ofen eingebracht wird. Die normale flüssige Rakete wird auch kontinuierlich brennen, doch kann durch Regulierung der Brennstoff- und Sauerstoffzuleitung der Brand jederzeit genau so beeinflußt werden, wie der heutige Automobilmotor durch den sogenannten Gashebel, der die Drosselklappe im Vergaser betätigt. Richtet man die Flüssigrakete so ein, daß, wie beim heutigen Kolbenmotor, die Einspritzung der Treibstoffe in den Explosionsraum nicht ununterbrochen, sondern irgendwie durch Schnappventile geregelt, nur momentweise erfolgt, dann hat man eine intermittierende Flüssigrakete vor sich.

Alle diese vier Möglichkeiten sind bereits seit Jahrzehnten von verschiedenen Forschern versucht worden, jede hat ihre Vor- und Nachteile, technischen Vorzüge und Schwierigkeiten.

Im allgemeinen läßt sich nur sagen, daß die Pulverraketen leichter herzustellen, aber viel schwächer sind, da der Energieinhalt der festen Treibstoffe an den der flüssigen nicht heranreicht, die aber wieder durch die Zuleitungsfragen große Herstellungsschwierigkeiten bieten. Denn es trifft sich leider so, daß unter den flüssigen Treibmitteln gerade die stärksten äußerst schwierig zu transportieren und zu handhaben sind.

Unter den festen Treibstoffen verdient das altbekannte Schwarzpulver schon deshalb an erster Stelle genannt zu werden, weil fast alle früheren und heutigen Raketen mit einem aus feingemahlenem Schwarzpulver oder sogenanntem Mehlpulver bestehenden Treibsatze geladen wurden. Mit seinen nur 685 cal/kg Energieinhalt, 285 Litern spez. Gasvolumen und 2000⁰ Verbrennungstemperatur erscheint uns vom Standpunkt moderner Ballistik das Schwarzpulver wohl etwas schwach, mußte aber für Feuerwerkszwecke doch immer noch durch Zusatz von mehr Kohlenpulver gemildert, oder, wie der Fachausdruck lautet, faul gemacht werden. In der Energiereihe folgen die Schießpulver von 900—1000 cal/kg, spezifischen Gasvolumen von 800—850 Litern und Explosionstemperaturen von 2400 bis 2500⁰. Geeigneter noch als sie dürften für Raketenzwecke die Nitroglyzerinpulver sein, die bei 40% Sprengölgehalt 1290 cal/kg enthalten, bei 850 Litern spez. Gasvolumen und 2900⁰ Explosionstemperatur. Noch stärker sind die Hexanitroaethanpulver. Nach Stettbacher kann bei ihnen der Energiegehalt der reinen Sprenggelatine von 1620 cal/kg, bei einem spezifischen Gasvolumen von 710—750 Litern und Explosionstemperaturen von 3000 bis 3300⁰ erreicht und sogar übertroffen werden, ohne die Eigenschaft des langsamen Abbrennens einzubüßen.

Bei den flüssigen Treibstoffen muß man unterscheiden, ob der zur Verbrennung benötigte Sauerstoff schon in der Verbindung von vornherein enthalten ist, wie beim Nitroglyzerin, oder in Form reinen, flüssigen Sauerstoffs zugebracht wird, wie bei der Verbrennung der verschiedenen Kohlenwasserstoffe mit flüssigem Sauerstoff, oder ob er von einem sogenannten Sauerstoffträger abgegeben wird, der mit dem eigentlichen Brennstoff im Explosionsmoment zusammengebracht wird, wie beim Panklastit. Endlich besteht noch die Möglichkeit, einen festen oder flüssigen Explosivstoff in einem die Explosionsgefahr verhindernden Mittel gelöst mitzuführen. Man hat dann nur dafür Sorge zu tragen, daß das Gemisch beim Einspritzen in den Ofen wieder zündfähig wird, was beispielsweise durch Verdampfung des Lösungsmittels eintreten kann. Die so entstehenden Dämpfe werden mit ausgestoßen und spielen die Rolle eines Kühlstoffs, der die innere Ofentemperatur herabsetzt.

Da der reine, flüssige Sauerstoff wegen seines niedrigen Siedepunktes von — 183⁰ nur schwer zu handhaben ist, liegt der Gedanke selbstverständlich nahe, einen Sauerstoffträger zu suchen, der bei gewöhnlicher Zimmertemperatur die Eigenschaften einer zahmen Flüssigkeit besitzt. Leider sieht es unter den verschiedenen Stoffen, welche reich an Sauerstoff und bereit sind, ihn abzugeben, nicht sehr freundlich aus. Wasserstoffsuperoxyd ist in wässeriger Lösung ungeeignet und rein kaum herstellbar und noch weniger haltbar. Stickstoffperoxyd wieder ist sehr gefährlich und Überchlorsäure zerfrißt die Wandungen des Explosionsraumes, wobei außerdem nicht zu vergessen ist, daß das nach Abgabe des Sauerstoffs verbleibende Restprodukt Chlorwasserstoff eine tote Last von 36% des Explosionsgasgewichtes ausmacht. Es gibt also kaum einen Sauerstoffträger, der genügend Sauerstoff enthielte und ungefährlicher wäre, als der reine flüssige Sauerstoff.

Unter den flüssigen Treibstoffen ist eigentlich Nitroglyzerin mit 1580 cal/kg, 712 Litern spez. Gasvolumen und 3480⁰ Explosionstemperatur der schwächste. Denn die Mitglieder der Kohlenwasserstoffreihe vom reinen Kohlenstoff angefangen bis zum reinen Wasserstoff liefern Werte (die allerdings je nach Autoren etwas verschieden angegeben werden) von 2200—3780 cal/kg. Das stärkste chemische Gefälle, das uns heute überhaupt zu Gebote steht, ist nach Stettbacher die Verbindung von Ozon mit Wasserstoff, wobei die Betriebsmischung 4500 cal/kg enthält. Wir geben die hauptsächlich in Frage kommenden Werte in Form einer Tabelle (S. 131).

Aus den Ziffern erkennt man sofort die Überlegenheit der Kohlenwasserstoffe, deren Energiegehalt und Auspuffgeschwindigkeit mit dem Wasserstoffanteil im Molekül zunimmt. Der auffallend hohe Wert für Azetylen rührt daher, daß das bei der Verbrennung zerfallende Molekül den größten Teil seiner Bildungswärme von 2000 cal/kg wieder abgibt.

Gegenüber den theoretischen Auspuffgeschwindigkeiten in der letzten Tafelspalte erbrachten bisherige Versuche folgende Ergebnisse. Nach Prof. Goddard ergab Du Pont Pistolenpulver Nr. 3 bei 972,5 Kalorien Energieinhalt im Kilogramm eine Auspuffgeschwindigkeit von 2290 m/sec (statt 2853 m/sec), und mit der Pulversorte Infallible der Hercules Powder Cie. von 1238,5 Kalorien Energieinhalt im Kilogramm ließ sich sogar 2434 m/sec (statt 3220 m/sec) erreichen. Die höchste Auspuffgeschwindigkeit lieferte das Verbrennen von Wasserstoff und Sauerstoff nach Prof. Oberths Erfahrung mit einem Knallgasgebläse, nämlich 3900 m/sec. Sie kann dadurch, daß man die bei den hohen auftretenden Temperaturen merklich störende sogenannte Dissoziation verhindert, wahrscheinlich auf 4500 m/sec gesteigert, vielleicht sogar nahe an 5000 m/sec herangebracht werden.

Die Dissoziation tritt in diesem Falle als eine Störung der vollkommenen Verbrennung auf, geradeso, wie wenn bei niedrigen Temperaturen im Benzinmotor das vom Vergaser gelieferte Benzindampf-Luftgemisch nicht richtig zusammengesetzt ist und zuviel oder zuwenig Sauerstoff enthält. Nur ist hier die Ursache gewissermaßen die umgekehrte. Tritt beim Benzinmotor bei unrichtigem Gasgemisch unvollkommene Verbrennung ein, so tritt die Dissoziation gerade bei theoretisch richtiger Mischung von Wasserstoff und Sauerstoff zu Knallgas (2 Gewichtsteile Wasserstoff mit 16 Gewichtsteilen Sauerstoff) am stärksten auf. Sie ist abhängig von Druck und Temperatur und erfaßt z. B. bei 1 Atm. Gasdruck bei 2000° abs. T. 0,59%, bei 2500° bereits 3,98%, bei 3000° sogar 12%, bei 3500° endlich nicht weniger als 27% der sich bilden sollenden Wasserdampfmoleküle.

Durch Steigerung des Gasdrucks kann man allerdings die Dissoziation zurück drängen, denn z. B. bei 10 Atm. Druck und 2000° zerstört sie nur 0,273%, bei 2500° abs. T. bloß 1,98% der Moleküle, man kommt aber nach diesem Verfahren sehr schnell an die obere technische Grenze für die Druckfestigkeit der Wandung des Raketengeräts.

Wesentlich vorteilhafter ist es daher, die Dissoziation durch Zusatz eines Verdünnungsgases zu verhindern, das, an sich an der Verbrennung unbeteiligt, indem es mit erwärmt werden muß, als Kühlstoff wirkt. Man könnte hierzu z. B. Stickstoff nehmen, doch ist dieser wegen seiner niedrigen Gaskonstante $(R = 30{,}26)$ und geringen spez. Wärme $(W_{sp} = 0{,}25)$ wenig geeignet, denn er kühlt nur schlecht und belastet die Auspuffgeschwindigkeit. Denn diese ist bei gleicher Temperatur und gleichem Druck umgekehrt proportional der Wurzel aus dem Molekulargewicht des Gasgemisches. Daraus folgt, daß man am vorteilhaftesten als Verdünnungsgas wieder Wasserstoff nimmt, denn dieser vereint den Vorzug höchster Gaskonstante $(R = 420{,}6)$ mit größter spez. Wärme $(W_{sp} = 3{,}41)$, kühlt also gewaltig und erhöht unter sonst gleichen Umständen die Auspuffgeschwindigkeit mächtig.

In diesem Sinne hat Prof. Oberth schon 1923 eine Mischung von 4 Gewichtsteilen Wasserstoff auf 16 Teile Sauerstoff, oder wie man auch sagen kann, 100% Wasserstoffüberschuß zur Erzielung der höchsten Auspuffgeschwindigkeit vorgeschlagen. In neuester Zeit sind sich Dr. v. Hoefft und Ing. G. Pirquet anscheinend darin einig geworden, daß der Bestwert sogar erst bei 200%igem Wasserstoffüberschuß liegt. Noch viel weiter will Joh. Winkler gehen, indem er den Wasserstoffüberschuß auf mehrere Tausend Prozent zu steigern gedenkt, so daß der tatsächlich mit dem Sauerstoff verbrennende Anteil nur eine Heizflamme für den übrigen Wasserstoffrest bildet.

Die Rechnung zeigt indessen alsbald, daß man auch hier nicht übertreiben darf, denn für die Miterhitzung des überschüssigen Wasserstoffs wird derartig viel Wärme verbraucht, daß das Auspuffgas schließlich doch zu kalt wird und trotz der Steigerung der Gaskonstante für das Gemisch die sich ergebende Auspuffgeschwindigkeit wieder sinkt. (Vgl. nachstehende Tabelle). Es sind nämlich (nach Oberth) zur Anwärmung von 1 kg Wasserstoff auf hohe abs. Temperaturen $3{,}4\ (T + 12)$ Kalorien, für 1 kg Sauerstoff $0{,}218\ (T + 144)$ Kalorien, für jedes Kilo Stickstoff $0{,}244\ (T + 121)$ Kalorien erforderlich.

Betriebsmischung	Spez. Gewicht	Raum-bedarf 1 Kilo	Molek.-Gewicht	Mögl. Explos. Höchst abs. T	Ohne Düse C'	Mit Düse C
Benzol .....+ O_2	1,060	0,994	318	Ohne Berücksichtigung der		
Benzin .....+ O_2	0,996	1,003	514	Dissoziation, jedoch mit An-		
Äthylalkohol... + O_2	0,995	1,005	142	wärmung des überschüssigen		
Methan .....+ O_2	0,994	1,006	80	Wasserstoffs berechnet. ($\varkappa$ konst. = 1,4)		
0% Übersch. 2 H_2 + O_2	0,423	2,365	18,00	6650⁰	2444	4535
50% » 3 H_2 + O_2	0,334	2,995	12,60	4920	2535	4718
100% » 4 H_2 + O_2	0,281	3,555	10,00	3930	2545	4725
150% » 5 H_2 + O_2	0,246	4,065	8,40	3275	2535	4718
200% » 6 H_2 + O_2	0,221	4,530	7,33	2820	2530	4710
300% » 8 H_2 + O_2	0,188	5,320	6,00	2180	2450	4560
500% » 12 H_2 + O_2	0,151	6,630	4,67	1510	2315	4315
1000% » 22 H_2 + O_2	0,116	8,620	3,45	850	1990	3700
1500% » 32 H_2 + O_2	0,102	9,810	3,00	588	1800	3345
2000% » 42 H_2 + O_2	0,095	10,530	2,76	449	1645	3060

In guter Übereinstimmung dazu befinden sich die von Ing. G. Pirquet (in dem S. 16, Fußn., angezogenen Leyschen Sammelwerk) veröffentlichten Ergebnisse, die noch die Veränderlichkeit von $\varkappa$ berücksichtigen und den Beweis liefern, daß man entgegen dem Einwand das Auspuff-C über die innere Molekulargeschwindigkeit treiben kann.

Nach Pirquet. Für:	Düsen-Mund T	$\varkappa$	Auspuff C	Für:	$\varkappa$	Auspuff C
100% H-Überschuß ... Molek.-Gew. d. Misch. = 10	1500⁰	1,24	3600 m/s	200%	1,26	3800 m/s
Rak.-Ofen-Temp. 3100⁰ .	1000⁰	1,25	4100 m/s	2600⁰	1,27	4300 m/s

Da hier die Düsenmund-Temperaturen ungünstig hoch angenommen sind, kann man im Einklang mit der vorhergehenden Tabelle des Verfassers wohl annehmen, daß bei 150—300% H-Überschuß schon bei Ofentemperaturen von 3000⁰ bis herunter zu 2000⁰ und nur 20 Atm. Ofendruck bereits

Auspuffgeschwindigkeiten $C = 4000$—4500 m/sec erzeugt werden können.

Es könnte daher scheinen, daß es sehr leicht und schon beim Massenverhältnis $M_0/M_1 = 20 : 1$ der vollen zur leeren Maschine möglich sein müßte, mit einstufigen Knallgasraketen eine Endgeschwindigkeit von 12500 m/sec zu erreichen und die Erde zu

9*

verlassen. Leider ist dies nicht der Fall. Man darf nämlich nicht vergessen, daß der Raumbedarf pro Kilo Betriebsmischung mit dem Wasserstoffüberschuß gewaltig steigt (s. Tab. S. 131), was bei gleicher äußerer Schiffsform auch den Querschnitt und damit den Luftwiderstand vergrößert; und endlich, daß die Mitführung verflüssigter Gase wegen der notwendigen doppelwandigen Vakuumflaschen (sog. Dewarscher Thermosflaschen) große Schwierigkeiten bereitet. Während es nämlich technisch unschwer so eingerichtet werden kann, daß bei Benzinraketen die Tankbehälter für diesen Stoff gleichzeitig die äußeren Schiffswände z. T. bilden bzw. konstruktiv ohnehin notwendige Spantwände vorstellen, so daß ein besonderer Gewichtsaufwand für diese Tankbehälter ganz fortfällt, läßt sich das Gewicht der Vakuumflaschen nur schwer unter ein gewisses Verhältnis zum Inhalt herunterdrücken. Besonders für den spez. leichten flüssigen Wasserstoff, von dem erst 14 Liter 1 kg wiegen, hält es sehr schwer, das Gefäßgewicht unter $1/_2$ des Inhaltsgewichts zu drücken. Für flüssigen Sauerstoff kann man vielleicht $1/_{32}$ erreichen. Für ein Betriebsgemisch von 200% H-Überschuß würden also für die 12 kg H die Gefäße mit 6 kg, für 32 kg O die Gefäße mit 1 kg, für 44 kg Mischung die letzten demnach mit 7 kg anzusetzen sein. Daraus folgt, daß schon für die Flaschen mit ihrem Inhalt allein das Massenverhältnis M_0/M_1 nicht über 44 : 7 oder rund 6,3 : 1 gebracht werden kann. Einschließlich des Raketenofens, der Zerstäuber, Pumpen, der Schiffswandungen und Nutzlast wird es daher sehr schwer halten, für eine einstufige Knallgasrakete das Verhältnis von Startgewicht zu Leergewicht M_0/M_1 über 2,7 : 1 zu bringen. So wird das schöne hohe Auspuff-C des Wasserstoffs an der leidigen Mitführungsfrage jammervoll zunichte. Denn es folgt aus der Grundgleichung des Raketenantriebs, daß man mit halb so hohem Auspuff-C, für ein um e (die Basis der nat. Logar.) größeres Massenverhältnis, dieselbe ideale Antriebsleistung erzielen kann. Ein Verhältnis des Startgewichts zum Leergewicht, wie 7,4 : 1 $= e^2 : 1$ ist aber für eine Benzin-Sauerstoffrakete sicher nicht schwieriger erreichbar, als für eine Knallgasrakete das vorhin angegebene von $e : 1$.

i) Die Ofen- und Düsenprobleme der Rakete.

Unter dem Ofen einer Rakete verstehen wir den Raum, in welchem die Verbrennung der Treibstoffe stattfindet, unter der Düse die an die Öffnung des Ofens angesetzte trichterförmige Erweiterung, aus deren Mündung die Feuergase ins Freie entweichen.

Der Ofen hat dabei die Aufgabe, den Explosionsvorgang zu bewirken und die gebildeten heißen Gase von hohem Druck in sich aufzunehmen. Die Düse dagegen hat den Zweck, die Entspannung der aus der Öffnung des Ofens mit Überdruck austretenden Gase auf den äußeren Luftdruck für die Bewegung des Schiffes nutzbar zu machen.

Wäre der Ofen ein allseitig geschlossener Kessel, so würden ihn die Gase wohl mit einem allseitigen inneren Wandungsdruck erfüllen, aber es würde keine nach außen wirkende Kraft auftreten, da jeder Druckanteil gegen irgendeine Wandfläche durch einen ebenso großen, aber entgegengesetzt gerichteten Druck gegen den gegenüberliegenden Wandteil gerade aufgehoben wird.

Dadurch aber, daß der Raketenofen auf einer Seite eine Öffnung aufweist, aus welcher die Explosionsgase ins Freie austreten können, entsteht die Rückstoßkraft, weil der nach vorwärts wirkende Druck auf denjenigen Teil der zur Spitze der Rakete gewandten vorderen Ofenwand, welche der rückwärtigen Öffnung gegenüber liegt, durch keinen Gegendruck mehr aufgehoben wird.

Die Größe dieses Rückstoßes für einen Ofen allein ohne angesetzte Düse ist einfach gleich der Querschnittsfläche der Ofenöffnung mal dem inneren Ofendruck in Atmosphären, was auch ohne weitere Erklärung einleuchtet. Dabei ist der Austrittsdruck der Gase in der Öffnung der Ofenwandung noch ungefähr halb so hoch wie im Ofeninnern.

Abb. 36. Schematischer Schnitt durch eine Rakete. O Ofen, DH Düsenhals, DÖ Düsenöffnung. Öffnungswinkel am besten 7—8°.

Das in ihrer weiteren Entspannung auf den äußeren Atmosphärendruck steckende Arbeitsvermögen der Explosionsgase geht in diesem Falle ungenutzt für das Raketenschiff verloren.

Wird aber eine entsprechend konstruierte Düse angesetzt, dann kann dieses Arbeitsvermögen in Gestalt einer Steigerung der Auspuffgeschwindigkeit C der Explosionsgase auf fast das Doppelte ihrer Geschwindigkeit beim Austritt aus der Ofenöffnung für die Bewegung des Schiffes nutzbar gemacht und damit auch der Rückstoß auf rund das Doppelte des oben für eine düsenlose Nur-Ofenrakete angegebenen Wertes getrieben werden.

Die Düse muß dabei so beschaffen sein, daß ihre obere Halsweite genau mit der Ofenöffnung übereinstimmt; ihre untere Mündungsweite folgt dann theoretisch aus der Bedingung, daß die adiabatisch sich ausdehnenden Gase aus ihr mit einem Druck, der dem der umgebenden Luft gleich ist, ins Freie entweichen sollen.

Da nun der Luftdruck in bekannter Weise (s. S. 46) vom Meeresspiegel bis an die Grenze des leeren Weltraumes abnimmt, so müßte eigentlich die Düsenform eines aufsteigenden Raumschiffes fortgesetzt verändert und den Druckverhältnissen angepaßt werden. Praktisch ist dies natürlich nicht möglich, und man muß daher auch hier, wie sooft, sich mit einer für mittlere Verhältnisse berechneten Düse begnügen, was man hier um so eher in Kauf nehmen kann, als der Rückstoß mit abnehmendem Luftdruck ohnehin zunimmt, um im Vakuum seinen Höchstwert zu erreichen. Die mehrfach vorgeschlagene Anwendung von Regulierstiften wie bei den Pelton-Wasserturbinen dürfte an der Kühlungsfrage der Stifte scheitern.

Für die überschlägliche Berechnung des bei gegebenem zulässigen inneren Ofendruck zur Erzeugung des erforderlichen Rückstoßes notwendigen Düsenhalsquerschnitts hat man daher einfach den erforderlichen Gesamtrückstoß in kg durch das Doppelte des inneren Ofendrucks in Atm. zu teilen, um die Fläche des Düsenhalsquerschnittes in cm² zu finden, woraus sich in bekannter Weise die Düsenhalsweite durch Division durch die Zahl π und Wurzelziehen ergibt. Die Düsenmündungsweite darf man dann für mittlere Verhältnisse gleich dem 3—6fachen der Düsenhalsweite ansetzen (und zwar je höher der innere Ofendruck war, um so größer). Die Düsenlänge ergibt sich dann aus der von Prof. Goddard im Laboratorium gewonnenen Erfahrung, daß Düsen von 7—8⁰ Öffnungswinkel den besten Nutzeffekt ergeben haben.

Wie wichtig die Form der Düse für die Umsetzung der Explosionsenergie in Auspuffgeschwindigkeit ist, das haben zahlreiche Versuche ergeben. Nach den Messungen Prof. Goddards erreicht der thermische Wirkungsgrad bei den gewöhnlichen Feuerwerksraketen kaum 2%, d. h. nur 2% von der im Pulver enthaltenen chemischen Energie werden in Auspuffgeschwindigkeit umgesetzt. Schon bei Düsen von ½ cm Halsweite und 8⁰ Öffnung konnte Goddard aber 30—50% erreichen und bei Düsen von 1 cm Halsdurchmesser und 8⁰ Öffnungswinkel erzielte er gar 57—65%. Dieser außerordentliche, die besten Dieselmotoren (37%) weit übertreffende thermische Wirkungsgrad erklärt sich durch die Höhe der Verbrennungstemperatur, durch die geringe Wärmeabgabe durch Leitung, durch das Fehlen der Reibung und durch die Unmittelbarkeit der Energieumsetzung, da ja hier keine Kolben und sonstigen Maschinenteile erst in Bewegung zu setzen sind.

Zur genaueren Berechnung der Ofen- und Düsenverhältnisse benutzt man die sog. Zeunersche Gleichung und die aus ihr in Verbindung mit den Gasgesetzen abgeleiteten Beziehungen.

Bezeichnet man den inneren Ofendruck mit p_i (in kg/m²), das spezifische Gasvolumen mit v_i (in Litern), die absol. Explosionstemperatur mit T_i; ferner an der engsten Stelle des Düsenhalses den lichten Querschnitt mit f_1, den dort herrschenden Gasdruck mit p_1, das dortige spezifische Volumen mit v_1, die dort geltende Temperatur mit T_1, die Strömungsgeschwindigkeit der Gase mit C_1 (in m/sec) und analog im Austrittsquerschnitt der Düsenmündung mit p_a, v_a, T_a und C_a. Setzt man weiter das Verhältnis der spezifischen Wärmen des Explosionsgases $c_p : c_v = k$, die Erdschwere in üblicher Weise gleich g und den nur wenig abweichenden Reibungskoeffizienten der Gase beim Durchströmen der Düse mit φ, dann gelten folgende Gleichungen: Es ist der Druck im Düsenhals =

$$p_1 = p_i \cdot \left(\frac{2}{k+1}\right)^{\frac{k}{k-1}}$$

und die Strömungsgeschwindigkeit an dieser Stelle =

$$C_1 = \varphi_1 \sqrt{2g \cdot \frac{k}{k-1} \cdot p_i v_i \cdot \left\{ 1 - \left(\frac{p_1}{p_i}\right)^{\frac{k-1}{k}} \right\}};$$

diese ist weiter an der beliebigen Stelle der Düse mit dem Querschnitt f_x, wo der Gasdruck p_x herrscht, =

$$C_x = \varphi_1 \cdot \sqrt{2g \cdot \frac{k}{k-1} \cdot p_i v_i \left\{ 1 - \left(\frac{p_x}{p_i}\right)^{\frac{k-1}{k}} \right\}}$$

und in der Düsenmündung im Austrittsquerschnitt f_a, wo der äußere Atmosphärendruck p_a herrscht, =

$$C_a = \varphi_1 \cdot \sqrt{2g \cdot \frac{k}{k-1} \cdot p_i v_i \left\{ 1 - \left(\frac{p_a}{p_i}\right)^{\frac{k-1}{k}} \right\}}.$$

Für $p_i v_i$ kann nach dem Gasgesetz auch $R \cdot T_i$ gesetzt werden, wobei R die sog. Gaskonstante bedeutet. Man erkennt daraus sofort, daß man bei nur halb so hoher innerer Ofentemperatur T_i dieselbe Auspuffgeschwindigkeit C_a erreichen kann, wenn die Gaskonstante R in diesem Falle den doppelten Wert hat. Daraus geht die ungeheure Überlegenheit des Wasserstoffs ($R = 420$) den anderen Gasen gegenüber, deren Gaskonstante meist 10—20 mal niedriger ist, deutlich hervor.

Das Gewicht der sekundlich ausströmenden Gasmenge ist gegeben durch die Gleichung $G = C_1 f_1 : v_1 = C_x f_x : v_x = C_a f_a : v_a$, da selbstverständlich dieselbe Gasmenge die ganze Düse durchströmen muß. In den früheren Einheiten ausgedrückt, ergibt sich das Gewicht =

$$G = \varphi_1 \cdot \left(\frac{2}{k+1}\right)^{\frac{1}{k-1}} \cdot \sqrt{\frac{2g \cdot k}{k+1}} \cdot f_1 \cdot \sqrt{\frac{p_i}{v_i}}.$$

Ist der engste Düsenquerschnitt willkürlich festgesetzt, dann berechnet sich der zur adiabatischen Ausdehnung der Gase erforderliche beliebige Düsenquerschnitt aus

$$f_x/f_1 = (C_1/C_x) \cdot (v_x/v_1)$$

und aus der Bedingung, daß dort der Druck p_x gelten soll nach der Gleichung

$$\frac{f_x}{f_1} = \sqrt{\frac{\beta^{\frac{2}{k}} - \beta^{\frac{k+1}{k}}}{\left(\frac{p_x}{p_i}\right)^{\frac{2}{k}} - \left(\frac{p_x}{p_i}\right)^{\frac{k+1}{k}}}}, \quad \text{wobei } \beta = \left(\frac{2}{k+1}\right)^{\frac{k}{k-1}} \text{ bedeutet.}$$

Endlich ist die absolute Größe des Rückstoßes, von dem wir bereits wissen, daß er gleich der sekundlich ausgestrahlten Masse mal ihrer Geschwindigkeit ist, in der Ausdrucksweise der vorstehenden Formeln

$$P \text{ (kg)} = 2\varphi_1^2 \cdot \frac{k}{\sqrt{k^2-1}} \cdot \left(\frac{2}{k+1}\right)^{\frac{1}{k-1}} \cdot f_1 \, p_i \cdot \sqrt{1 - \left(\frac{p_a}{p_i}\right)^{\frac{k-1}{k}}}.$$

Für $k = 1{,}40$ wird danach $P = 1{,}857 \, (f_1 \, p_i)$, d. h. wie bereits oben gesagt, nahezu gleich dem doppelten der Rückstoßkraft, welche dieselbe Raketenofen unter Fortlassung der Düse ergeben würde.

In der Schlußgleichung für P bestimmt die Wahl des Treibstoffes den Wert von k, der zwischen den Grenzen 1,2—1,6 schwanken kann, wobei es gleichgültig bleibt, ob der Treibstoff fest oder flüssig ist.

Während die Explosionstemperatur T unabhängig von den Verhältnissen in Ofen und Düse allein von der chemischen Zusammensetzung des Treibstoffes abhängt (s. Tabelle S. 131) und für Raketen wie für Geschütze denselben Wert behält, ist der tatsächlich im Explosionsraum auftretende Druck bei der Rakete von ganz anderen Bedingungen abhängig als beim Geschütz. Bei der Kanone ist maßgebend der spezifische Druck und die Ladedichte, bei der Rakete spielt zwar auch der erste mit hinein, aber das eigentlich entscheidende ist, welche Brandoberfläche die im Ofen enthaltene Treibstoffladung der Entflammung darbietet. So kann bei gleicher Ofenform und Größe und gleicher chemischer Zusammensetzung und mechanischer Verarbeitung des Treibstoffes bei Pulverraketen doch ein ganz verschiedener Druckverlauf beim Abbrennen erzielt werden, je nachdem die Ladung im Ofenraum angeordnet ist. Bei Flüssigraketen hängt der Ofendruck natürlich von der sekundlich durch die Zuleitung in den Ofen eingebrachten Treibstoffmenge ab.

Soll der innere Ofendruck längere Zeit konstant bleiben, so ist dies bei Pulverraketen nur dadurch zu erreichen, daß die Ladung in der zylindrischen Hülse massiv geschlagen wird. Denn in diesem Falle findet nur an der untern kreisförmigen Begrenzungsfläche der Ladung die Entflammung statt und schreitet mit gleichmäßiger Geschwindigkeit in der Richtung der Längsachse des Zylinders nach vorne vorwärts, bis der ganze Treibstoff aufgezehrt ist. Bei flüssigen Raketen braucht man nur die Regulierung so einzustellen, daß sekundlich gleiche Treibstoffmengen in den Ofen eingespritzt werden.

Soll dagegen der innere Ofendruck einen kräftigen Hochwert am Anfang aufweisen, um gegen Schluß der Verbrennung hin abzusinken, wie es meist bei den üblichen Feuerwerksraketen gewünscht wird, dann muß die Ladung entweder über einen konischen Dorn geschlagen werden oder eine nach der Düse zu sich erweiternde konische Ausbohrung erhalten, welche der Pyrotechniker die Seele der Rakete zu nennen gewohnt ist, während das über dem Ende der Aushöhlung noch verbleibende massive Stück der Ladung die Zehrung genannt wird.

Soll umgekehrt der innere Ofendruck anfangs gering sein und erst später, wenn die wachsende Geschwindigkeit der aufsteigenden Rakete einen größeren Luftwiderstand erzeugt und infolgedessen einen höheren Rückstoß erforderlich gemacht hat,

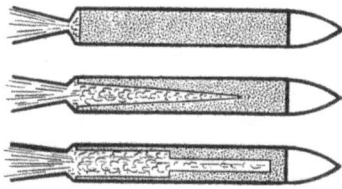

Abb. 37. Die 3 grundlegenden Typen der Ladungsweise einer Rakete.

ansteigen, dann kann man eine zylindrische, gestufte Bohrung fast durch die ganze Ladung führen. In diesem Falle ist die Brandfläche gleich der Mantelfläche des Bohrungszylinders und schreitet die Verbrennung radial gegen die Raketenhülsenwand hin fort, so daß sich die brennende Zylindermantelfläche beständig vergrößert, bis sie der Innenwandung der Hülse am Schluß gleichgeworden ist. Diese drei Grundformen der Ladungsanordnung waren bereits den Pyrotechnikern um 1850 wohlbekannt. (Vgl. Abb. 37.)

Dadurch, daß man schon die Hülse nicht zylindrisch macht, sondern ihr eine konische oder spindelförmige oder sonstwie berechnete Form gibt, hat man es in Verbindung mit geeigneten Ausbohrungen innerhalb weiter Grenzen in der Hand, auch bei Pulverraketen den Verlauf des Ofendrucks und damit auch der Rückstoßkraft zu regeln, selbstverständlich nur vor dem Entzünden der Rakete. Ist diese einmal in Brand gesetzt, so läßt sich dieser in keiner Weise mehr beeinflussen. Bei intermittierenden Pulverraketen hängt die Ofenleistung und damit der erzeugte Rückstoß naturgemäß hauptsächlich von der Anzahl der sekundlich zur Explosion gebrachten Patronen ab, wenn man annimmt, daß die Einzelladung aller Patronen stets dieselbe ist. Bei Flüssigraketen dagegen hat man es durch Regulierung der Zuleitungen in jedem Moment in der Hand, in den Verlauf der Verbrennung einzugreifen, ebenso wie bei kontinuierlichen Pulverraketen durch Regelung der Nachschubgeschwindigkeit.

Natürlich muß der Pilot durch ein Fernthermometer und Manometer am Spritzbrett mit Zeiger in jedem Augenblick in der Lage sein, Ofendruck und Temperatur abzulesen und ebenso durch einen Beschleunigungsmesser, durch ein Stirnluftdruck-Staugerät und Wandungsthermometer imstande sein, über den Luftwiderstand, die Erwärmung der Schiffsaußenhaut und die tatsächliche nach Abzug von Luftwiderstand und Erdschwere verbleibende Beschleunigung des Schiffes sich unterrichten zu können, um die Fahrt mit Raketenmotor ebenso sicher zu beherrschen, wie dies bisher mit Propellermotoren möglich war.

Um einen Begriff von den praktisch in Frage kommenden Ofendrucken zu geben sei angeführt, daß Prof. Oberth für die untere Alkoholrakete seines Modells B etwa 18 Atm., für die Alkoholraketen bemannter Schiffe etwa 80 Atm. angibt, wozu er bemerkt, daß er aber nur 30—40 Atm. für realisierbar hält. Nach Scherschevsky liegt eine Schwierigkeit im konstruktiven Aufbau der Verbrennungskammer bei den Kohlenwasserstoffen darin, daß diese stets einen Mindestdruck von 24 Atm. erfordern, welcher Druck aber bei Anwendung von Wasserstoff und Sauerstoff wesentlich kleiner wird. So bekam auch Prof. Oberth für die Knallgasrakete seines Modells B nur einen Druck von 3 Atm., für bemannte Knallgasraketen von 4—10 Atm. Nach Winklers Vorschlag, die Flamme im Ofen in der Hauptsache nur zur Anheizung des als Kühlstoff eingespritzten Wasserstoffs zu verwenden (H bindet $3,4 \times (T_i + 12)$ cal/kg), dürfte es aber auch möglich sein, bei bemannten Raketenschiffen, die mit Kohlenwasserstoffen befeuert werden, den notwendigen Ofendruck (der nach Prof. Oberths oben zitierter Angabe bis zu 80 Atm. betragen sollte) auf 15—25 Atm. herunterzudrücken, ohne daß man deswegen an Auspuffgeschwindigkeit nennenswert einzubüßen braucht. Gerade durch diese geniale Idee Winklers wird aber die Ausführung auch großer Raketenschiffe, welche mehrere Menschen über den Luftkreis der Erde hinaus zu heben vermögen, in den Bereich der technischen Möglichkeit von heute hereingerückt, weil zugleich auch die Ofentemperatur weit unter 2000⁰ heruntersinkt, so daß ein Schmelzen der Ofenwandung nicht mehr zu befürchten ist, während die sonst auftretenden Temperaturen von über 3000⁰ kaum ein bekannter Auskleidungsstoff der Ofenwand standzuhalten vermöchte.

Für eigentliche Raketen-Raumschiffe wird es stets am besten sein, die äußere Düsenöffnung, die Mündung ins Freie, gleich dem größten Querschnitt des Schiffes zu machen, bzw. bei Raketenschiffen mit mehreren Öfen und Düsen, sie zweckmäßig um die

Hauptachse des Schiffes in dessen größtem Querschnitt anzuordnen. Bei Raketenflugzeugen dagegen wird naturgemäß die Düsenmündungsfläche stets erheblich kleiner sein müssen als die größte Querschnittsfläche, senkrecht zur Fahrtrichtung gemessen.

Es besteht auch die Möglichkeit, aus einem Ofen mehrere Düsen zu speisen, die alsdann wabenförmig am Ofenboden angesetzt sind. Dies bietet den Vorteil einer Verkürzung der Gesamtlänge von Ofen und Düsenapparat, denn da die Düsenhalsweite zur Mündungsweite in einer durch die früheren Formeln gegebenen ausgedrückten Beziehung steht, so folgt daraus für große Halsweiten bei etwa 7—8⁰ mittlerem Öffnungswinkel der Düse eine sehr große Länge. Zerlegt man dagegen die Querschnittsfläche des Düsenhalses in mehrere kleinere Kreisflächen und setzt an jede dieser Öffnungen entsprechende Düsen an, dann ist die Ausnutzung für den Rückstoßeffekt dieselbe, aber die Länge der Düsen wird wesentlich geringer. Dieser offenbare Vorteil wird allerdings zum Teil wieder wettgemacht durch die etwas größere Düsenwandungsfläche, welche erhöhtes Gewicht zur Folge hat, und durch die erschwerte Kühlungsfrage in der Düsenwabe.

k) Angriffspunkt der Kraft und Schiffsschwerpunkt.

Solange die Fahrt in den dichten Luftschichten vor sich geht, kann man sich leicht durch ein Ruderleitwerk, wie bei unseren Flugzeugen, helfen. Für die Stabilität eines Raketenschiffes im stark luftverdünnten oder leeren Raum ist aber die Lage des Angriffspunktes der Kraft zum Gesamtschwerpunkt des Schiffes von ausschlaggebender Bedeutung.

Den Schwerpunkt ermittelt man in der bekannten Weise durch die Feststellung des Massenmittelpunktes der einzelnen Teile und deren geometrischer Summierung. Den Angriffspunkt der Kraft aber findet man für Raketenschiffe durch folgende Überlegung.

Da sich im Ofen alle Druckkräfte, die zwischen sich gegenüberliegenden Wandflächenstücken auftreten, gegenseitig aufheben, darf man nur den lichten Querschnitt der Ofenöffnung, d. h. die engste Stelle des Düsenhalses betrachten. Denkt man sich diese in beliebig viele kleine Flächenelemente zerlegt und errichtet über jeden einen der Längsachse des Schiffes parallelen Pfeil nach vorwärts, so ist der Angriffspunkt der Kraft für jedes dieser Flächenelemente dort zu finden, wo diese Pfeile zum erstenmal auf Metáll, das starr mit dem Gerippe des Schiffes verbunden ist, treffen. Durch Summierung über alle einzelnen Flächenelement-Angriffspunkte erhält man dann den Gesamtangriffspunkt der Kraft für den Ofen. In gleicher Weise muß man dann auch über die nach vorwärts gerichteten Teildruckkräfte an der kegelförmigen Düsenwandung die Summe bilden und erhält so auch für die Düse einen Gesamtangriffspunkt der Kraft. Indem man zuletzt über beide, d. h. den Angriffspunkt der Kraft des Ofens allein und der Düse allein die Summe bildet, erhält man endlich den resultierenden Angriffspunkt der gesamten Rückstoßkraft P gegenüber dem Gesamtschwerpunkt der jeweiligen Schiffsmasse Q.

Über das Gleichgewicht der Raketenschiffe schreibt Prof. Oberth anschaulich folgendes: »Die Rakete sitzt nicht auf dem Rückstoßmittelpunkt, wie der Reiter auf dem Pferd. Da der Stoß immer nur in der Hauptschwerelinie (d. h. in der Schiffslängsachse) erfolgen kann, so befindet sich die Rakete in bezug auf den Rückstoß stets im indifferenten Gleichgewicht.« Daraus glaubt Prof. Oberth auch für die Praxis folgern zu dürfen, daß für die Fahrt im leeren Raume der Angriffspunkt der Kraft auch weit hinter dem Schwerpunkt des Schiffes liegen darf, ohne daß die Gefahr des Überschlagens besteht. Nur für die Fahrt im Luftkreis, dessen Widerstand die Rakete quer zur Fahrtrichtung zu stellen sucht, hält er entsprechende Flossen für erforderlich, und zwar für die Knallgasraketen, welche sich erst in dünnen Hochschichten entflammen sollen, nachdem die ausgebrannten Alkoholraketen bereits abgekuppelt wurden, verhältnismäßig nur kleine, rechteckige Flossen, die den Gasstrom gleich einer Röhre umgeben, dagegen für die unterste Schubrakete, welche den Start durch die dichtesten Luftschichten zu leisten hat, zur Verstärkung der Wirkung sogar kastenartige (s. Abb. 45, S. 175).

Der Auffassung Prof. Oberths stehen einige andere Konstrukteure entgegen. Besonders Hermann Ganswindt, der Altmeister des Raumfahrtgedankens in Deutschland, macht geltend, daß sich eine Rakete, bei welcher sich der Angriffspunkt der Kraft hinter dem Schwerpunkt befindet, nur in labilem, jederzeit leicht umstürzbaren Gleichgewicht befindet. Dies gilt praktisch sicher für mehrdüsige und mehröfige Raketen, wie sie bei Raumschiffen von großer Hubleistung wohl angewendet werden müssen, weil man hier nicht unbedingt damit rechnen darf, daß — wie es Prof. Oberth als Theoretiker voraussetzt — der Angriffspunkt der Gesamtkraft immer genau in der Hauptachse liegt, weil sich ein so vollkommen gleichmäßiges Arbeiten der einzelnen Öfen kaum jemals wird erreichen lassen. Aber auch bei einofigen, eindüsigen Raketen ist nach den Erfahrungen der Raketenbauer mit Schwankungen der Kraftachse infolge ungleichmäßiger Gasausstoßung zu rechnen. Man muß daher, jedenfalls zur sicheren Erhaltung des Gleichgewichts, doch trachten, den Angriffspunkt der Kraft möglichst weit vor den Schwerpunkt des Schiffes zu verlegen, so daß das Gleichgewicht ein stabiles wird und das Schiff durch die Rückstoßkraft gezogen und nicht geschoben wird.

Denselben Zweck hat bei den gewöhnlichen Feuerwerksraketen der lange Stab, denn ohne ihn würden sich auch eindüsige, einöfige Raketenhülsen beim Fluge durch die Luft alsbald überschlagen, weil der Luftwiderstand die Rakete von sich aus quer zu stellen sucht. Für unbemannte Raketen kann man auch als Ersatz für den Stab oder die Flossen eine rasche Achsendrehung setzen, wie sie bei Geschossen durch den Drall der Kanonenrohre hervorgebracht wird. Will man die Rakete nicht aus einem Drallrohr schießen, um ihr schon vom Anfang an eine Achsendrehung mitzugeben, so kann man denselben Effekt auch durch schraubenförmig gewundene Flossen oder spiralig verdrehte Auspuffdüsen erreichen. Für bemannte Raketenmaschinen kommt eine rasche Achsendrehung freilich nicht in Frage, da die Insassen eine solche nicht auszuhalten vermöchten, ohne sofort bewußtlos zu werden.

l) Die Steuerung der Raketenschiffe im Raum.

Die Lenkung von Raketenschiffen kann, solange die Fahrt im Luftkreis vonstatten geht, naturgemäß genau so bewirkt werden wie bei den heutigen Flugzeugen und Luftschiffen, nämlich durch vom Sitze des Piloten aus schwenkbare oder verwindbare Ruder. Im leeren Raume draußen aber kommt nur noch Kreiselsteuerung in Betracht nach dem Grundsatz, daß in einem sich selbst überlassenen Raumschiff die Summe aller Drehmomente in bezug auf den Gesamtschwerpunkt des Schiffes stets gleich Null sein muß.

Würden beispielsweise die Insassen des Schiffes immer in einer Richtung rund um ihre Kammer herumgehen, so würde das Schiff sich um seine Längsachse in entgegengesetzter Richtung zu drehen beginnen, und zwar mit einer Winkelgeschwindigkeit, die reziprok ist dem Verhältnis des Drehmoments des Schiffes zum Drehmoment des sich bewegenden Menschen, bezogen auf die jeweilige Achse. (Um sich dies anschaulich zu machen, denke man sich einen Menschen, der auf einer kreisförmigen Scheibe, die auf senkrechter Achse in Kugellagern gelagert ist, läuft. Er würde trotz größter Anstrengung nicht vom Flecke kommen, da die Scheibe sich unter den Rückwärtsstößen seiner Füße genau mit derselben Kraft nach rückwärts dreht, mit welcher er seinen Körper nach vorwärts zu stoßen sucht.)

Baut man daher im Raumschiff einen Kreisel in kardanischer Aufhängung ein, derart, daß seine Achse relativ zum Schiff vom

Pilotensitz aus durch irgendwelche zwangsläufige Zahnradübertragung in eine beliebige Richtung gestellt werden kann, und läßt man diesen Kreisel durch motorische Kraft anlaufen, dann wird sich das Schiff um die verlängert gedachte Kreiselachse in entgegengesetzte Drehung versetzen. Man erlangt so die Möglichkeit, das Schiff auch im leeren Raume nach Belieben herumzudrehen und seine Spitze bzw. Längsachse in eine gewünschte Himmelsrichtung zu bringen.

Da der Kreisel in sehr rasche Rotation versetzt werden kann, braucht er nur klein und leicht von Gewicht zu sein, denn es genügt vollständig, wenn sein Drehmoment sich zu dem des Schiffes, wie $1:30000 - 1:100000$ verhält. Dreht sich der Kreisel dann mit 100 Touren pro Sekunde, so wird er imstande sein, das ganze Schiff in 5 Minuten einmal um volle 360^0 in beliebiger Lage der Kreisebene im Raum herumzudrehen. Dieser auf jeden Fall notwendige Steuerkreisel ist aber nicht zu verwechseln mit dem vorhin erwähnten, untunlichen Stabilisierungskreisel, der die Aufgabe gehabt hätte, ein Sichüberschlagen des Schiffes zu verhindern.

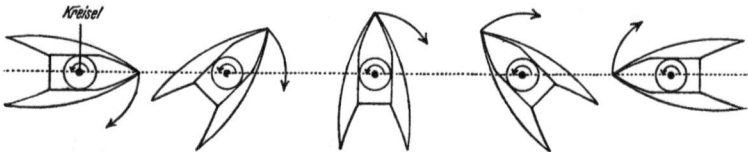

Abb. 38. Das Herumdrehen eines Raumschiffes mit Hilfe der Reaktion des Steuerkreisels.

Eine wirkliche Steuerungswirkung im Sinne einer Ablenkung des Schiffes aus seiner früheren Bahn kann aber naturgemäß nur dann eintreten, wenn nach erfolgter Herumschwenkung der Längsachse in die vorherberechnete neue Raumrichtung die Raketen angelassen werden und eine Schubkraft ausüben. (Vgl. auch das S. 24 über »Richtschüsse« Gesagte.) Denn solange dies nicht geschieht, verfolgt der Schiffsschwerpunkt trotz beliebiger Querstellung der Schiffslängsachse die alte Bahn im Raume weiter.

Werden aber nach dem Willen des Kosmopiloten Steuerkreisel und Raketen gleichzeitig betätigt, so muß es ganz ebenso wie bei unseren Flugzeugen möglich sein, auch im leeren Raume Kurven zu fahren, Rollings und Loopings und alle sonstigen Kunststücke der hohen Schule des Fliegers auszuführen.

Dabei ist zu beachten, daß die neue Raumrichtung der Schiffslängsachse nicht etwa mit der jeweiligen Fahrtrichtung übereinstimmt, sondern daß die neue Achsenlage und Antriebsgröße des Richtschusses nur die eine Komponente darstellt, die

142

erst mit der alten Bewegungsgröße des Schiffsschwerpunktes zusammen die neue resultierende Raumfahrtrichtung liefert.

Von verschiedenen Verfassern wird als eine weitere Steuerungsmöglichkeit die Verwendung von seitlich zur Schiffsachse angebrachten oder ausschwenkbaren Nebendüsen angegeben, die gewiß geeignet sind, inbezug auf den Schiffsschwerpunkt ein Drehmoment zu erzeugen. Man darf aber nicht vergessen, daß es bei dieser Anordnung sehr schwer sein dürfte, die einmal erzeugte Drehbewegung durch eine entgegengesetzte Massenausstrahlung so haarscharf wieder abzubremsen, daß die Längsachse des Schiffes genau in der vorherberechneten neuen Richtung (es handelt sich hier um Bogenminuten und deren Bruchteile) zum Stehen kommt. Denn im leeren Raume geht eine einmal eingeleitete Drehbewegung, solange sie nicht durch eine entgegengesetzt gleichgroße gehemmt wird, bis ins Unendliche weiter.

Wenn man daher schon überhaupt mit Düsengas unter Verzicht auf Kreiselwirkung steuern will, dann dürfte es schon zweckmäßiger sein, durch richtige Steuerflossen und Ruder (wie am Flugzeugschwanz) zu steuern, indem man diese im Feuerschweif der Rakete selbst oder diesem anliegend anordnet, so daß sie durch Ablenkung des Gasstrahls ein Drehmoment auf den Schiffskörper ausüben können.

m) Brennstoffzufuhr- und Vergasungsprobleme.

Bei den kontinuierlich brennenden Pulverraketen ist eine besondere Vorrichtung zu diesem Zweck nicht notwendig, denn die ganze Treibstoffladung befindet sich bei ihr von vorneherein im Ofen. Bei der intermittierenden Pulverrakete wird die Einbringung durch eine Vorrichtung, ähnlich wie bei den Maschinengewehren, besorgt werden können.

Schwieriger wird die Sache aber bei den Flüssigraketen, besonders wenn Treibstoffe verwendet werden müssen, deren Siedetemperatur weit unter — 180° C gelegen ist, so daß die von ihnen durchflossenen Rohrleitungen und Pumpen diesen tiefen Kältegraden ausgesetzt sind.

Ziel des Konstrukteurs muß es jedenfalls sein, es so einzurichten, daß die Treibstoffe um die Ofenwand geführt werden, so daß sie als Kühlmantel wirken und dabei selbst vorgewärmt werden. Gelingt dies, dann wird der Gesamt-Wirkungsgrad des Rückstoßmotors auf 80, vielleicht sogar 90% der Treibstoffenergie hinaufgetrieben werden können.

Von der Leuchtrakete zum Raumschiff.

I. Die geschichtliche Entwicklung der Rakete.

In den folgenden Zeilen, die hauptsächlich auf den Angaben in F. M. Feldhaus »Die Technik« (Verlag Engelmann, Berlin 1914) und Romocki »Geschichte der Sprengstoffe« Bd. I (Verlag Gebr. Jännecke, Hannover 1912) fußen und, ohne den Anspruch auf Vollständigkeit erheben zu wollen, nach Möglichkeit durch gelegentlich gesammelte Quellennotizen ergänzt wurden, soll versucht werden, die Geschichte der Rakete so weit zu zeichnen, als für das Verständnis ihrer Entwicklung bis zum heutigen Stande der Dinge erforderlich erscheint.

a) Von der Erfindung der Rakete bis zum Jahre 1799.

Wer der eigentliche, erste Erfinder der Rakete gewesen ist, weiß man nicht. Nach K. Debus sollen die Chinesen schon 3000 v. Chr. Raketen gekannt und angewendet haben. Auch von Moses, der nach den neuesten Ausgrabungen um 1460 v. Chr. tatsächlich pharaonischer Bergwerksdirektor auf Sinai gewesen zu sein scheint, behauptet ein Buch von Jens Jürgens, daß er Schwarzpulver und Dynamit gekannt und hergestellt habe. Die Bibelstellen von dem »verheerenden Feuer, das aus dem Herrn fuhr, so daß mehr von diesem, als von der Schärfe des Schwertes starben«, deuten an, daß er es auch zu mörserartigen Schußwaffen oder zu raketenartigen Brandgeschossen zu benutzen wußte.

Nach Christus gedenkt jedenfalls Marcus Grecus der Rakete zuerst 845, und Leo der Philosoph fertigte solche um 880 in seinem geheimen Laboratorium an. Die frei aufsteigende Rakete als Kriegsmittel entwickelte sich anscheinend zuerst bei den Chinesen aus deren schon Jahrhunderte früher bekannten Brandpfeilen um 1225 n. Chr. So wurden solche 1232 bei der Belagerung von Pien King als »Lanzen des ungestümen Feuers« benutzt. Aber auch die Araber gebrauchten schon 1249 bei der Belagerung von Damiette Raketen mit Brandkugeln zu ihrer Verteidigung. Albertus Magnus erwähnt sie 1265 in seinem Werke »De mirabilibus mundi«. Um 1285 beschreibt der Araber Hassan al Rammah

144

Nedschm-eddin in seinem Kriegsbuch Raketen unter dem Namen
»Pfeil von China« und verwendet sie auch zur Bewegung eines
Torpedos. 1288 beschoß Jayme I., König von Arragonien,
Valencia mit »fliegenden Feuern«. 1379 findet sich dann in
Muratori Rer. Ital. Script. Bd. 17, S. 379, der erste Nachweis
der Rakete im Abendlande. 1405 beschreibt Conrad Keyser von
Eichstädt eingehend die Rakete mit Stab (Cod. phil. 63 d. Univ.-
Bibl. Göttingen). Auch in einem alten Rüstbuch der Stadt Frank-
furt a. M. wird ein Drachenballon mit der Keyserschen Rakete
geschildert.

Eine ganz eigenartige, alle früheren Angaben über Raketen
weit übertreffende Schilderung aller nur erdenklichen Anwendungs-
möglichkeiten des Raketenprinzips gibt endlich de Fontana 1420.
Er erfindet den Raketenwagen in Gestalt eines auf Rollen
laufenden »Widders« zur Berennung von Festungstoren; das
Raketenboot in der Form eines mit harpunenartigem Schnabel
ausgerüsteten Rammgerätes; das Raketentorpedo in der
Nachbildung eines unter Wasser schwimmenden, durch Raketenkraft angetriebenen Fisches mit Sprengladung im Kopfe; endlich
sogar das Urbild des Raketenflugzeuges in der Form einer
Raketentaube, d. h. einer mit Tragflügeln ausgestatteten, freisteigenden Stabrakete. Diese Einrichtung der Flügel, die auch
später bei Solms erwähnt wird, und die Congreve auch wieder
auffrischte, bietet den Vorteil, daß sich, sobald die Rakete zu
sinken anfängt, die Flügel auf die Luft stützen, und so die Flugbahn gestreckter gestalten und die Wurfweite erhöhen. Fontana
war es aber auch in der äußeren Erscheinung offenbar darum
zu tun, seine Raketentaube einem lebenden, Feuer tragenden
Vogel, wie man sie in jener Zeit auch noch anwandte, möglichst
ähnlich zu machen. Vermutlich wurde er auf den Gedanken dieser
vielseitigen Anwendungen von Raketen zu Kriegszwecken überhaupt dadurch geführt, daß man damals in Pech getauchte
lebende Hasen angezündet auf die Feinde losließ oder auch
Rinder mit brennendem Heu auf den Hörnern der Sturmtruppe
vorantrieb. Vielleicht hat ihn eine für die damalige Zeit seltene
Menschlichkeit den Tieren gegenüber dazu veranlaßt, sie durch
feuertragende Maschinen zu ersetzen. — Von der Ausführung seiner
Ideen wird erwähnt, daß 1421, bei der Belagerung der Hussiten
in Saaz, das eigene Lager der Belagerer durch die (offenbar vom
Winde zurückgetriebenen) Raketentauben in Brand gesteckt
wurde.

In deutscher Sprache beschrieb erstmalig Hans Hartlieb 1437 die Raketen; 1501 Johann Schmidlap. 1530 erwähnt Franz Helm im Weimarer Manuskript das »Rogettl-Zeug«, im Jahre 1547 beschreibt Graf Reinhardt Solms in seiner »Kriegsbeschreibung« Raketen mit Flügeln (Fallschirm). Linhardt Frönsprenger gibt 1557 die »Roget« in »Geschütz und Feuerwerk« an. 1650 schildert Casimir Simienowicz die »Rogetten« für Luft und Wasser. Versuche mit wesentlich größeren Raketen scheint zuerst Christoph Friedrich von Geisler 1668 in Berlin gemacht zu haben. Sie wogen 50—100 Pfund und sollen Bomben mit in die Höhe getragen haben.

Eine Art Wasserdampfrakete zum Antrieb eines Wagens gibt s' Gravensande (Phys. elementa ... etc. Leyden 1720/21 Bd. II) an, indem er dort versucht, nach Angaben von Newton einen Wagen durch den Rückstoß von ausströmendem Wasserdampf zu bewegen.

In Indien hielt sich Fürst Hyder Ali von Mysore im Jahre 1766 ein Raketenkorps von 1200 Mann, das sein Sohn Tipu Sahib 1782 auf 5000 Mann verstärkte. Diese Truppen warfen eiserne Raketenrohre von 3—6 kg, die an Stangen von 8 Fuß Länge saßen. Sie wurden auch bei der Belagerung von Seringapatem 1799 verwendet, wo sie der englische Oberst Congreve kennenlernte. Am 11. Juni 1786 machte Bergstädter zwischen dem Feldberg—Homburg vor der Höhe—Bergen—Philippsruhe optisch-telegraphische Versuche mit Raketen. Der Vollständigkeit halber sei noch erwähnt, daß man im 17. und 18. Jahrhundert Raketen auch bei der Jagd auf in Rudeln auftretende Tiere anwendete, um sie auseinander zu sprengen und einzeln leichter fällen zu können.

Der Name »Rakete« selbst wird übrigens aus dem italienischen Worte »rocchetto«, d. h. Spindel oder Röhrchen hergeleitet.

b) Die Kriegs- und Schiffsrettungsraketen des 19. Jahrhunderts.

Die Schlacht von Seringapatem von 1799 wurde Veranlassung zur Einführung von Kriegsraketen in die englische Armee durch Oberst Congreve, der, von Indien zurückgekehrt, 1804 in England mit selbständigen Versuchen begann und es alsbald zu erstaunlichen Leistungen brachte, die mit denen der damaligen Artillerie sich durchaus messen konnten.

Schon bei seinen ersten Versuchen erreichte er Wurfweiten von 4500 Fuß, im Jahre 1805 schon 8000 Fuß. Später steigerte er weniger die Wurfweiten als die Gewichte der Raketen, da es ihm für seine Kriegszwecke mehr darauf ankam, möglichst schwere Geschosse gegen den Feind zu schleudern. Den ersten größeren strategischen Erfolg erzielte er schon 1806, indem er Boulogne mit 200 Raketen, die von Schiffen aus abgefeuert wurden, in Brand steckte. Im folgenden Jahre schoß er mit Tausenden seiner 12-, 24-, 32- und 48 pfündigen Raketen Kopenhagen in Brand. Daraufhin gewann er das volle Vertrauen des Königs und der Armeeleitung und richtete 1809 ein großes pyrotechnisches Laboratorium in Woolwich ein. Am 16. Oktober 1823 erwarb er sich das Patent Nr. 4853 für seine Erfindungen. Auf dem Gipfel seines Ruhms, der auch in alle anderen kriegführenden Staaten Europas gedrungen war und diese zur Nachahmung seiner Raketen veranlaßt hatte, schrieb er sein Hauptwerk. In diesem Buche, das ausführlich die Anwendung der Raketen bei allen Arten des Kampfes zu Lande und zu Wasser, im Feld- und Befestigungskriege schildert und bestrebt ist, die Vorteile gegenüber den hohen Kosten und Transportgewichten gegenüber der Geschützartillerie hervorzuheben, gibt Congreve an, daß er Raketen bis zu 300 Pfund Gewicht tatsächlich gemacht habe, aber auch solche von 1000 Pfund und darüber für ausführbar hielte. Diese Angabe bezieht sich aber nur auf seine Laboratoriumsversuche, während er für die strategische Verwendung im allgemeinen über die 32 pfündigen Raketen nicht hinausgegangen zu sein scheint. Diese warfen eine 8 pfündige Carcasse 3000 Yards, eine 12 pfündige 2500 Yards und eine 28 pfündige 2000 Yards.

Raketen als Geschoßträger zu verwenden, hatte nach der Beschießung von Kopenhagen mit Congreves Brandraketen schon 1807 der dänische Hauptmann Schuhmacher vorgeschlagen. 1814 fertigte auch ein gewisser Ruggieri Raketen an, die 700 Toisen weit trugen, aber sonst an die Leistungen Congreves nicht heranreichten. 1819 erschien (nachdem es endlich gelungen war, die Geheimnisse Congreves auszukundschaften) auch in Deutschland ein Buch über diesen Gegenstand von Hauptmann Jos. Bem, betitelt »Erfahrungen über die Congreveschen Brandraketen bis 1819«, herausgegeben von Leutnant M. Schuh (Weimar 1820). 1829 dort auch das Originalwerk Congreves in deutscher Sprache.

In Österreich wurde durch F.M.L. Augustin 1812 nach Congreves Muster ein Raketenkorps gegründet, das sich in den Schlachten gegen Italien und Ungarn 1848/49 aufs beste bewährte, 1866 aber gegenüber den inzwischen gewaltig gesteigerten Leistungen der Geschützartillerie versagte, und deshalb 1867 aufgelöst wurde. Auch in Preußen wurde die ungefähr gleichzeitig mit Österreich gegründete Raketeurtruppe 1872 endgültig aufgehoben, da sie im Kriege von 1870 sich nicht mehr behaupten konnte. In England blieben 9pfündige Raketen von 1200 Yards Wurfweite bis 1885 zu Kriegszwecken in Gebrauch, besonders in den Kolonien an Stellen, wo schwere Geschütze nicht hintransportiert werden konnten.

Was die Ladungsweise der Kriegsraketen des 19. Jahrhunderts anlangt, so verwendete (s. Abb. 39) Congreve vornehmlich Raketen mit konischer Seele, Augustin massiv gestopfte mit eingewürgtem Brandloch, während man später in Preußen zylindrisch gebohrte und in Österreich zur Erzielung einer großen Anfangsbeschleunigung sogar mehrstufig-zylindrisch ausgebohrte Seelenraketen anwandte.

Eine besondere Abart, die sog. stablose Rotationsrakete, erfand 1846 der Nordamerikaner William Hale, die später auch in der österreichischen Artillerie Aufnahme fand. Bei ihr wurde die Stabilisierung dadurch erreicht, daß die ausströmenden Gase schraubenförmig gewundene Düsenflügel passieren mußten, wodurch die ganze Rakete in eine rasche Achsendrehung geriet.

Die Kaliber der bisher genannten Kriegsraketen schwankten im allgemeinen nur zwischen 5 und 8 cm, nur Congreve machte auch solche von 12 cm, da er schon damals anscheinend über sehr starke hydraulische Pressen verfügte, wie sie dazu erforderlich sind.

———

Den Gedanken, die Congreveschen Raketen zu Schiffsrettungszwecken zu verwenden, indem sie eine Leine zu dem bedrohten Schiff hinübertragen, hat 1807 Kapitän Treugrouse zu Helston gehabt, aber bis 1824 wenig Beachtung gefunden, denn er hatte seine Versuche nur mit gewöhnlichen Signalraketen unternommen, die für diesen Zweck freilich viel zu schwach sein mußten. Erst Dennet zu Newport auf der Insel Wight erzielte einen Erfolg in diesem Sinne, als er 1824 die stärkste Congrevesche Rakete zum Ziehen der Leine anwandte.

In Deutschland hat Major Stieler, am 17. Oktober 1828, am Memelstrand in Memel den ersten Versuch mit einer Schiffsrettungsrakete unternommen, die 400 Schritte weit trug. 1854 dagegen betrug die Schußweite der üblichen englischen Schiffsrettungsraketen schon 1000 Fuß, in Deutschland 1300 Fuß.

Fortschritte in bezug auf die Wurfweite wurden schon damals für möglich erachtet, aber für diesen Zweck nicht angestrebt.

Die englischen Schiffsrettungsraketen trugen den zur Stabilisierung notwendigen Stab in der von unseren kleinen Lustfeuerwerksraketen her jedermann bekannten Weise seitlich angebunden, die deutschen waren sog. Achsenstabraketen, bei welchen der Stab durch eine dreizinkige Gabel am offenen unteren Ende der Rakete angesetzt war. Diese letzte Bauart bietet ohne Zweifel den Vorteil größerer Stabilität, freilich auf Kosten einer Einbusse an Treibkraft. Sie wurde trotzdem ab 1880 für alle Großraketen üblich, bei welchen es in erster Linie auf Treffsicherheit und weniger auf die Wurfweite ankam.

Um einen Begriff von den genannten Schiffsrettungsraketen zu geben, einige Daten aus Polyt. Journ. v. 1867, S. 275: »Bei einem Kaliber von 8 cm und 55 cm Länge, an welche ein Stab von 5 Fuß 9½ Zoll angesetzt war, betrug die Ladung 7½ Pfund Treibpulver, das Gesamtgewicht 38½ Pfund. Die geladene Rakete ohne Stab wog 31 Pfund, die leere 2½ Pfund, der Kopf allein 16 Pfund. Dieser war so schwer gemacht, damit die Rakete durch den Wind nicht abgetrieben wird. Ohne Leine betrug die Flugweite 3000 Fuß, mit Leine von 1 Zoll Umfang aus 27 Fäden von 1440 Fuß Länge und 42 Pfund Gewicht, 1200—1300 Fuß.

Auch auf dem Gebiete der flüssigen Treibstoffraketen ist das 19. Jahrhundert nicht ohne Beispiele geblieben. Schon 1841 erhielt der Engländer Charles Golightly ein Patent auf eine durch Dampfraketenkraft angetriebene Flugmaschine, eine Erfindung, die zu seiner Zeit immerhin so viel Aufsehen erregte, daß die zeitgenössischen Karikaturisten bildliche Darstellungen dar-

Abb. 39. Schnitt durch eine englische Schiffsrettungsrakete, *H* Haube, *W* Wandung, *T* Treibladung, *S* Seele, *g* Gabel. *c* Stabanschraubung.

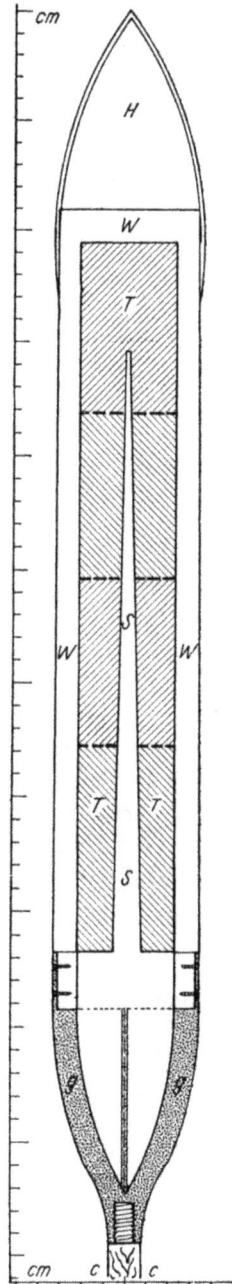

über brachten. Wahrscheinlich ist Golightly durch die Erfolge der Pulverraketen Congreves angeregt worden, und hat durch seine Konstruktion das Bestreben verfolgt, eine dauernd wirksame Raketenmaschine zu schaffen. Ob er ein Modell jemals ausgeführt hat, ist nicht bekannt. Er teilte das Schicksal so vieler Erfinder, die ihrer Zeit zu weit vorausgeeilt waren: seine Patentschrift wurde

Abb. 40.

gar nicht veröffentlicht, und er starb arm und unbekannt. Kein Wunder, daß er kaum Nachahmer fand, bis 1895 der Peruaner Pedro E. Paulet mit einer Flüssigrakete von erstaunlicher Leistung hervortrat. Auch dieser, damals ebenfalls verkannt, hat erst in der Nummer vom 7. Oktober 1927 der in Lima (Peru) erscheinenden Tageszeitung »El Commercio« berichtet.

Er schreibt: »Meine entscheidenden Versuche wurden mit dem damals neuen Vanadiumstahl und mit Panklastiten gemacht, die Turpin, der Erfinder des Melinit, damals gerade herausbrachte. Im oberen Teil der im Inneren konisch geformten Rakete von 10 cm Höhe und in der offenen Basis von 10 cm Durchmesser wurde durch entgegengesetzte und mit Schnappventilen versehene Leitungen auf der einen Seite Stickstoffperoxyd und von der anderen Seite Benzin eingeführt. Der elektrische Funke einer Zündkerze, wie sie heute bei den Automobilen verwendet wird und die in halber Höhe in das Innere der Rakete gestellt wurde, führte die Explosion herbei. Um nun die Anfangsversuche zu machen, wurde die Rakete mit Außenringen aus langen, biegsamen Rohren versehen, welche die erwähnten Zuleitungen zum Stickstoffperoxyd und Benzindepot miteinander verbanden. Außerdem war die Rakete mit einer Zündvorrichtung ausgerüstet und konnte so ihren Aufstieg zwischen zwei in vertikaler Richtung parallel laufenden Drähten beginnen. Am oberen Teile war zwischen den Drähten ein star-

150

ker, sich federnder Dynameter angebracht, welcher, indem er dem Druck der Rakete standhielt, annähernd ihre Stoßkraft messen konnte. Die Ergebnisse dieser Versuche waren über alle Maßen befriedigend. Eine einzige Rakete, von 2½ Kilo Gewicht und etwa 300 Explosionen in der Minute, konnte sich nicht nur in beständigem Anprall gegen den Dynameter, der einen Druck von 90 Kilo anzeigte, halten, sondern lieferte auch den Nachweis, daß es ihr möglich war, eine Stunde lang ohne nennenswerte Deformierung zu funktionieren. Unter diesen Umständen war die Annahme durchaus berechtigt, daß, sobald man über zwei Batterien zu je 1000 Raketen verfügte, von denen die eine in Tätigkeit war, während die andere ruhte, die Hebung von einigen Tonnen vollständig im Bereich der Möglichkeit lag.

Die Unmöglichkeit, weitere Versuche mit so gefährlichen Explosivstoffen, wie das Stickstoffperoxyd fortzusetzen und verschiedene andere persönliche Abhaltungen waren die Ursache, daß die Experimente seit dem Jahre 1897 ruhten.«

Somit hat das 19. Jahrhundert nicht abgeschlossen, ohne einen verheißungsvollen Auftakt für die motortechnische Entwicklung der Rakete zu liefern. Diese Versuche des Peruaners Pedro E. Paulet sind um so bedeutungsvoller für die gegenwärtigen Projekte zur Verwirklichung eines Raketenschiffes, als sie zum ersten Male gegenüber den nur wenige Sekunden brennenden Pulverraketen bewiesen haben, daß bei Anwendung flüssiger Treibstoffe die Konstruktion eines stundenlang arbeitenden Raketenmotors möglich ist.

c) Die Entwicklung der Rakete von 1900 bis 1928.

Schon bald nach dem Jahre 1900 eroberte sich die Rakete neue Anwendungsgebiete.

Angeregt durch die Erfolge der Wetterschußkanone des Bürgermeisters Stieger, der im Jahre 1895 das ganze Gebiet Windisch-Feistritz in Steiermark durch solche Kanonen schützte, kam die pyrotechnische Industrie auf den Gedanken, den Hagel durch Raketen zu bekämpfen. Sie erkannte die Möglichkeit, die hagelauflösende Erschütterungswirkung des Kanonenschusses, die bei dem Stiegerschen Geschütz vom Boden ausging, mitten in die Hagelwolke selbst zu verlegen, wodurch eine ungeheure Ersparnis an Kosten bei gleicher bzw. überlegener Leistung erzielt werden konnte.

Die besten Erfolge erzielte die schweizerische Hagelrakete des Pyrotechnikers Müller in Emmishofen, deren durch Graf Zeppelin gemessene Steighöhe 800—1200 m erreichte.

Mittels solcher Raketen wird heute in der Schweiz allerwärts der Hagel bekämpft. Gemeinden, landwirtschaftliche Vereine, Weinbergsbesitzer

u. a. schießen bei Hagelgefahr solche Raketen ab, deren Wirkungsgrad etwa einen Quadratkilometer umfaßt. Wird erst eine Rakete abgeschossen, wenn schon die ersten Hagelkörner fallen, so bewirkt — nach den Angaben von Karl Birner in Konstanz — die erreichte Luftbewegung nach der Detonation, daß sich der Hagel in Schneelappen verwandelt, um nach der zweiten und dritten Rakete sich ganz in Regen aufzulösen. Werden die Raketen gleichzeitig abgeschossen, so fällt nur Regen. Es ist erwiesen, daß während innerhalb der Sprengwirkung des Raketenkopfs kein Hagel niedergeht, es außerhalb deren Zone hagelt. Auf einzelnen Strecken der Schweiz werden daher bei Hagelgefahr von Kilometer zu Kilometer Raketen abgeschossen.

Das geradezu Paradoxe an dieser Wirkung der Hagelraketen ist, daß die Schmelzwärme, welche rechnungsmäßig erforderlich ist, um das Hageleis im Wirkungskreis der Rakete in Wasser zu verwandeln, den Energieinhalt der Sprengladung der Rakete um das Mehrhundertfache übertrifft. Die Wirkung kann also keine unmittelbare sein, sondern muß mehr auf einer Auslösung von fremden, im Luftkreis enthaltenen Energien beruhen. Die Hagelraketen gehören dabei keineswegs zu den größten Raketentypen, sondern werden in Kalibern von 3—4 cm, bei einer Länge von 25—35 cm, meist noch in einfacher Papphülse ausgeführt.

Ebenso hat man seit 1900 öfters kleinere Raketen zu Botenzwecken verwendet, z. B. um über Flüsse und Ströme, über welche weithin keine Brücke führt, in Ermangelung eines Bootes Nachrichten zu schießen. Auch hat man solche Raketen, die an einfachen Haken wie eine Seilschwebebahn längs Drähten liefen, angewendet, um bei Sturmfluten und ähnlichen Naturkatastrophen abgeschnittene Gehöfte mit Nachrichten und Nahrungsmitteln zu versorgen. Auch verwendete man mittlere Raketen vielfach, um bei der normalen Landung eines Schiffes eine ganz dünne Leine ans Ufer zu schießen und

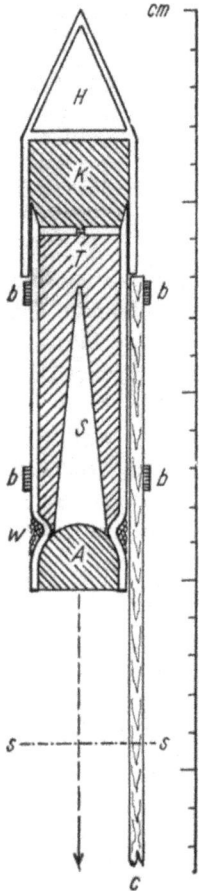

Abb. 41. Schnitt durch eine Hagelzerstreung-Rakete. *H* Haube, *K* Kanonenschlag, *T* Treibsatz, *S* Seele, *A* Anfeuerung, *b* Bundringe, *c* Stab, *s---s* Schwerpunktslage.

damit die erste Verbindung mit dem Lande herzustellen. Mit Großkaliberraketen hat man auf solche Art auch kleinere Anker geschossen, die zum Heranziehen von Booten durch die Brandung, wie auch im Kriege zum Ausreißen von feindlichen Drahtverhauen gute Dienste geleistet haben sollen.

Ein Anlaß zur Fortentwicklung von Hochleistungsraketen über die Erfolge des 19. Jahrhunderts hinaus war gegeben, als Ing. Alfred Maul in Dresden-Trachau im Jahre 1900 Versuche zum Hochschießen von Photoapparaten begann, ohne freilich zu wissen, daß der Franzose Denisse diesen Gedanken schon einige Jahre vorher angeregt, aber nicht zur Ausführung hatte bringen können. Auch Ing. Maul wurde der Erfolg nicht leicht zuteil. Etwa dreimalhunderttausend Mark mußten geopfert und jahrzehntelange Bemühungen darangesetzt werden, um das angestrebte Ziel zu erreichen.

Ing. Mauls erstes Modell von 1904 war geeignet, eine Kamera mit 4 × 4 cm Plattenformat auf 300 m Höhe zu tragen. Aber es gelang anfangs nicht, die Auslösung des Verschlusses und die Richtungseinstellung des Objektivs so genau zu treffen, daß die gewünschte Gegend tatsächlich auf dem Bildfelde der Platte erschien. Auch versagten vielfach die Fallschirmeinrichtungen, welche die Aufgabe hatten, die ganze Photoapparatur unverletzt wieder zur Erde niederzubringen.

Erst als Ing. Maul zur Anwendung von Schiffsrettungsraketen, zur Erzeugung einer ausreichenden Hubkraft überging, einen langen Stab mit leichtem Flächenkreuz am rückwärtigen Ende anwandte, eine besondere Lafette für den Abschuß konstruierte, und in den Kopf der Rakete einen Steuerungskreisel einbaute und die Verschlußauslösung zwangsläufig mit der Erreichung des Bahnscheitelpunkts zu verknüpfen verstand, gelang es ihm mit einer Kamera von 12 × 12 cm Plattenformat bei 12 cm Brennweite aus 500—600 m Höhe schon sehr gute Aufnahmen zu erhalten. Für das unverletzte Niederbringen der Kamera war die Trennung der fallenden Rakete in den Kopfteil und den an einer Leine 10 m tiefer liegenden Stab und Treibhülsenteil von entscheidender Bedeutung, weil so der untere Teil für sich zuerst auf dem Erdboden aufschlug, während der eigentliche Raketenkopf mit der Kamera, von dem auf solche Weise entlasteten Fallschirm getragen, sanft niederging. Das vorgenannte Modell besaß 21 cm Kaliber, einen 4 m langen Stab und hatte ein Gesamtgewicht von 6 kg.

Als an ihm die grundlegenden Schwierigkeiten überwunden waren, ging Ingenieur Maul dann auf Modelle von 18 × 18 cm Plattenformat und 21 cm Brennweite über, die bei 25 kg Gesamtgewicht, 4,6 m Stablänge, 6 m Gesamtlänge und 36 cm Kaliber imstande waren, emporgetrieben durch zwei nebeneinander gelagerte 8 cm Schiffsrettungsraketen, in 8 Sekunden 500 m Höhe zu erreichen, und ausgezeichnete Aufnahmen niederbrachten, bei welchen auch die Einhaltung des verlangten Bildfeldes bis auf einen halben Bogengrad getrieben war.

Ing. Alfred Mauls größtes Modell von 1912 hatte ein Platten-format von 20 × 25 cm bei 28 cm Objektivbrennweite und wog bei einem Kaliber von 52 cm und einer Stablänge von 6 Metern nicht weniger als 42 Kilogramm. Diese Photorakete erreichte Steighöhen von über 800 m. Die Genauigkeit der Bildeinstellung betrug ¼ Bogengrad. Als Treibsystem benutzte Ing. Maul zwei Stück, rechts und links vom Stab parallel angeordnete 8-cm-Schiffsrettungsraketen von je etwa 55 cm Länge und 9 Pfund Pulverladung, die ihm vom Pyrotechnischen Laboratorium in Spandau geliefert wurden und je eine Anfangs-Hubkraft von etwa 80 kg, eine Endhubkraft von etwa 150 kg bei einer Brennzeit von 2—2½ Sekunden ergaben.

Danach besteht kein Zweifel, daß Ing. Maul, bei Fortführung seiner Versuche und Übergang zu einem um weniges noch größeren Kaliber und 3—4 solcher 8-cm-Spandauer-Raketen als Treib-system, auch Lasten von 80—100 kg auf 800—1000 m Höhe hätte emporschießen können. Dabei war die Sicherheit der Fallschirmauslösung (auf welche Ing. Maul ein Patent erhielt) so vollkommen, daß man der Rakete an Stelle des Photoapparates unbesorgt auch lebende Nutzlasten hätte anvertrauen können.

Tatsächlich hat Ing. Maul schon in den ersten Jahren seiner Versuche bei kleineren Kalibern Mäuse, Meerschweinchen u. dgl. kleine Tiere in einem Käfig an Stelle des Photoapparates hoch-geschossen und festgestellt, daß sie wohlbehalten wieder herunter-kamen. Bis zum Raketenaufstieg eines Menschen war es also schon 1912 nur mehr ein kleiner Schritt.

Leider wurde aber der Erfinder durch die Tücke des Ge-schickes um den wohlverdienten Lohn seiner Bemühungen und Opfer gebracht, denn in denselben Wochen, als er mit dem Kriegs-ministerium wegen Übernahme seiner Erfindung zu Kriegszwecken verhandelte, wurden seine Photoraketen durch die ersten gelungenen Photographien aus Flugzeugen überholt und überflüssig gemacht.

Um dieselbe Zeit 1906—1908 als Ing. Maul seine Photoraketen entwickelte, bemühte sich der schwedische Oberst Unge auf dem Kruppschen Schießplatz in Meppen, Raketen-Lufttorpedos als ein neues Kriegswerkzeug zu ersinnen, in der Hoffnung, so die schweren Kanonenrohre entbehrlich machen und noch größere Schußweiten als bisher erzielen zu können. Es gelang ihm auch tatsächlich alsbald, ein Modell auszuführen, das bei etwa 50—60 kg Gesamtgewicht, einer Pulverladung von 4—5 kg, einem Kaliber der eigentlichen Rakete von etwa 8 cm, eine 30—40 kg schwere

154

Sprenggranate als Nutzlast 5000—8000 m weit zu schleudern vermochte. Diese Raketen wurden von einer Art Laffette abgeschossen, und waren in Anlehnung an den Gedanken Hales von 1846 durch eine Art Propeller als Rotationsraketen eingerichtet, um auf solche Weise die vorgeschriebene Flugbahn besser einhalten zu können. Als es aber 1909, nach dreijährigen Versuchen, die viele Zehntausende von Mark gekostet hatten, dennoch nicht gelang, eine hinreichende Treffsicherheit zu erzielen (während es keine Schwierigkeiten gemacht hätte, noch schwerere und weiter tragende Modelle zu bauen) gab Unge die Versuche wieder auf.

Auch die Marineleitung der Vorkriegszeit war nicht müßig, die Rakete in ihren Dienst zu stellen. Von den großen Signalraketen her lag der Gedanke nahe, auch Unterwasser-Torpedos durch Raketenkraft anzutreiben, da Raketen ohne weiteres auch unter Wasser brennen. Ja, in diesem Falle bildet das Wasser sogar eine Art Kanonenrohr um die entweichenden Feuerschweifgase, so daß hier nicht so sehr die Formeln des Raketeneffekts im Vakuum, sondern mehr die für den Kanonenschuß geltenden Druckgleichungen maßgebend sind. Die Torpedoraketen, welche in Verfolgung dieser Pläne in den Jahren 1906—1914 gebaut wurden (angeblich von 8 cm Kaliber), befriedigten wohl insofern, als die durch Raketenkraft angetriebenen Torpedos eine viel höhere Geschwindigkeit unter Wasser erreichten als die durch Preßluft und Schiffsschraube angetriebenen, aber die Zielsicherheit war wesentlich schlechter, und dies gab schließlich den Ausschlag. Daher wurden auch hier die Versuche wieder abgebrochen. Damals kannte man drahtlose Fernlenkung eben noch nicht.

Auf dem Gebiete der flüssigen Rakete wurden in der Zeit von 1900—1918 wesentliche Fortschritte, die über die Leistungen des Peruaners Paulet hinausgegangen wären, eigentlich nicht erzielt, aber es gehören doch manche Versuche hierher, die zur Schaffung einer Explosionsturbine führen sollten. So hat die Société anonyme des Turbomoteurs in Paris schon 1905 eine Benzinturbine gebaut, deren Düsen bis auf unwesentliche Einzelheiten den Raketendüsen gleichen, die von Prof. Oberth (s. w. u.) für Flüssigraketen berechnet wurden. Die Düsen arbeiteten ausgezeichnet, die Maschine bewährte sich aber aus anderen Gründen nicht; es war nämlich nicht möglich, ein geeignetes Schaufelrad zu bauen. Ebenso hat Ing. Adolf Weiß laut reichsdeutschem Patent Nr. 274988 vom 1. Mai 1913 sich eine intermittierende Gasturbine patentieren lassen, deren einzelne Triebelemente als Flüssigraketen aufgefaßt werden können. Was Paulet durch Schnappventile zu erreichen suchte, nämlich die Zerteilung der Druckgasfüllung in kleine Mengen und Isolierung derselben von der Verbrennungskammer, wird bei Weiß durch durchlochte, gegeneinander rotierende Kreisscheiben angestrebt.

So kommt es, daß man im Weltkriege von irgendwelchen strategischen Leistungen großer Raketen nichts gehört hat, während die Geschützartillerie und die sonstigen Kampfmittel einen ungeahnten Aufschwung erfuhren. Erst nach Beendigung des Krieges sollte die Rakete ihre neue Auferstehung feiern, als der Gedanke, mit ihrer Hilfe in den leeren Weltenraum vorzustoßen, Fuß zu fassen begann.

Der erste, der in diesem Sinne die Verbesserung der Pulverraketen wissenschaftlich aufgegriffen hat, war wohl der amerikanische Prof. R. H. Goddard vom Clark College in Worcester, der seine praktischen Arbeiten bereits 1917 begann und seit 1919 mit großen Laboratoriumsmitteln fortgesetzt hat; während sein erster Konkurrent in Europa, Prof. H. Oberth in Rumänien leider für die Entwicklung der Flüssigraketen auf die bescheidenen Einrichtungen eines Mittelschul-Physikkabinets angewiesen war.

In Deutschland selbst ist die Fortentwicklung der Raketentechnik nach dem Kriege ähnlich der Luftfahrt durch die strengen Bestimmungen des Friedensvertrages sehr gehemmt worden, denn sowohl das pyrotechnische Laboratorium in Spandau als auch die Firma J. F. Eisfeld, Pulver- und Pyrotechnische Fabriken in Silberhütte, die bis dahin zur Herstellung von 8-cm-Raketen eingerichtet waren, mußten die dazu dienenden Maschinen vernichten. Erst viel später, als einige der schärfsten Bestimmungen wieder etwas gemildert wurden, war es der Firma H. G. Cordes in Wesermünde, unter ihrem derzeitigen Inhaber Ing. F. Sander möglich, zur Versorgung der Stationen der Gesellschaft zur Rettung Schiffbrüchiger die Herstellung von 8-cm-Schiffsrettungsraketen wieder aufzunehmen, während alle anderen pyrotechnischen Firmen in Deutschland sich auf Kaliber unter 5 cm beziehungsweise auf handgeschlagene Raketen bis 3,5 cm beschränkten. So kam es, daß der Verfasser im Januar 1928 nur in Wesermünde jene Versuchsreihe beginnen konnte, die im Rahmen seines damals der Firma Opel zur gemeinsamen Ausführung übertragenen Projektes des Raketenantriebs, dann im Frühjahr zum Start des ersten Raketenwagens und im Sommer zum ersten Raketenflug geführt haben, worüber später noch zu berichten sein wird. Auf dem

Gebiete der Rakete mit flüssigen Treibstoffen wird heute selbstverständlich an allen Stellen, die sich überhaupt mit dem Problem des Raketenmotors befassen, eifrig gearbeitet, denn darüber sind sich alle Vorkämpfer dieses Projekts einig, daß nur der flüssigen Rakete die Zukunft gehören kann.

II. Geschichte des Raumfahrtgedankens.

Ebenso wie sich die Spur der Rakete an der Grenze der geschichtlichen Altertumsforschung verliert, findet man auch den Gedanken der Weltraumfahrt schon 4000 v. Chr. in babylonischen Texten, in welchen berichtet wird, daß sich ein Mensch auf einen Adler geschwungen habe und hilfesuchend zu den Göttern emporgestiegen sei. Dasselbe Motiv kommt auch in Verbindung mit zahlreichen Sintflut- und Katastrophenberichten bei den verschiedenen Völkern vor. Es fehlt hier noch jeder konstruktive Gedanke. Dagegen beschreibt die Bibel bei der Himmelfahrt des Propheten Elias einen feurigen Wagen, der in Analogie zu den Moses zugeschriebenen pyrotechnischen Kenntnissen, vielleicht dahin gedeutet werden kann, daß Elias, um sich dem Volke in geheimnisvoller Weise zu entziehen, eine Abart des persischen Sichelwagens mit Brandraketen an den Radspeichen benutzte.

Noch deutlicher tritt ein konstruktiver Grundgedanke in der Sage von Dädalus und Ikarus hervor, die selbst in einem unserer neuesten und besten Bücher über Luftfahrt ernst genommen und als Fluchtversuch mit einem aus Federn zusammengeklebten Segelflugzeug aufgefaßt wird. Aus der mythischen Begründung, daß Ikarus abstürzte, weil er der Sonne zu nahe kam und diese das die Federn verbindende Wachs zum schmelzen brachte, geht deutlich hervor, daß man damals das Fliegen in der Luft von einer Befahrung des leeren Weltenraumes noch nicht zu unterscheiden wußte, wie denn überhaupt noch jede Kenntnis der Größe, Maße, Entfernung, Natur und Wesenheit der Gestirne mangelte. So erscheint es begreiflich, daß der griechische Satyriker Lukian noch es sich leisten konnte, Menippus, den Helden seiner Erzählung mit einem einfachen Adler- und Geierflügel zuerst zur Mondgöttin Selene und dann zu den Wohnungen der olympischen Gottheiten empordringen zu lassen.

Das Mittelalter war wenig geeignet, die Idee der Weltraumfahrt im technischen Sinne zu fördern, denn das ganze Sinnen und Trachten der Menschen war damals fast einzig darauf gerichtet, sich für die Fahrt ins Jenseits in diesem Erdendasein vorzubereiten.

Erst als die Entdeckungsfahrt des Kolumbus nicht nur einen neuen Erdteil sondern auch eine neue Zeit erschloß, war der Boden bereitet, zunächst, um wenigstens dem Samen der Phantasie reiche Frucht zu tragen. Es ist bezeichnend, daß gerade ein englischer Bischof, Francis Godwyn als erster Ahne der neuern Raumfahrtliteratur zwischen 1599 und 1603 einen Roman »The man in the Moon« verfaßte, der allerdings erst nach seinem Tode 1638 erschien, als die damals epochemachenden Entdeckungen am Sternenhimmel, die mittels der 1609 erfundenen Fernrohre möglich geworden waren, alle Welt mit einem Rausch kosmischer Begeisterung erfüllt hatten. Eine französische Übersetzung von Baudoin erschien bald darauf, eine deutsche Ausgabe erst 1659 durch Grimmelshausen unter dem Titel »Fliegender Wandersmann nach dem Mond«. In Godwyns Buch wird erzählt, daß ein gewisser Gonzales, der einen Schiffbruch erlitt, sich dadurch rettete, daß er an ein Gestell zehn amerikanische Enten band, die ihn zum Monde emportrugen. Auch die meisten Nachahmer Godwyns bedienten sich in betrüblicher Gleichmäßigkeit und Armut an Erfindungsgeist für ihre Romanhelden einfacher wagen- oder sänftenartiger Gestelle, an welche Geflügel angespannt war, um deren Mondfahrten ihren Lesern glaubhaft zu machen. Noch 1727, im Todesjahre Newtons, erschien ein im Technischen so lächerlich naiver Mondroman unter dem Titel »Cacklogallinia« aus der Feder des Engländers Samuel Brunt, ein Buch, das nach 1735 auch mehrfach in deutscher Sprache herauskam.

Eine rühmliche Ausnahme machten nur die Romane des Rauhdegens Savinien des Cyrano de Bergerac, die auch Jules Verne nach seiner eigenen brieflichen Bestätigung die Anregung zu seinen berühmten beiden Mondromanen geboten haben sollen. Schon 1650 behauptete Cyrano, er habe sich zu Tulus eine Kammer erbaut, mit einer großen hohlen Glaskugel obenauf. Durch 20 Brennlinsen, in welchen die Sonnenstrahlen gesammelt wurden, sei die Hohlkugel luftleer gemacht worden und er so gen Himmel aufgefahren. In der Ausgabe seiner Werke von 1710 findet sich dazu auch eine bildliche Darstellung. Erstaunlich ist, wie richtig Cyrano schon damals das Prinzip des Luftballons erkannt hat, das erst 1783 in den ersten Montgolfieren seine Ausführung fand.

In einer anderen Erzählung sollte aber Cyranos dichterisches Genie auch schon den Grundgedanken des modernen Weltraumfahrzeuges richtig erschauen. Er schreibt nämlich, daß, während er nach abenteuerlicher Fahrt in Neu-Kanada gelandet, dort eine

Staatsvisite machte, Soldaten an sein Fahrzeug Raketen banden. Eine hatten sie schon mutwillig angezündet, als er herbeieilt, kühn in das Fahrzeug springt und von diesem — da eine Rakete sich an der anderen entzündet — bis auf den Mond getragen wird.

Der erste, der in wissenschaftlicher Weise die theoretische Möglichkeit der Weltraumfahrt erkannte, war aber kein Geringerer als Isaak Newton, der Begründer der neuern Himmelsmechanik. Er sprach es in einer seiner Vorlesungen über das Gesetz von der Erhaltung des Schwerpunktes und die Gleichheit von Aktion und Reaktion aus, daß es mit Hilfe raketenartiger Maschinen möglich sein müßte, auch im vollkommen luftleeren Weltenraume zu fahren, zu steuern und jedes beliebige Manöver auszuführen, solange nur der Treibstoffvorrat reicht, denn es war ihm völlig klar, daß sich die Rakete nicht auf die umgebende Erdenluft stützt, sondern sich nur von ihrem eigenen Feuerschweif abstößt. Zu Newtons Zeiten war allerdings an die praktische Verwirklichung dieses kühnen Planes nicht zu denken. Die Technik steckte noch zu sehr in den Anfängen, und es mangelte noch völlig an der Einsicht, daß schon zum Fliegen in der Luft Maschinen erforderlich sind, bei welchen das Gewicht der Pferdekraft auf weniger als 2½ kg heruntergedrückt ist, ganz zu schweigen von den für den Weltraumflug erforderlichen enormen Maschinenleistungen.

So darf es nicht überraschen, daß nach 1783, als man eingesehen hatte, daß mit dem Freiballon nicht viel anzufangen war, die Dichter es schwieriger hatten, Mondfahrtromane zu schreiben, und die Techniker erst recht nicht wagten, dem Problem zu Leibe zu gehen, da nur die schwerfällige Dampfmaschine, die damals noch weit über 50 kg pro PS wog, zur Verfügung stand.

Um so mehr heben sich die beiden 1865 und 1870 verfaßten Mondfahrtromane Jules Vernes »De la terre à la Lune« und »Autour de la Lune« durch die Genialität ihres Gedankens hervor, der in einer bis dahin nicht gewohnten Weise wissenschaftlich durchgearbeitet, den Leser in den Bann zieht. Allerdings hat Jules Verne sich für die Mondkanone entschieden, durch welche er die Helden seiner Bücher über den Abgrund des leeren Raumes tragen läßt, aber er erwähnt doch bei der Rückkehr zur Erde, daß sie nur durch die Anwendung von Raketen über den schwerefreien Punkt zurückgelangen konnten. Jules Verne hat später allerdings noch eine Reise durch die Sonnenwelt beschrieben (Kapitän Servadac), aber dort verzichtet er auf alle Technik, indem er den Helden der Erzählung auf einem von einem mit der

Erde zusammenstoßenden Kometen mitgerissenen Stückchen Erdoberfläche entführen läßt.

Das Jahr 1877, in welchem Schiaparelli die noch heute umstrittenen Marskanäle entdeckte, war übrigens das Geburtsjahr der verschiedenen Marsromane, die viele Schriftsteller veranlaßten, ihre technische Phantasie anzuspornen. Bis 1900 wurde indessen eine neue, technisch ernst zu nehmende Idee auf dem Gebiete des Raumfahrtsproblems nicht einmal in der Phantasie, geschweige denn in Wirklichkeit zutage gefördert, denn der 1898 erschienene Roman des Engländers Wells über den »Krieg der Welten« blieb im technischen Teil ziemlich mangelhaft.

Dagegen hat die geniale Lösung des Raumfahrtproblems in dem 1901 erstmalig erschienenen Roman von Kurt Laßwitz »Auf zwei Planeten« wohl jeden Leser entzückt und manchen zu eigenem Forschen angeregt.

In der Nachkriegszeit sind ebenfalls eine ganze Reihe von Raumfahrtromanen erschienen, die durchwegs auf dem Standpunkte moderner Technik stehen. Ludwig Anton arbeitet in seinem Roman »Brücken über den Weltenraum« mit einer glänzend dargestellten Methode der Schwerkraftausschaltung, während Bruno Bürgel in »Der Stern von Afrika« und August Laffert in ihren Romanen »Feuer am Nordpol« und »Fanale vom Himmel« bereits ganz auf dem Boden der Raketentheorie als Antriebsmittel stehen. 1925 endlich entstanden die beiden Romane von O. W. Gail »Der Schuß ins All« und »Der Stein vom Mond«, in welchen zum erstenmal eine umfassende belletristische Auswertung alles dessen, was bis heute zum Problem der Raumfahrt wissenschaftlich erarbeitet wurde, geboten worden ist. Gerade dadurch haben diese beiden Bücher wesentlich dazu beigetragen, die Überzeugung von der Möglichkeit eines Vorstoßes in den Weltenraum zu verbreiten.

III. Die Projekte der Gegenwart.

Wenn sich auch auf technischem Gebiete nur schwer zeitliche Grenzen ziehen lassen, um die Entwicklung eines Erfindungsgedankens chronologisch abzuteilen, da man nie wissen kann, ob nicht eine alte, schon als unbrauchbar abgelegte Idee durch eine auf anderm Gebiete gemachte Erfindung neu belebt und aktuell werden kann, so glaubten wir doch mit dem Jahre 1880 die geschichtliche Zeit des Raumfahrtgedankens abschließen und die Projekte der Gegenwart beginnen zu dürfen, denn der

Mann, der nun als erster zu nennen ist, lebt noch heute und hat im Wettstreit der Forscher den Kampf um den Erfolg noch keineswegs aufgegeben.

Das Weltenfahrzeug Hermann Ganswindts (seit 1881).

Schon im Jahre 1881 hat der am 12. Juni 1856 geborene Privatforscher Hermann Ganswindt anläßlich eines Vortrages in der Philharmonie in Berlin, den Plan zu seinem durch Raketenkraft angetriebenen Weltenfahrzeug entwickelt (siehe Abb. 42).
Er dürfte somit wohl der erste gewesen sein, der mit Überzeugung für die technische Ausführbarkeit eines Weltraumfahrzeuges eingetreten ist und eine nach allen Seiten hin durchdachte Konstruktion dazu vorgelegt hat:

Als Antriebssystem dachte sich Ganswindt einen dickwandigen, glockenförmig ausgehöhlten Stahlblock, der gleichzeitig eine Schwungmasse vorstellen sollte, um die Stöße der einzelnen Explosionen aufzunehmen und auszugleichen. Die

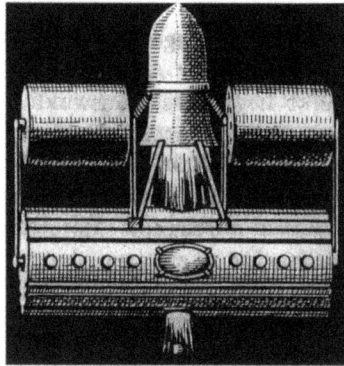

Abb. 42. Weltenfahrzeug Hermann Ganswindts (1881).

Antriebskraft sollte durch den Auspuff der Gase der im Innern der Höhlung des Schwungblocks rasch hintereinander zur Explosion gebrachten Patronen eines (zunächst fest gedachten, aber auch in flüssiger Form möglichen) Sprengstoffs von möglichst hohem Energiegehalt erzeugt werden. Die chemische Zusammensetzung der Treibstoffladung bezeichnet Ganswindt als sein Geheimnis. Dasselbe gilt von der Vorrichtung, durch welche bewirkt werden soll, daß die in großen Revolvertrommeln rechts und links des Schwungblocks zu Tausenden mitgeführten Patronen selbsttätig schnell hintereinander in die Mitte der Schwungglocke geschleudert und dort durch eine sicher wirkende Zündung zur Explosion gebracht werden. Weitere Vorräte an Patronen sollen nicht in geschlossenem Raum, da dessen Wandungen zu schwer würden, sondern nur in losen Trauben an Seilen nachgeschleppt werden. Nach dieser Beschreibung handelt es sich bei Ganswindts Apparat um den Typ der intermittierenden Pulverrakete.

Mit diesem Treibsystem sollte die wegen des inneren Über-
druckes möglichst enge Passagierkammer in Gestalt einer mit
Fenstern und Außenböden versehenen zylindrischen, luftdicht
geschlossenen Röhre durch eine federnde Aufhängung verbunden
sein, um die noch immer ruckartig-ungleichmäßige Bewegung der
Schwungglocke noch mehr auszugleichen. Die Heizung sollte
durch die Explosionsabgase, die durch eine Art Ofenrohr durch die
Kammer geführt werden, erfolgen. Auch war sich Ganswindt
darüber klar, daß für die Erhaltung des normalen Luftdrucks
und Erneuerung der verbrauchten Atemluft Vorsorge getroffen
sein muß.

Das Gleichgewicht des ganzen Fahrzeuges ist jederzeit ein
stabiles, da der Angriffspunkt der Kraft stets vor dem Schwerpunkt liegt, was Ganswindt als wesentlich erkannt und seiner
Konstruktion zugrundegelegt hat. Ebenso erhebt er Anspruch
auf die Priorität des Gedankens, den nach Abstellung der Explosionen eintretenden Mangel an Schwereempfindung für die
Insassen durch eine Rotation des ganzen Schiffes um dessen
Längsachse zu ersetzen, derart, daß die auftretende Zentrifugal-
kraft diese mit einer Kraft, gleich ihrem irdischen Gewichte,
gegen die, alsdann zu Fußböden werdenden Grundflächen der
zylindrischen Kammer drückt. Es könnte also, wenn das Schiff
mehrere Insassen hat, der Fall eintreten, daß diese als Antipoden
mit den Köpfen zueinander, d. h. zur Längsache des Schiffes
einander gegenüberstehen.

Die erforderliche Längsachsenumdrehung des Schiffes soll
nach Ganswindt durch einige seitlich auspuffende Explosionen
erzeugt und wohl auch wieder durch entgegengesetzte zum Stillstand gebracht werden, denn sonst würde sich das Schiff immer-
fort weiterdrehen.

Auch an die Möglichkeit, zwei Raumschiffe durch ein ent-
sprechend langes Seil zu verbinden und zur Erzeugung eines
Zentrifugalandrucks in kreisende Bewegung um den gemeinsamen
Schwerpunkt zu versetzen, hat Ganswindt bereits gedacht.

Den Start zum Raumflug dachte sich Ganswindt folgendermaßen:

Zunächst sollte die Maschine durch Hubschraubenflugzeuge
möglichst bis an die Grenze des Luftkreises emporgetragen werden.
Er bezeichnet dies als Notwendigkeit, da sein Weltenfahrzeug
wegen der ungünstigen Luftwiderstandsform aus eigener Kraft
nicht mit großer Geschwindigkeit durch den Luftkreis aufzu-

fahren vermöchte. — Dann sollte der Explosionsapparat in Betrieb gesetzt werden. Ganswindt wußte schon 1881, daß der Wirkungsgrad einer raketenartigen Antriebsmaschine nur bei sehr hohen Fahrtgeschwindigkeiten günstig ist, daß aber diese mit Rücksicht auf den Andruck, welchen die Insassen auszuhalten haben, erst allmählich erreicht werden können. Er wollte deshalb über das Doppelte der Erdschwere mit der Anfahrtsbeschleunigung nicht hinausgehen.

Das weitere Vordringen in den Weltenraum soll nach Ganswindt durch die Anlegung von Vorratsstationen unterwegs ermöglicht werden. Unseren wirklichen Mond hält er für wenig geeignet als Tankstation, gegenüber den Vorteilen künstlicher Kleinmonde, deren eigenes Schwerefeld (s. S. 27) verschwindend gering ist. Bei ausreichenden Vorkehrungen hält Ganswindt selbst die Erreichung anderer Fixsternsysteme, wie Alpha Centauri, für möglich, doch müßte die Beschleunigung dann gleich dem Zehnfachen der Erdschwere genommen und sehr lange beibehalten werden. Er bezweifelt darum, ob die Insassen eine solche Fahrt aushalten würden.

Durch widrige Umstände behindert, hat Ganswindt sein Weltenfahrzeug nicht einmal im Modell zur Ausführung bringen können. Er hat aber noch 1927 bekräftigt, daß er seinem ursprünglichen Projekt nichts Wesentliches hinzuzufügen habe, daß aber seine damals 1881 erstmalig veröffentlichte Zeichnung nur als ein Schema, nicht als Werkstättenblatt anzusehen sei und er sich die Patentierung einer Reihe Sonderbestandteile vorbehalte.

Die Projekte Dr. Franz v. Hoeffts (seit 1891).

Schon in früher Jugend hat der am 5. April 1882 zu Wien geborene Privatforscher Franz v. Hoefft sich mit Plänen zu Reaktionsfahrzeugen beschäftigt.

Seine erste Idee von 1891 betraf ein zigarrenförmiges Starrluftschiff, das sich anstatt durch außenliegende, in die umgebende Luft greifende Propeller dadurch fortbewegt, daß ein an der vorderen Spitze angeordneter Ventilator durch einen Trichter die Luft einsaugt, um sie am rückwärtigen Schiffsende durch Düsen auszustoßen. Als treibende Kraft erscheint der Druckunterschied zwischen Sog und Stau vor und hinter dem Ventilator, an eine Ausnutzung des Expansionsvermögens der verdichteten Luft bei ihrem Ausströmen aus den Düsen war noch nicht gedacht. v. Hoefft hielt damals diese Antriebsweise deshalb für besonders

günstig, weil bei der Bewegung eines Luftschiffes das Haupthindernis ja darin besteht, daß die Luft durch die Vorwärtsbewegung vor der Spitze des Schiffes verdichtet einen Staudruck,
hinter ihm verdünnt einen hemmenden Sog erzeugt. Ein Raketenschiff war diese Konstruktion v. Hoeffts natürlich nicht (denn
es wurde nicht eine vorher zum Schiff gehörige Masse in Gasform
verwandelt und ausgestoßen), doch beruhte die Vorwärtsbewegung immerhin auf dem Reaktionsdruck der rückwärts ausströmenden Luft.

Die Lenkung dachte sich v. Hoefft entweder dadurch bewirkt, daß die Ausströmdüsen in Kugelgelenken zur Längsachse
des Schiffes schwenkbar angeordnet wurden, oder dadurch,
daß durch Nadelventile (wie bei Peltonturbinen) die Leistung der einzelnen Düsen willkürlich verändert wurde, in
welchem Falle die Gesamtkraft nicht mehr in der Längsachse des Schiffes, sondern mit einer seitlichen Teilkraft,
schräg zu dieser, angreift. Die Regulierung selbst sollte durch
elektrische Solenoidwirkung vom Hauptsteuerkreisel des Schiffes
ausgeübt werden.

Seine ersten wirklichen Raumfahrtpläne führt v. Hoefft bis
auf das Jahr 1893 zurück, mißt ihnen aber selbst erst seit 1896
wissenschaftlichen Wert und seit 1910 einen gewissen Grad
theoretischer Vollendung bei. Er gründete diesmal das Projekt
seines Ätherschiffes auf die Untersuchungen von Nernst und
Wiechert, welche es wahrscheinlich gemacht haben, daß dem
Weltäther eine Nullpunktsenergie zukommt, die etwa 10^{23} bis
10^{30} Erg/cm^3 beträgt, d. h. etwa der Verbrennungsenergie von
2,5 Millionen Tonnen entspricht oder noch etwa 1000 mal größer
ist, als die Zerfallsenergie oder auch die Bildungsenergie von ein
Gramm Materie. Es könnte daher so gebildete Materie mit meh r -
facher Lichtgeschwindigkeit ausgestoßen werden. Dazu
gehört — nach v. Hoeffts Gedankengang — nur eine Anregung,
die für das erstemal einer Akkumulatorenbatterie entnommen,
später aber (wie bei einer Dynamomaschine) von der ausgelösten
Ätherenergie selbst abgezweigt werden kann. Angenommen
es gelänge, solcherart in einer Energiekugel diesen Vorgang einzu-
leiten und einen Ätherauspuffwind von der angegebenen Größenordnung zu erzielen, so wäre dies die denkbar beste Lösung der
Raumschiffahrtsfrage. Weiter angenommen daß die Auspuff-
richtung von der Anregungsrichtung abhängt, ergibt sich daraus
auch ein ideales Steuerungssystem.

164

Fahrzeuge aller Arten, von der Raumrettungsweste mit nur zwei Energiekugeln (wer dächte da nicht an Cyrano v. Bergerac mit seinen Flaschen Morgentaus am Gürtel) bis zum Raumdreadnought mit vielen hunderten Energiekugeln, ließen sich so herstellen. Sie könnten natürlich ebensowohl als Auto, Boot, Unterseeboot, Luftschiff und Weltraumschiff gleichzeitig benutzt werden, da der Äther alle Körper durchdringen soll, sein die Treibkraft liefernder Auspuff also überall möglich ist.

Als erstes Modell dachte sich v. Hoefft eine Nickelstahlhülse von etwa 4 mm Wandstärke, in der Größe eines Autos oder kleinen U-Boots, 4 m lang, 1 m breit, 1,5 m hoch, von 800 kg Gewicht, das 8 Kugeln zu je 100 kg und 800 kg Nutzlast enthält, im ganzen also 2400 kg wiegt und imstande ist, durch elektrische Influenz aus den Energiekugeln einen so starken Ätherwind zu entbinden, daß die Schubkraft 6400 kg beträgt. Ein Kreiselkompaß schaltet in der Längs- und Querrichtung selbsttätig Widerstände ein, um durch Veränderung der elektrischen Influenz auch die Kraft der Energiekugeln so zu beeinflussen, daß die gewünschte Bahn eingehalten wird. Natürlich war das Modell mit Raumtaucheranzug und Lufterneuerungsanlage ausgestattet. Da bei dieser Art des Betriebes ein Massenverlust (wie bei den eigentlichen Raketen) nicht auftritt, besteht kein Hindernis, die Antriebskraft beliebig lange wirken zu lassen. Ein freier Fall nach oben, mit einer (abzüglich des Erdschwerefeldes und des Luftwiderstandes) verbleibenden wahren Aufwärtsbeschleunigung von 10 m/sec^2 führte in 1½ Stunden halbwegs zum Mond, in 18 Stunden zur Venus, in 22 Stunden zum Mars, in 70 zu Jupiter, in 100 zu Saturn und schon in 2 Jahren zum Fixstern Alpha Centauri. Hierauf müßte man durch Betätigung des Steuerkreisels das Schiff um 180° herumdrehen und dieselbe Kraft nun entgegen der Fahrtrichtung zur Abbremsung gegen das Ziel hin wirken lassen, um nach abermals derselben Fallzeit sanft auf dem angezielten Himmelskörper zu landen. Die Krafterzeugung selbst im Kugelelement denkt sich v. Hoefft in der Weise, daß durch Strahlungskatalyse aus der Nullpunktsenergie des Äthers Wasserstoffgas gebildet, oder durch Materiezerfall Blei erzeugt und mit mehrfacher Lichtgeschwindigkeit ausgestoßen wird. Durch das in dem Kugelelement entstehende Äthervakuum wird von selbst immer frischer Äther nachgesaugt. Noch besser wäre es aber, wenn die Nullpunktsenergie nicht erst zur Materialbildung oder Auflösung , sondern direkt zur Beschleunigung des Äthers selbst dienen könnte. Düsen sind dann nicht erforderlich, überhaupt kein Ausgang ins Freie, nur entsprechend einseitig gerichtete Kugelstrahlung ist vonnöten. Leider hat sich ja bis heute die Nullpunktsenergie des Äthers nicht fassen lassen, aber v. Hoefft schreibt doch noch 1926 (entgegen den pessimistischen Anschauungen anderer Forscher), daß ihm die Versuche von Kirsch, Peterssen, Rutherford, Ramsay, Miethe u. a. als aussichtsreiche Ansätze zur Verwertung des Materieaufbaues bzw. -zerfalls erscheinen.

Über die Ausnutzungsmöglichkeiten von Ätherschiffen und Ätherstationen (die etwa als Kunstmonde die Erde umkreisen) hat v. Hoefft ebenfalls schon vor zwanzig Jahren sich dahin ausgedrückt, daß es mit ihrer Hilfe möglich sein müßte, ungeheure Planetenschirme aufzuspannen, welche auf Flächen von Tausenden von Quadratkilometern die Sonnenstrahlung zu sammeln und gegen die Erde zu senden erlauben. Vorausgesetzt, daß solche Schirme herstellbar sind, wäre es mit ihnen möglich, sonst unbewohnbare Gegenden der Erde durch künstliche kosmische Spiegelheizung bewohnbar zu machen, das Polareis zu schmelzen, die Großwetterlage der Erde willkürlich zu regeln, aber auch, durch besonders starke Konzentrierung der Strahlung, einzelne Teile des Meeres kochen zu lassen, Wirbelstürme hervorzurufen, gewisse Gebiete glattweg zu versengen oder in Brand zu setzen, Sprengstoffe zur Explosion und Kriegsschiffe zum Rotglühen und Schmelzen zu bringen. Ebenso könnte man mit den 2 Billionen Jahres-PS, welche ein Schirm von 600000 km² Spiegelfläche liefert, nach Wegeners Theorie die Kontinente nach Belieben auf dem Globus verschieben, ja sogar, indem man auf dem Monde Knallgas erzeugt und gegen die Erde abblasen läßt, die von verschiedenen Seiten behauptete spiralige Annäherung des Mondes an die Erde, die zum schließlichen Weltuntergang für uns führen soll, verhindern. Alles Ideen, die seither von verschiedenen Romanschriftstellern benutzt worden sind.

Trotz dieser blühenden Phantasie und seines von manchen als utopistisch angesehenen Optimismus hat aber Dr. Franz v. Hoefft in den letzten Jahren Wirklichkeitssinn genug bewiesen, indem er sein fast 20 Jahre lang verfolgtes Projekt des Ätherschiffes als vorläufig unausführbar zurückgestellt und sich seither, im Anschluß an die Pläne Prof. Oberths, um die technische Verwirklichung von Registrierraketen, welche einige hundert Kilometer hoch dringen sollen, verdient gemacht hat.

166

Auf der Naturforschertagung im September 1924 in Innsbruck umriß er sein Programm in dem Sinne, daß es zunächst wichtig wäre, näher auszuführen, wie Raketen eine Nutzlast von etwa 500—800 g Registrierapparate etwa 100—200 km hoch bringen können, denn das würde wohl die erste, wissenschaftlich hochwichtige praktische Verwendung sein. Der nächste Fortschritt wäre wohl eine Registrierrakete, die in 1000 km Höhe in einigen Stunden die Erde als Kunstmond über beide Pole umkreist und die ganze Route mit einem Hoefft-Scheimpflugschen Streifenbildner aerokartographisch festlegt, in Aufnahmen, die eine Karte von 1 : 100000 ergeben können. Derselbe Raketenapparat, entsprechend vergrößert, könnte später auch zur Überfliegung und photographischen Festlegung der (von der Erde abgekehrten) unsichtbaren Mondhälfte dienen, da es theoretisch möglich ist, auch ein unbemanntes Raumfahrzeug so zu steuern, daß es um den Mond herumfliegt und automatisch zur Erde wiederkehrt. Dasselbe gilt auch für die Umkreisung und Abbildung der Planeten Mars und Venus.

Im Herbst 1926 gründete dann v. Hoefft die österreichische »Wiss. Ges. für Höhenforschung« zur Verwirklichung des entwickelten Programms. Bald darauf schrieb er an den Verfasser: »Ich habe nun selbständig eine Registrierrakete konstruiert, welche einen Meteorographen von 1 kg auf 100 km Höhe in 50 Sekunden trägt. Bis zur Niederschrift dieser Zeilen scheint aber deren Ausführung noch nicht gelungen zu sein, da es an den erforderlichen Geldmitteln und anscheinend auch an der Unterstützung der maßgebenden staatlichen Laboratorien fehlte. Seit März 1928 ist Dr. Franz von Hoefft auch in den Vorstand des reichsdeutschen Vereins für Raumschiffahrt E. V. in Breslau eingetreten.

Die geplanten Apparate zerfallen nach Dr. F. v. Hoeffts Projekt in vier Hauptgruppen:

1. Die Registrierrakete, die 30—100 km hoch dringen und eine Nutzlast von 1 kg tragen soll. Erfordernis: eine Geschwindigkeit von 1200 m/sec in 40—50 km Höhe. Ausführung RH-I (d. h. Rakete Hoefft, Typ I, s. angeschlossene Tabelle).

2. Die Fernrakete. Diese soll Strecken von 1500 km aufwärts über die Erdoberfläche hin in elliptischer Bahn bewältigen. Erfordernis: Geschwindigkeit beim Verlassen der Erdatmosphäre etwa 6000 m/sec, Bahnscheitelgeschwindigkeit etwa 1000 km über dem Meer 4500 m/sec. Fahrzeit Wien—New York etwa 30 Minuten, davon 5 für den Aufstieg, 15 für die Hauptstrecke, 10 für die Landung. Ausführung RH-IV oder RH-V. (Erstenfalls nur Post, zweitenfalls 2 Passagiere).

3. Die unbemannte Mondrakete, nur zum Zweck etwa 10 kg Leuchtmasse auf den Mond zu tragen, deren Entflammung dort das Ein-

treffen beweist. Erfordernis: Geschwindigkeit 12 km/sec, Ausführung RH-III und RH-II, d. h. eine doppelstufige Etagenrakete.

4. Die bemannte Planetenrakete. Diese soll einige Menschen zum Monde oder auf Mars oder Venus hin und zurückbringen. Erfordernis: Geschwindigkeit 10—13 km/sec. Ausführung RH-VI, eine doppelstufige Riesenrakete, deren Gewicht etwa 3 schweren Lokomotiven gleichkommt.

Abb. 43. Raumrakete RH-V nach Dr. Franz von Hoefft.

Bezeichnung RH	I	II	III	IV	V	VI	VII	VIII
Startgewicht .	30	100	3000	3000	30 000	300 000 kg	600 t	1200 t
Leergewicht . .	6	20	350	300	3000	60 000 kg	120 t	240 t
Nutzlast . . .	1	1	100	75	500	30 000 kg	60 t	120 t

Die einzelnen Apparate selbst werden von v. Hoefft in verschiedenen Veröffentlichungen folgendermaßen beschrieben:

RH-I ist eine Registrierrakete von 30 kg Startgewicht und 1,2 m Länge, durch Alkohol und flüssigen Sauerstoff getrieben, die, durch eine Zerstäuberpumpe fein vermischt, von einer Turbine in den Ofen gespritzt werden, wo sie von einem Glühdraht gezündet werden und zu den Düsen hinaus expandieren. Ein Kreiselsteuer wirkt auf Flossen, um die Richtung einzuhalten. Das Modell soll durch einen Pilotballon zunächst auf 10 km Höhe gehoben werden, um den Luftwiderstand der unteren dichtesten Luftschichten zu vermeiden, worauf es selbsttätig zündet und ausschlippt. Wenn in 72 Sekunden der ganze Treibstoffvorrat verpufft ist und sich die Endgeschwindigkeit am Luftwiderstand totgelaufen hat, also die Spitze durch nichts mehr niedergedrückt wird, wird diese von Federn abgehoben, entfaltet sich zum Fallschirm und bringt den 1 kg schweren Meteorographen, der die Nutzlast bildet, sicher zur Erde.

RH-II ist dieselbe Rakete, jedoch mit Pulverantrieb, wodurch der Apparat bei gleicher Leistung naturgemäß schwerer im Startgewicht ist.

RH-III ist eine Etagenrakete mit zwei übereinandergestellten Stufen, von 3 Tonnen Startgewicht, steigt gleichfalls auf 6 km Höhe mit Ballon oder Schubrakete, bevor sie anläuft und beschleunigt ihre obere Stufe von 100 kg auf 9,2 km/sec mit Hilfe seiner 2700 kg Knallgas. Diese letztere gibt ebenfalls mit Knallgas noch 6,4 km/sec idealen Antrieb dazu, so daß eine ideale Endgeschwindigkeit von 15,6 km/sec entsteht, die mehr als ausreicht, 10 kg Blitzlichtpulver als Nutzlast bis zum Monde zu bringen.

RH-IV ist dasselbe Modell, trägt jedoch statt der oberen Stufe einen Postsack oder Streifenbildapparat und soll in Keplerschen Ellipsen außerhalb der Atmosphäre die Erde umfliegen. Die Nutzlast wird durch einen Spitzenfallschirm heruntergebracht. Wichtig ist, daß RH-III und RH-IV erst in 6 km Höhe starten.

RH-V ist ein ganz neuartiger Apparat, dessen Form ein Mittelding aus Granate und Tragflügel eines Flugzeugs ist. Da das Leergewicht noch 3000 kg beträgt, kann eine Nutzlast von 500 kg, bestehend auch aus einigen Passagieren, mitgenommen werden. Dieser Typ soll vom Meeresspiegel aus starten, bei 30 m/sec^2 Beschleunigung in 200 Sekunden auf einer Antriebsstrecke von 600 km eine Endgeschwindigkeit von 6000 m/sec (bei idealem Antrieb von 9200 m/sec) erreichen und imstande sein, in 50 Minuten bis zu den Antipoden zu tragen. Die Landung soll dabei ohne besondern Bremsschirm einfach durch Ausnutzung des Luftwiderstandes des mit den Düsenöffnungen voran fliegenden Schiffs von 8 m² größtem Querschnitt bewirkt werden. Die Maschine hat 12 m Länge, 8 m Breite, 1,5 m Höhe. Sie kann auch als Spitzenstufe auf die als Etagenraketen gedachten weitern Modelle gesetzt werden.

RH-VI, RH-VII und RH-VIII haben als Spitzenstufe die RH-V, dagegen hat die Gesamtrakete RH-VI ein Startgewicht von 300 t, RH-VII ein solches von 600 t und RH-VIII eines von 1200 t. Die ideale Antriebsleistung wird bei RH-VI zu 15,6 km/sec, bei RH-VII zu 18,4 km/sec und bei RH-VIII infolge Unterstellung einer dritten Etagenstufe mit 27,6 km/sec angegeben.

Wie man erkennt, soll dabei das Stufenprinzip ausgiebig benutzt werden (vgl. auch S. 115) wobei die jeweils darüber gestellte Rakete die Nutzlast der unter ihr liegenden ist. Unter der Annahme, daß sich Raketen herstellen lassen, deren Startgewicht sich zu 80% auf die Treibladung T, zu 10% auf die Hülse H und Apparatur und zu 10% auf die Nutzlast N verteilt, errechnet sich dann leicht die nachstehende Tabelle, da hier M_0/M_1 jeweils = 5, und log nat von 5 gleich 1,61 ist. (Vgl. hierzu unsere S. 132 vorgebrachten Bedenken.)

Endgeschwindigkeit km/sec	Für Auspuff C in km/sec								End-Nutzlast
	1,0	1,5	2,0	2,5	3,0	3,5	4,0	4,5	
V_1 der 1. Stufe .	1,61	2,42	3,22	4,03	4,83	5,64	6,44	7,25	10%
V_2 » 2. » .	3,22	4,83	6,44	8,05	9,66	11,3	12,8	14,5	1%
V_3 » 3. » .	4,83	7,25	9,66	12,1	14,5	16,9	19,3	21,6	0,1%
V_4 » 4. » .	6,44	9,66	12,8	16,1	19,3	22,5	25,8	29,0	0,01%
V_5 » 5. » .	8,05	12,08	16,1	20,1	24,2	28,2	32,2	36,3	0,001%

Die genauere Durchrechnung von Ing. Pirquet zeigt dann weiter, daß es nicht ohne Belang ist, die Nutzlast N einer Stufe nicht kleiner, sondern sogar größer zu nehmen, als das Gewicht der Hülse H. Die jeweils beste Lösung zur Erzielung eines höchstmöglichen idealen Antriebs muß fallweise durch Optimalrechnung ermittelt werden. Er belegt dies durch folgende Beispiele, deren erstes der vorigen Tabelle entspricht, wo $T : H : N = 8 : 1 : 1$ und $T : (H + N) = 5 : 1$ waren.

Beispiel: $T:H$ $N:H$	I 8:1 1:1		II 7:1 2:1		III 6:1 2:1	
Ideale Endgeschwindigkeit	$V = $ km/s	kg	$V = $ km/s	kg	$V = $ km/s	
Anfangsgewicht	1000 kg		1000		1000	
nach Stufe 1	100 »	6,4	200	4,8	186	5,1
nach Stufe 2	10 »	12,8	40	9,6	34,6	10,3
nach Stufe 3	1 »	19,2	8	14,4	6,43	15,4
nach Stufe 4	—	—	1,6	19,2	1,2	20,5
log M_0/M_1	1,61	—	1,204	—	1,283	—

Man sieht, Beispiel II ist günstiger als I, denn bei gleichem Auspuff C (das stets zu 4 km/sec angesetzt ist) erreicht ein höheres Endgewicht, 1,6 gegen 1,0 kg, dieselbe Endgeschwindigkeit, und Beispiel III ist wieder günstiger als II und I, denn hier erreicht ein immerhin größeres Endgewicht als bei I auch eine noch höhere Endgeschwindigkeit 20,5 gegen 19,2 km/sec.

Wenn auch der ganze vorstehend wiedergegebene Berechnungsansatz wegen des praktisch kaum zu verwirklichenden Massenverhältnisses M_0/M_1 für Knallgasraketen als zu optimistisch gelten muß, indem bestenfalls mit dreistufigen Maschinen das erreicht werden kann, was nach den Tafelangaben schon bei zwei Stufen möglich sein sollte, so ist doch das v. Hoefftsche Projekt durch gründlichen wissenschaftlichen Unterbau vor vielen anderen ausgezeichnet.

Dr. v. Hoefft selbst hält seine Typen I bis V heute schon für technisch ausführbar, wenn es nur an den Geldmitteln dazu nicht fehlte und verweist nur seine Typen VI bis VIII in die fernere Zukunft. Überdies sollen diese letzten Maschinen gar nicht von der Erde, sondern von einem Kunstmonde aus (vgl. S. 27/28) den Dienst des interplanetarischen Verkehrs versehen.

Auf theoretischem Gebiet hat sich Dr. v. Hoefft besonders durch die klare Herausarbeitung mancher, früher selbst in engeren Fachkreisen verwischter Begriffe und Ansichten verdient gemacht, so durch die Herausstellung der Stoßprobleme des Raketenmotors (vgl. S. 120), wonach bei gleicher MV-Leistung eines Raketenmotors, dieser in 15 km Höhe die Dreifache, in 50 km Höhe die 31fache Geschwindigkeit zu erzeugen vermag, während der Arbeitsmotor nur die zweifache bzw. die zehnfache Schnelligkeit erreicht, da ihm die Arbeitsgleichung $A = v^3F (G/g)$ lautet, während für den Rückstoßer $R = v^2F (G/g)$ gilt.

Erwähnung verdient noch der von Hoefft neu geprägte Begriff der »dynamischen Querschnittsbelastung«, d. i. die pro cm² des größten Schiffsquerschnittes entfallende Säulenhöhe des Treibstoffgemisches. Von dem idealen Antriebsvermögen, das in dieser Säulenhöhe steckt, hängt es nämlich ab, was die Rakete gegen den Luftwiderstand, die Erdschwere und eigene Massenträgheit zu leisten vermag, während der aus der Geschoßtheorie (vgl. S. 44) hergeleitete Begriff der »ballistischen Querschnittsbelastung« hier falsch am Orte wäre.

Endlich hat Dr. v. Hoefft sehr eingehende Untersuchungen über den Start und die Landungsmöglichkeiten seines Typs RH-V ausgeführt, auf Grund deren er sich gute Leistungen dieser Maschine zum Transozean- und Antipodenverkehr in erdnah bleibenden Keplerschen Ellipsen verspricht.

Die russischen Raumschiffprojekte (seit 1895).

Auch Rußland, das sich von jeher durch eine große Vorliebe für kosmische Forschungen ausgezeichnet hat, kann noch im 19. Jahrhundert einen führenden Namen unter den Begründern des neuzeitlichen Raumfahrtgedankens aufweisen in der Person des heute in Kaluga lebenden, jetzt etwa siebzigjährigen Forschers Prof. K. E. Ziolkowsky, der (nach Angabe von K. Lademann in »Zeitschr. f. Flugtechn. u. Motorluftschiffahrt« vom 29. Apr. 1927) schon vor 32 Jahren, 1896 in »Natur und Menschen« die ersten Vorboten dieses abenteuerlichen Ideenkreises erscheinen ließ. Die nächsten ernstzunehmenden Ausführungen finden sich erst 1903 Heft 5 der »Wissensch. Rundschau« erregten aber noch kein Aufsehen, denn die Zeit war noch nicht reif für solche Gedanken. In der Petersburger »Zeitschr. f. Luftfahrt« erschienen dann 1911—1913 eine Folge von Aufsätzen Ziolkowskys »Über die Erforschung der Weltenräume durch Reaktionsschiffe«. In der Zwischenzeit hatte bereits Baron Ungern die fast gänzlich unbekannten Ungernschen Raketenpatente genommen; sie trugen in der Hauptsache militärischen Charakter.

Ebenfalls schon im Februarheft des Jahrgangs 1911 des Organs der Petersburger Akadem. Fliegergruppe »Der Luftweg« veröffentlichte A. Gorochof eine Abhandlung über den »Mechanischen Flug der Zukunft«, wobei er ein Ganzmetallflugzeug mit Strahl- oder Reaktionsantrieb vorschlug.

Der spindelförmige Rumpf sollte aus Stahlblech gebaut sein, das Tragwerk war auffallend klein, freitragend und von eigenartiger Form, das Leitwerk ebenfalls sehr klein ausgebildet. Die Verbrennungskammern des Treibstoffs lagen gleich hinter der Nase des Rumpfs. Die Verbrennungsprodukte des Rohöls sollten durch seitliche Düsen austreten. Die Aufenthaltsräume für die Insassen liefen in Führungen, um die Andruckserscheinungen der Beschleunigung durch hydraulische Pufferung abfedern zu können. (Das würde nichts nützen. D. Verf.) Die berechnete Geschwindigkeit des Flugzeugs wurde mit 350—690 km/h angegeben.

Im Oktober 1916 behandelte Dr. G. Tichoff, Prof. der Astronomie an der Sternwarte Pulkova, in einem eingehenden Vortrag in Petersburg das gesamte Raumfahrtproblem und nahm dazu im positiven Sinne Stellung.

Später hat dann Prof. Ziolkowsky immer zahlreichere Schüler um sich geschart, von denen einige (Rynin und Fedorof) ebenfalls wissenschaftliche Werke zum Gegenstande veröffentlicht haben. So erscheint zur Zeit ein umfangreiches Sammelwerk, dessen I. Bd. aus der Feder Prof. Nicolai Rynins die »Geschichte der Raumschifffahrt« behandelt. Prof. Ziolkowsky selbst hat 1926 ein neues Werk über die »Befahrung des Weltraums mit Raketenschiffen« (im Verlag der 6. Reichsdruckerei der U.S.S.R. Kaluga) veröffentlicht.

Darin entwickelte Ziolkowsky selbständig alle Formeln, die das Schwerefeld und seine Überwindung durch die Wirkungsweise des Raketenschiffs ausdrücken. Eine Übersetzung ist leider bis heute nicht erschienen.

Auffällig ist jedenfalls, daß Prof. Ziolkowsky seit jeher das Problem des mit Tragflächen ausgerüsteten Raketenflugschiffes und der Rakete mit flüssigen Treibstoffen vertreten hat. Aus einer (in der Techn. Rundsch. 1928, Nr. 31 veröffentlichten) Zeichnung seines Rückstoßmotors erkennt man ferner, daß ihm auch der grundlegende Gedanke der Vorwärmung des als Kühlmantel um den Raketenofen gelegten Brennstoffs geläufig ist. (Vgl. Abb. 44.)

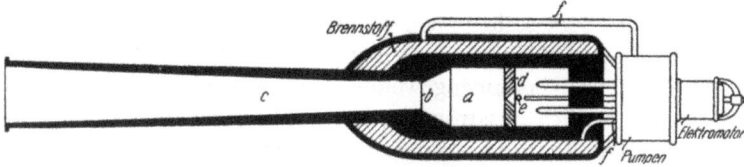

Abb. 44. Raketenmotor nach Ziolkowsky; a Verbrennungsraum, b Düsenhals, c Düse. Die kalten Brennstoffe werden hineingepumpt und vermischen sich am Gitter d, wo sie beim Anlassen mittels elektrischen Stiftes oder Glühdrahtes entzündet werden. Wenn das Gitter glühend wird, erfolgt die Fortzündung selbsttätig. Die Kühlung erfolgt durch Brennstoffzirkulation f um den Ofenmantel.

Seit der Revolution in Rußland ist die Zahl der am Raketenproblem arbeitenden Forscher immer mehr gestiegen, wie auch anscheinend die Unterstützung durch die Regierung immer kräftiger geworden.

So erfolgte schon 1924 die Bildung einer Zentralorganisation zur Untersuchung des Raumfahrtproblems, unter dem Direktor des Aero- und Hydrodynamischen Instituts in Moskau, Prof. Wetjinkin als Obmann, mit einem Ausschuß für »Planetenverkehr« unter Prof. Fedorow.

Während dieser, dank seines mit bedeutenden Geldmitteln unterstützten und mit einem Windkanal für Überschallgeschwindigkeiten ausgerüsteten Laboratoriums, bereits 1926 günstige Tragflächenprofile für derart hohe Fahrgeschwindigkeiten ermitteln konnte, scheint Ing. Nykolsky mehr die chemisch-biologische Seite des Problems bearbeitet zu haben. 1927 veranstaltete Prof. Fedorow dann in Moskau die erste »Internationale Ausstellung für Raumschiffahrt« (an welcher sich auch der Verfasser beteiligte) und kündigte seinen ersten Start mit einem Raketenschiff noch für das Jahr 1928 an, mit einer Maschine, die gleich 4 Personen zu tragen vermag.

Großen Anteil an der Förderung der Raumschiffahrtidee im wissenschaftlichen Sinne soll auch der durch seine sonnenphysikalischen Forschungen bekannte schwedische Astronom Birkeland haben, der, angeregt durch die Ziolkowskysche Schrift 1905 die Wirkung des Rückstoßes im luftleeren Raum untersuchte.

Die Raumraketen Prof. Hermann Oberths (seit 1907).

Prof. Hermann Oberth, am 25. Juni 1894 in Hermannstadt geboren, schreibt selbst im Anhang zur 1. Auflage seines 1923 bei R. Oldenbourgs Verlag München erschienenen Werkes »Die Rakete zu den Planetenräumen«, daß seine ersten Arbeiten bis in das Jahr 1907 zurückreichen. Sein erster, fertiger Plan stammt aus dem Jahre 1909. Es handelte sich dabei um einen Apparat, der imstande sein sollte, mehrere Menschen mit emporzutragen. Die Treibapparate sollten mit angefeuchteter Schießbaumwolle nach Art eines Maschinengewehres versehen werden. Das Gas sollte oben seitlich ausströmen. Die Form der Düsen war noch ziemlich unvollkommen. Sie glichen völlig den Wasserdüsen bei den Peltonschen Turbinen und hatten auch wie diese Regulierstifte, die automatisch wirken und übermäßigen Andruck verhindern sollten. Die Munition war in Kammern mit dünnen, feuchten Wänden untergebracht, die abgeworfen werden sollten, wenn sie leer waren. Trotz aller Unvollkommenheiten wäre nach Oberth schon ein derartiger Apparat imstande gewesen, aufzusteigen.

Prof. Oberth kannte bereits damals die physikalischen Erscheinungen des Andrucks, die grundlegenden Formeln des Raketenantriebs und die Beziehungen zwischen diesem, dem Schwerefeld und dem Luftwiderstande. 1912 entwarf er den ersten Plan zu einer flüssigen Knallgasrakete. 1918 berechnete er ein kleines Modell, bei welchem die Auspuffgase unten ausströmen und die unterste Rakete eine Alkoholrakete sein sollte. Die restlichen Formeln seines Werkes stellte er dann im Sommer 1920 auf, als er versuchte, eine vollständige Raketentheorie zu entwickeln. Den Plan zu Modell B errechnete er anläßlich der Niederschrift des Manuskriptes zur 1. Auflage seines oben genannten Buches, im Winter 1921/22, um daran die Umsetzung seiner Theorie in die Praxis zu erweisen. Er ist dabei durchaus seiner Grunderkenntnis, daß die Raketen mit flüssigen Treibstoffen den Pulverraketen energietheoretisch überlegen sind, auch für die Praxis treu geblieben, gibt sich mit Pulverraketenfragen überhaupt nicht erst ab, sondern geht trotz der größeren konstruktiven und technischen Schwierigkeiten gleich auf die Herstellung von kontinuierlich brennenden Flüssigraketen ein. Im Gegensatz zu Prof. Goddard hat Oberth in seinem Buche ein Raketenmodell vollständig beschrieben und bis auf geringe, aus begreiflichen Gründen geheimzuhaltende Einzelheiten erklärt.

Als »Modell A« bezeichnet Prof. Oberth eine kleine Maschine, deren Aufgabe es ist, lediglich in den höheren Luftschichten Forschungen zu ermöglichen, die mit emporgetragenen Registrierapparaten ausgeführt werden können. Es handelt sich um eine einfache mit Methylalkohol und Sauerstoff gefüllte Rakete, die bei 1700 m/sec Auspuffgeschwindigkeit in etwa 7000 m Höhe über dem Meer in 18 Sekunden Startzeit auf die für sie günstigste Geschwindigkeit von 500 m/sec kommt und im ganzen etwa ¾ Minuten brennend, eine Steighöhe von 250 km erreichen soll. Der Ofen kann direkt an die Mantelfläche grenzen, wenn diese mit befeuchtetem Asbest ausgekleidet ist, auch die Düse kann aus einem Material bestehen, das ¾ Minuten lang dem Feuergasstrom standhält.

Die Leistung könnte durch eine Schubrakete, welche es in 8 Sekunden auf die günstigste Geschwindigkeit bringt, gesteigert werden. Durch das Übereinanderstellen von drei derart einfachen Raketen, deren unterste Alkohol, deren mittlere flüssiges Methangas und deren oberste flüssigen Wasserstoff als Brennstoff enthält,

Abb. 45. Außenansicht der Schubrakete des Modells B nach Oberth.

während bei allen dreien natürlich der zugehörige Sauerstoff vorhanden ist und bei den untern beiden Wasser als Kühlstoff dient, ließen sich, allerdings bei sechsfachem Brennstoffverbrauch gegenüber dem folgenden Baumuster, dessen Steigleistungen auch erzielen.

Prof. Oberths Modell B besteht aus einer Doppelrakete, einer unteren Alkohol- und einer oberen Wasserstoffrakete, außerdem noch aus einer zuunterst gestellten Hilfsrakete. Das obere Raketenpaar ist von der Spitze bis zur Düsenöffnung 5 m lang, 55,6 cm dick und wiegt 544 kg, die Hilfsrakete ist 1 m dick, etwa 2 m hoch und wiegt 220 kg.

Der ganze Apparat ist dafür berechnet, von 5500 m Höhe über dem Meeresspiegel abzufahren. Sollte er vom Meere selbst aufsteigen, so müßte er, um die notwendige Querschnittsbelastung zu erhalten, doppelt so lang, damit aber auch 8mal so schwer

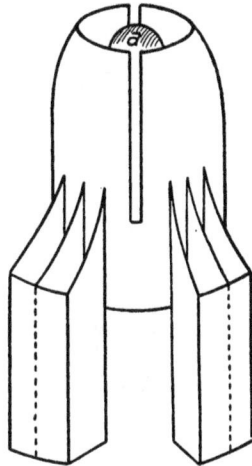

175

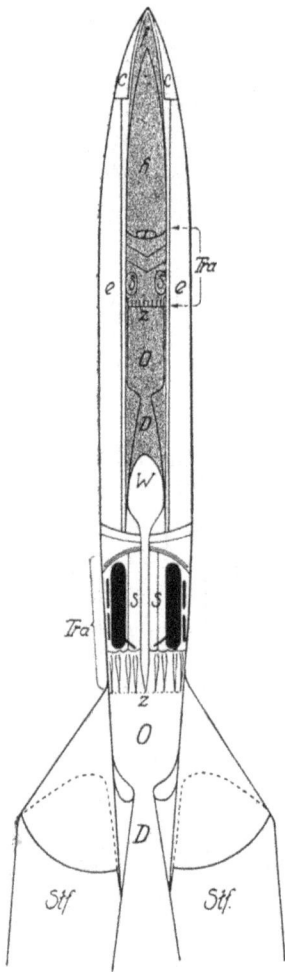

werden. Die Hebung auf 5500 m Höhe soll durch Seilaufhängung zwischen zwei Luftschiffen erfolgen, wenn ein so hoher Berg nicht zur Verfügung steht.

Die Hilfsrakete hat die Aufgabe, das obere Raketenpaar auf eine Anfangsgeschwindigkeit von 500 m/sec zu bringen. Sie erreicht dies bei 8 Sekunden eigener Brenndauer, anfangs 100 m/sec Beschleunigung, später weniger, längs 2200 m Schubstrecke, worauf sie von der nunmehr Feuer fangenden Alkoholrakete abgestoßen wird. Dies geschieht in einer Höhe von 7700 m über dem Meere. Dort oben beträgt der Gegendruck des Luftwiderstandes bei 500 m/sec als der günstigsten Geschwindigkeit nur mehr 0,2 kg/cm². Als Brennstoff führt die 537 kg schwere Alkoholrakete 341,5 kg Wasser, dem 45,8 kg Alkohol beigemischt sind, 1,67 kg rektifizierten Alkohol und 98,8 kg flüssigen Sauerstoff oder die entsprechende Menge stickstoffhaltiger flüssiger Luft mit (in welchem Falle weniger Wasser als Kühlstoff benötigt wird). Die Verbrennungstemperatur im Ofen beträgt 1700 bis 1750⁰ C. Die Düse hat 12,35 cm Halsweite und 29,9 cm Öffnung gegenüber 55,6 cm größtem Durchmesser der Alkoholrakete. Der Ofendruck soll 16½—20 Atm. betragen, der Düsen-Mündungsdruck 0,39 Atm. ähnlich dem Luftdruck 7700 m über dem Meer sein. Die Auspuffgeschwindigkeit soll theoretisch 1800 m/sec betragen. Das Gesamt-

Abb. 46. Vereinfachter Schnitt durch die beiden Hauptraketen des Modells B nach Oberth. C auseinanderklappbare Spitze, f Fallschirm, e Alkohol-Wassertank, s Sauerstoffraum, W Windkessel, Tra Treibapparat, Z Zerstäuber, O Ofen, D Düse, Stf Steuerflügel der unteren Alkoholrakete. Die in dieser steckende Wasserstoffrakete ist grau gezeichnet, die Buchstaben haben die entsprechende Bedeutung, nur ist A der Tank für flüssigen Wasserstoff und darunter I die Kammer für die Nutzlast, d. i. die Registrierapparate.

gewicht der vollen Doppelrakete, zu 544 kg gerechnet, ergibt bei einem Gesamtgewicht der Wasserstoffrakete und der leeren Hülle der Alkoholrakete von 56,2 kg ein Verhältnis M_0/M_1 zu 9,7. Prof. Oberth rechnet aber nur mit 9 und gibt auch die Auspuffgeschwindigkeit zu bloß 1400 m/sec an, was nach seiner Meinung sicher zu wenig ist. Die Brenndauer beträgt 36—40 Sekunden, die Anfangsbeschleunigung $\sim$ 34 m/sec. Während der ersten 15—20 Sekunden kann die günstigste Geschwindigkeit genau eingehalten werden, später bleibt der Apparat etwas dagegen zurück, da der Ofendruck 20 Atm. nicht überschreiten darf, was einer sekundlichen Massenausstrahlung von 12,0—13,2 kg entspricht. In der Höhe von etwa 56 km über dem Meer, wo die günstigste Geschwindigkeit 2800—2900 m/sec beträgt, wird dann die ausgebrannte Alkoholrakete abgestoßen, während sich die Wasserstoffrakete entzündet. Diese, im ganzen nur 6,9 kg schwer, enthält 1,36 kg flüssigen Wasserstoff und 1,94 kg flüssigen Sauerstoff. Ihre Düsenöffnung ist gleich dem größten Raketenquerschnitt gleich 25 cm, ihre Düsenhalsweite beträgt 7,55 cm. Der Ofendruck ist konstant gleich 3 Atm., der Düsenmündungsdruck gleich 0,0196 Atm. Die Anfangsbeschleunigung setzt ein mit 200 m/sec² und steigert sich umgekehrt proportional der abnehmenden Masse, da die sekundlich ausgestrahlte Masse von 0,406 Kilogramm konstant bleibt, bis die Treibstoffe völlig verbraucht sind. Die Brennzeit beträgt daher 8,15 Sekunden, während welcher der Restmasse von 3,6 kg, davon 1,5 kg auf die als Nutzlast mitgeführten Registrierapparate entfallen, eine Endgeschwindigkeit von 5139 m/sec erteilt wird, selbst wenn die Auspuffgeschwindigkeit der Gase nur mit 3400 m/sec angenommen wird, was nach Prof. Oberths Meinung sicherlich viel zu wenig ist. Schon mit diesen Auspuffzahlen müßte die Rakete Modell B eine Steighöhe von rd. 2000 km erreichen können. Die Landung der in der zuletzt verbleibenden Spitze der Knallgasrakete befindlichen Registrierinstrumente soll durch Fallschirm bewirkt werden, was bei deren geringem Gewicht keinerlei Schwierigkeit bietet. Beim Modell B wurde aus technischen Gründen die Wasserstoffrakete ganz in die obere Alkoholrakete hineinverlegt, so daß sie, um ins Freie zu kommen, durch die knospenartig aufklappende vierteilige Kappe der darunter stehenden Alkoholrakete herausfahren muß.

Diese Anordnung ist nicht mehr nötig bei ganz großen Raumraketen. Solche haben, ohne schlank zu sein, schon wegen ihres großen Querschnittes eine derartige Höhe, daß die notwendige Querschnittsbelastung leicht erreicht wird. Sie können also auch unmittelbar vom Meeresspiegel auffahren, auf dem sie startbereit gefüllt, vorher aufrecht wie eine Boje schwammen. Hier sind die Düsen wabenartig angeordnet, um einen gedrungeneren Bau zu erhalten und erfüllen die ganze größte Querschnittsfläche des Raketenschiffes. Der Düsenmündungsdruck ist bei der unteren Alkoholrakete gleich oder größer als 1 Atm., der Ofendruck von der Größenordnung 30 bis 40 Atm., je nachdem es die Festigkeit des Baustoffs erlaubt. Für die obere Wasserstoffrakete berechnet Prof. Oberth bei großen Maschinen einen Ofendruck von 4 bis 10 Atm., während der Mündungsdruck, entsprechend dem geringen Luftdruck in den großen Höhen, in welchen sich die Knallgasrakete erst entzündet, während die Alkoholrakete zurücksinkt, nur einen geringen Bruchteil einer Atmosphäre betragen kann.

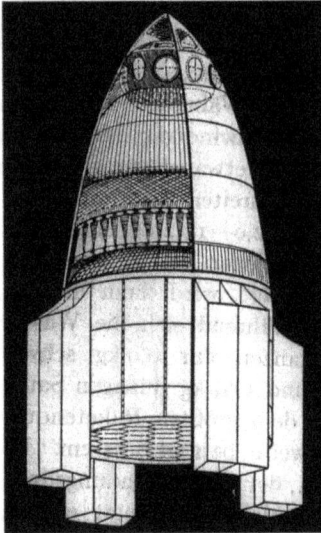

Abb. 47. Oberthsches Raumschiff für 2 Personen. Unter der Spitze der Fallschirm, darunter die eiförmige Beobachterkammer, darunter Tank-, Maschinen- und Düsenraum. Die obere Wasserstoffrakete ist aufgeschnitten, die untere Alkoholrakete geschlossen gezeichnet. Die ganze Maschine ist etwa so hoch zu denken wie ein 4 stöckiges Haus.

Prof. Oberth sieht als normal die Landung mit der leeren Rakete vor. Der Fallschirm hat nicht den Zweck, den ganzen Fall der leeren Rakete zu bremsen, sondern hauptsächlich den, ihre Spitze nach oben zu ziehen, so daß sie mit der Düse gegen die Erde fällt. Indem der Beobachter, mit elektrische Drähte mit der Maschine in Verbindung steht, die Rakete wieder anbrennen läßt, kann er dann durch den Rückstoß der Gase jetzt ebenso den Sturz bremsen, wie er beim Aufstieg dadurch sogar die Beschleunigung nach oben erhalten hat. Da die Leerhülle im Vergleich zu ihrem Querschnitt immerhin sehr leicht ist, wird ihr Fall sich unschwer bremsen lassen.

Bei diesen Riesenraketen, die man schon als Vorläufer noch weitaus gewaltigerer Raumschiffe ansehen darf, erscheinen die beiden Einzelraketen übereinandergestellt. Unter der Spitze

178

befindet sich der Fallschirm und abermals unter diesem die freilich etwas enge Kammer für den Beobachter. Sie besitzt bei diesem Modell 1,5—2,5 cm starke Wände aus Aluminium und Fenster, die mit Aluminiumklappen während des Aufstieges geschlossen sind. Ist die Höhe erreicht, so kann der Beobachter die Raketenspitze aufklappen und sich mit seiner Kammer zusamt dem Fallschirm an Drähten von der Rakete abstrecken, um einen freien Überblick nach allen Richtungen des Weltraumes zu haben. Da gar kein Andruck herrscht, ist zur Ausführung dieser Bewegungen kaum nennenswerte Kraft notwendig. Vor dem Abstieg würde der Beobachter sich in seiner Kammer wieder an die Rakete heranziehen.

In seinem Buche hat Oberth auch die wesentlichen Einzelbestandteile seiner flüssigen Treibstoffraketen eingehend behandelt, so die Bauweise und den Stoff der Tankbehälter, die eigenartigen Pumpen, welche die Treibstoffe aus den Tanks in die Öfen pressen sollen, und den Treibapparat, der im wesentlichen aus einem Zerstäuber aus 3—5 cm weiten, mit feinen Spritzlöchern versehenen Röhren besteht, aus deren Innerem der flüssige Sauerstoff austritt, während der Brennstoff von außen herangeführt wird. Um den Ofendruck vom Rückstoß unabhängig zu machen, sind Regulierstifte, wie die Nadelventile bei Peltonturbinen, vorgesehen. Die Kühlung soll bei den Alkoholraketen durch Zuführen von Wasser, bei den Knallgasraketen durch Überschuß von Wasserstoff bewirkt werden. Eine äußere Ofenmantelkühlung wird nicht angegeben.

Auch über die konstruktiven Details der Modelle A, B und der Riesenraketen hinaus, enthält Oberths Werk noch viele Dinge, die als sein geistiges Eigentum zu gelten haben. Wenn er auch zugibt, durch die Mondromane Jules Vernes die erste Anregung empfangen und in seiner Schuljugend einmal von Ganswindt gehört zu haben, so sind doch alle späteren Forschungsarbeiten von ihm selbständig geleistet worden, so die Untersuchungen über den Andruck, über die Möglichkeit, Menschen auf einer Riesenkarussell-Zentrifuge auf ihre Andruckfestigkeit zu prüfen, der Gedanke, zwei Raumschiffe an langem Seil um den gemeinsamen Schwerpunkt kreisen zu lassen, um einen Ersatz für das fehlende Schweregefühl zu bieten, endlich die Idee des Kunstmondes als Tankstelle und Betriebszentrale des Planetenschirms. Auch den Gedanken, die Auspuffgeschwindigkeit dadurch zu steigern, daß später durch eingefangene Sonnenenergie elektrischer Strom erzeugt und durch diesen eine Beschleunigung der ausgestoßenen Gasmoleküle bewirkt werden kann, hat Oberth selbständig gehabt. Selbstverständlich fehlt bei ihm die Idee des Raumtaucheranzugs nicht, aber ganz eigentümlich ist der Gedanke der Schiffsheizung entwickelt. Oberth hält es für möglich, daß die Passagierkammer während der Fahrt durch die aufzuklappende Schiffsspitze an Drahtseilen abgestreckt und dadurch erwärmt werden könnte, daß man sie schwarz anstreicht oder durch Parabolspiegelstrahlung die Sonne auf sie konzentriert.

Das Kathoden-Raketenschiff F. A. Ulinskis (seit 1913).

Franz Abdon Ulinski, einer altösterreichischen Adelsfamilie entstammend, geboren 1890 in Bloosdorf, Mähren, hat sich ebenfalls schon vor dem Kriege, seit 1913, mit Raumschiffideen befaßt. Zu einem eigentlichen Projekt verdichteten sich diese Gedanken aber erst während des Weltkrieges, als Ulinski, auf Grund einer Gasturbinenkonstruktion, als technischer Offizier zur österreichisch-ungarischen Fliegertruppe in Fischamend kommandiert, die Erzeugungsgruppe des dortigen Flugmotorenwerkes leitete.

Ulinski hat erkannt, daß alle Raketenschiffe, welche durch die auspuffenden Gase unserer Explosivstoffe betrieben werden sollen, stets den Nachteil haben werden, daß bei ihnen die Treibstoffladung einen sehr großen, die Nutzlast nur einen verschwindenden Bruchteil des Startgewichtes einnehmen wird.

Er wollte daher von der Anwendung eines eigentlichen Treibstoffes ganz unabhängig werden, dadurch, daß er die Energie der Sonnenstrahlung auszunutzen suchte. Die neuerliche Annahme einer Lösungsmöglichkit bot ihm eine Zeitungsmeldung über einen angeblich von Edison erfundenen Sonnenmotor, der auf dem Umwege über Thermoelemente die Sonnenstrahlung in elektrischen Strom verwandeln sollte.

Der Gedankengang Ulinskis ist kurz der folgende:

Eine ringförmig um den ganzen Schiffskörper herum angeordnete Segment-Flächenkonstruktion aus Thermoelementen hat den Zweck, die Sonnenstrahlung aufzufangen und nach dem Edisonschen Effekt in elektrische Energie umzuwandeln. Die so gewonnene elektromotorische Kraft wird dann benutzt, um die Bewegung des Schiffes zu bewirken, und zwar auf eine verschiedene Weise, je nachdem es sich um eine Reise durch den als

180

Vakuum anzusprechenden Weltenraum oder um eine Fahrt durch die Luftschichten eines Planeten handelt.

Im ersten Falle gleicht die Antriebsform ganz einer ins Freie hinausbrennenden Rakete, bloß daß nicht Explosionsgase einer chemischen Verbindung ausgestoßen werden, sondern Elektronen, die durch elektrische Energie aus geeigneten Kathoden mit ungeheurer Geschwindigkeit (die $^1/_{100}$—$^1/_{10}$ der Lichtgeschwindigkeit erreichen kann) ausgeschleudert werden.

Zum Betrieb der von Ulinski so genannten Ejektoren, die als einseitig offene Kathodenröhren aufzufassen sind, ist eine Spannung von 250000 Volt erforderlich. Der Strom soll aus einzelnen, möglichst kurzen, und in einer Richtung aufeinanderfolgenden Stromstößen bestehen, zwischen denen sich stromlose Pausen befinden. Je kürzer die einzelnen Stromstöße im Vergleich zu den Pausen sind, desto größer ist die erzeugte Kathodenstrahlenenergie, im Vergleich zur Wärmeenergie. Mittels Fliehkrafts-Gasunterbrecher sind diese Bedingungen erfüllbar, d. h. ist der primäre Gleichstrom der Flächenbatterie zu dem erforderlichen Hochfrequenzstrom umformbar. Die Solenoide des Transformators sind der zentralen Anordnung halber um den Aluminiumkessel des (weiter unten beschriebenen) Düsen-Reaktionsgerätes kernlos gewickelt. Hierdurch wird ein mächtiges Magnetfeld des Schiffskörpers erzeugt, dem dann die von den Ejektoren ausgesandten Kathodenstrahlen folgen.

Die Ejektoren selbst, die ringförmig um den Gürtel des Schiffes angeordnet sind, bestehen aus drei Teilen. Die Glühkathode ragt in ein Solenoid hinein und wird durch besonderen Heizstrom zum Glühen gebracht. Das Solenoid erzeugt durch eine zweite Batterie ein elektromagnetisches Kraftfeld. Legt man zwischen beiden eine Spannung an, so ordnen sich die von der Glühkathode ausgesandten Elektronen nach den Kraftlinien des Anodensolenoides und gelangen so in den Hauptentladungsteil des Systems, an die Hauptkathode. Zwischen dieser und der Anode liegt nun die für die Hauptentladung nötige Spannung von 250000 Volt, welche die aus der mit Bariumamalgam gefüllten Wolframspirale austretenden Elektronen stark beschleunigt, neue Elektronen frei werden läßt und so eine Kathodenstrahlung von großer Dichte und Geschwindigkeit erzeugt.

Um nahe der Erdoberfläche, jedoch außerhalb des Luftkreises, ein derartiges Ätherschiff von 3000 kg Gewicht gegenüber der Gravitation des Erdballs in der Schwebe zu halten, wäre mit einem sekundlichen Verbrauch von 5 g Materie (bestehend aus Quecksilberpräparaten) zur Ejektion zu rechnen. Dieser Betrag nimmt aber in dem Maße ab, als mit zunehmender Entfernung des Raumschiffs von der Erde die Stärke der Gravitation geringer wird. Fährt das Schiff z. B. mit einer idealen Aufwärtsbeschleunigung von 15 m/sec² in den Raum empor, so wird es nach etwa 1800 Sekunden die erforderliche parabolische Geschwindigkeit erreicht haben, um den Bannkreis der Erdschwere zu durchbrechen, und dies mit einem Aufwand von höchstens 15 kg Ejektionsmaterie, während bei der Fahrtweise einer Brennstoffrakete von 3 Tonnen Ladegewicht mindestens mit dem 50fachen, also 150 Tonnen an Treibstoffverbrauch, gerechnet werden müßte.

Man erkennt hieraus die ungeheure theoretische Überlegenheit der Kathodenrakete gegenüber der Explosionsrakete. Freilich hat das Projekt Ulinskis auch seine Nachteile. Selbst wenn das Schiff in der beschriebenen Art gebaut werden könnte, so erscheint es ungewiß, ob der Aufstieg von luftumhüllten Planeten durch das nachfolgend beschriebene Düsen-Reaktionsgerät möglich ist; denn die Kathodenrakete kann ihre Wirksamkeit erst im leeren Weltraume entfalten, da die Voraussetzung für den Betrieb der einseitig offenen Kathodenröhren ein tiefes Vakuum ist, als welches wohl der Weltraum selbst, nicht aber der Luftkreis eines Planeten, auch nicht in den obersten Schichten, angesehen werden kann. Aber auch im leeren Raume selbst würden Elektronenraketenschiffe der beschriebenen Bauart im Quadrat mit größer werdender Entfernung von der Sonne an Kraftentfaltung einbüßen, könnten also aus diesem Grunde wohl nur im Sonnenreich verwendet werden, denn sie beziehen ihre ganze Energie nur von der Sonnenstrahlung.

Um den Aufstieg durch den Luftkreis eines Planeten zu bewirken, ebenso um bei der Landung eine Abbremsung der Fallgeschwindigkeit zu erreichen, hat Ulinski schon in seinem ursprünglichen Projekt von 1915/16 ein besonderes Düsenreaktionsgerät vorgesehen, dessen Wirkungsweise man als die einer »Preßluftrakete im geschlossenen System« bezeichnen könnte. Das Gerät besteht im wesentlichen aus einem Kessel, in welchen von oben eine enge Hochdruckgasleitung durch eine sich erweiternde Düse hineinführt, während von unten ein weites Niederdruckgasrohr zum Turbokompressor hinausführt, der die Aufgabe hat, die aus der Düse expandierende, in den großen Kessel verzögerte Gas wieder auf den ursprünglichen Hochdruck zu verdichten und durch die Hochdruckgasleitung neuerdings der Düse zuzuführen. So entsteht ein Kreisprozeß, der durch die unter Entspannung vor sich gehende Gasausströmung aus der Düse eine Hubkraft erzeugt, genau wie bei einer ins Freie abbrennenden Rakete, bloß mit dem Unterschiede, daß hier die Kraft (in Gestalt des Turbokompressors) von außen zugeführt wird und daß hier ein und dieselbe Gasmenge dauernd den Wirbelring durchströmt, so daß ein Treibstoffverbrauch nicht eintritt.

Diese Art von Hubwirkung widerspricht zwar sicher nicht dem Satz von der Erhaltung der Energie, denn die auftretende Hubkraft stammt letzten Endes aus der Sonnenenergie oder einer anderen, den Turbokompressor antreibenden Kraftquelle, aber man könnte glauben, sie widerspreche dem Satz von der Erhaltung des Schwerpunktes, der für den Raketeneffekt grundlegend ist. Dagegen macht Ulinski geltend, daß sein Düsen-reaktionsgerät überhaupt keine Rakete ist, also auch nicht deren Gesetzen unterliegt, sondern daß der Vortrieb auf einer ankerartigen Energieaufnahme der an sich im Gleichgewicht befindlichen Wirbelströmung beruht, indem bei geeigneter Konstruktion der Führungsvorrichtung die Expansionsarbeit nur teilweise in eine Wirbelströmung, zum Teil aber in eine Rückstoßwirkung umgesetzt wird, die sich auf den Gesamt-schwerpunkt des geschlossenen Systems äußert.

Die Düsen haben also hier gewissermaßen eine doppelte Aufgabe entgegen den frei abbrennenden Raketen. Während sie bei diesen nur den Zweck hat, auf Kosten der Gasdichte und Temperatur durch den Entspannungsvorgang die Geschwindigkeit der aus dem Raketenofen durch den engen Düsenhals in die Düse eintretenden Gase bis zum Verlassen der Düsenmündung immer mehr zu steigern, um eine möglichst hohe Auspuffgeschwindigkeit zu erzielen, hat die Wirbelführung beim Reaktionsgerät Ulinskis den Zweck, die hohe Eintrittsgeschwindigkeit der bei mäßiger Temperatur in den Düsenhals eintretenden Gase aus der Hochdruckleitung auf dem Umweg über die Wirbelströmung möglichst zu vermindern, so daß der Gasaustritt aus dem Behälter in den Kompressor mit sehr geringer Geschwindigkeit bei einem, dem Kesseldruck möglichst gleichen Gasdruck erfolgt.

Tatsächlich haben die neuesten, von Ulinski im Januar 1928 vor Zeugen ausgeführten Versuche gezeigt, daß der Auftrieb eines solchen auf eine Wage gestellten Düsen-Reaktionsgerätes gleich war der Rückstoßleistung der frei ausströmenden Gase vermindert um den mechanischen Wirkungsgrad des Wirbelsystems; ganz entsprechend seiner theoretischen Erwartung, daß sich die Differenz der Gasgeschwindigkeit beim Eintritt und beim Verlassen der Düse als Rückstoß auf das Gesamtsystem äußern müsse. (Belegt durch Gutachten vom 19. I. 1928.)

Wenn sich auch der Edisonsche Sonnenmotor inzwischen als eine Zeitungsente herausgestellt hat, so ist es doch nicht ausgeschlossen, daß es früher oder später auf einem andern Wege gelingt, die Umwandlung der Sonnenenergie unmittelbar in elektromotorische Kraft zu bewirken.

Nach Ulinskis Angaben ist sein Düsenreaktionsgerät im Bereich des Ausführbaren gelegen, und handelt es sich nur mehr darum, den Wirkungsgrad der Anordnung so weit zu steigern, daß ein Schwebendhalten bzw. Aufsteigen von Maschinen dieser Bauart im Luftkreis und Schwerefelde der Erde möglich ist. Dabei wird die Allgemeinentwicklung des Verbrennungskraftmotors nach der Richtung immer geringeren Gewichtes pro PS von entscheidender Bedeutung sein, denn von ihr hängt (Turbokompressor) hauptsächlich das Gewicht der Kraftquelle ab, welche den Kreisprozeß und den Gaswirbelring im Gange erhalten muß. Ingenieur Franz v. Ulinski arbeitet gegenwärtig an diesen Dingen. Sein neuester Raumschiffstyp soll nur 4000 kg schwer werden und doch 500 kg Nutzlast mitführen können[1]).

Die Forschungen Dr.-Ing. W. Hohmanns (seit 1914).

Geboren am 18. März 1880 in Hardheim am Odenwald, hat Dr.-Ing. Walter Hohmann sich seit 1914 mit dem Problem der Weltraumfahrt beschäftigt, allerdings nicht als Konstrukteur eines bestimmten Maschinentyps, sondern als Theoretiker der Raketenfahrt. Er hat seine Untersuchungen hauptsächlich in seinem 1925 (bei R. Oldenbourgs Verlag München) erschienenen Werk »Über die Erreichbarkeit der Himmelskörper« niedergelegt, später noch verschiedene Teilprobleme für den Aufstieg von Registrierraketen und Raketenflugzeugen durchgerechnet und sich zuletzt auch als Mitverfasser am Leyschen Sammelwerk beteiligt. Seine Berechnungen sind so durchgeführt, daß man seit dem Erscheinen seines vorgenannten Buchs sagen kann: »den Fahrplan für die Reisen nach den Sternen hätten wir bereits, fehlt nur das Schiff, um auch nach ihm zu fahren«.

Die Ergebnisse Dr.-Ing. Hohmanns lassen sich, der Natur der Sache nach zumeist in Tabellenform kurz zusammenfassen. So gilt für die Loslösung eines Raumschiffs von der Erde folgende Zusammenstellung:

	15,00	20,00	25,00	30,00	40,00	50,00	100,00	200,00
B_i = m/sec²	15,00	20,00	25,00	30,00	40,00	50,00	100,00	200,00
B_e = m/sec²	7,27	12,00	16,76	21,61	32,35	41,18	90,76	190,46
V_e = m/sec	8660	9150	9470	9680	10000	10200	10650	10890
T_s = sec	1192	762	565	448	319	248	117	57
S = km	4220	3130	2480	2110	1570	1260	620	300
$\frac{M_1}{M_0}$ für C = 2000	7570	2010	1160	825	587	495	347	299
C = 3000	388	159	110	88	70	62	49	45
C = 4000	87,3	44,8	34,1	28,7	24,2	22,2	18,7	17,2
C = 5000 (m/sec)	35,7	20,9	16,7	14,6	12,8	11,9	10,4	9,8

---

[1]) Dem Verfasser sind die Einwände Ing. Pirquets gegen Ulinskis Projekt wohl bekannt. Doch sollte hier nur eine objektive Darstellung gleich den anderen Projekten geboten werden.

Dabei bedeutet B_i die ideale Beschleunigung, B_e die effektive mittlere Beschleunigung, V_e die Endgeschwindigkeit, welche in jener Höhe, S km über dem Meer gleich der dort geltenden parabolischen ist, T_s die Startzeit, während welcher die Strecke S durchlaufen wird. Dazu folgen die Massenverhältnisse M_0/M_1 für verschiedene Auspuff-C. Mit Berücksichtigung des Luftwiderstandes findet Hohmann analog:

$B_i =$ m/sec^2	30,00	100,00	200,00
$T_s =$ m/sec	456	123	64
$C = 2000$	933	468	602
$C = 2500$	235	138	166
$C = 3000$	95	60	71
$C = 4000$	30	22	25
$C = 5000$	15	12	13

(Spalte links: $M_0 : M_1$ für)

Übereinstimmend mit Oberth und Hoefft beweist Hohmann, daß bei Auffahrt eines Raketenschiffes mit $B_i = 30$ m/sec^2 der erforderliche Rückstoß (s. S. 121) in etwa 7800 m Höhe über dem Meer ein Maximum wird.

Für die Rückkehr zur Erde hat Ing. Hohmann zwei Lösungen gefunden, zunächst durch die Anwendung mehrerer Bremsellipsen, deren Perigäum jeweils in den Hochschichten der Erdatmosphäre liegt, so daß der Schwung des ursprünglich mit parabolischer Schnelle in den Luftkreis tangential einschießenden Raketenschiffes auf mehreren Umläufen um die Erde allmählich vermindert wird. Der Nachteil dieses Verfahrens ist die Kürze der Bremsstrecke im Vergleich zur gesamten, durchlaufenen Bahnlänge

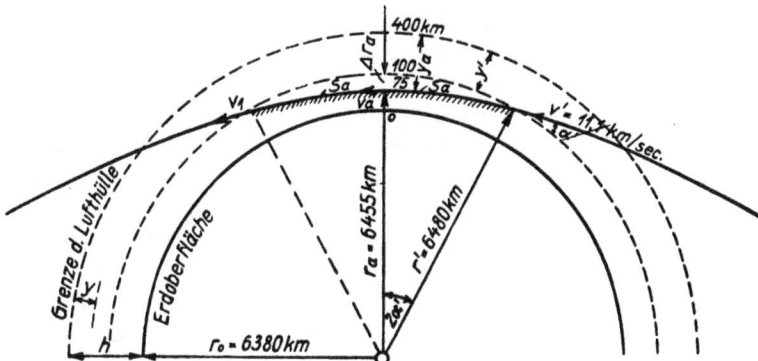

Abb. 48.

und die sich daraus ergebende lange Zeit für das Bremsmanöver, die Hohmann bei 5 Bremsellipsen zu etwa 22,1 Stunden berechnet. Die eigentliche Landung müßte dann erst noch in einem Gleitflug beginnen, der 75 km über dem Meer mit der tangentialen Geschwindigkeit von 7,85 km/sec beginnt und mit Hilfe von Tragflächen so durchgeführt werden kann, daß ein sonst zuletzt drohender Absturz vermieden wird. Das Landungsmanöver dauert für sich 1,5 Stunden. (Vgl. Abb. 48.)

Die zweite Lösung ergibt sich aus der Forderung, gleich beim ersten Eintritt des zurückkehrenden Raumschiffs in die Erdatmosphäre die Bahngeschwindigkeit so weit zu mildern, daß ein abermaliges Hinaufschnellen in den Raum in einer Bremsellipse überflüssig wird. Die Rechnung zeigt, daß bei Anwendung einer Höhensteuerung mit Bremseinrichtung schon auf einer Bremsstrecke von 2000 km das Auslangen gefunden und das ganze Manöver bis zur Landung in etwa 40 Minuten durchgeführt werden kann. Hohmann hat auch das Problem der Erhitzung (Meteoraufleuchten) beim zurückkehrenden Raketenschiff eingehend untersucht. Ebenso berechnet er sorgfältig die Bahnen für die freie Fahrt im Raum, z. B. für eine Versuchsfahrt auf 800000 km Höhe, mit Umfahrung unseres Mondes in 703 Stunden, und das notwendige Mindestgewicht eines Raumschiffes, das 2 Menschen zu solcher Fahrt befördern soll. Die Steuerung kann dadurch bewirkt werden, daß die Insassen wie Vögel in einem Käfig, im Innern der Kammer rundum klettern, das die Schiffsspitze nach dem Satz von der Gegengleichheit der Drehmomente in entgegengesetzte Bewegung versetzt. Die Wirkung ist dieselbe, wie bei dem (s. S. 142) früher geschilderten Steuerkreisel.

Die Raketenforschungen Prof. R. H. Goddards (seit 1917).

Der erste wissenschaftlich anerkannte Gelehrte, der nach dem Weltkriege mit einer sensationellen Eröffnung über das Problem der Mondrakete hervorgetreten ist und deshalb auch heute noch von der breiten Masse des Publikums vielfach irrtümlich für den ersten Urheber des neuzeitlichen Raumfahrtgedankens angesehen wird, war Prof. Robert H. Goddard, vom Clark College in Worcester.

Er begann seine Forschungen etwa um 1917 mit der praktischen Untersuchung englisch-amerikanischer Schiffsrettungsraketen und fand, daß bei diesen die im Pulver schlummernde Energie nur zu 2½—3% ausgenutzt wird. Dagegen zeigten ihm seine Berechnungen, daß durch entsprechende Düsenkonstruktion eine starke Steigerung des Wirkungsgrades sehr wohl möglich ist. Hier setzte er den Hebel zuerst an, da er erkannt hatte, daß sonst eine wesentliche Erhöhung der Raketenleistung nach Wurfweite und Steighöhe nicht ausführbar ist. Die Versuche brachten schon nach kurzer Zeit ganz unerwartete Fortschritte, bis es ihm etwa 1918 gelang, Auspuffgeschwindigkeiten bis zu 2400 m/sec und Wirkungsgrade bis zu 65% zu erzielen. Der Erfolg führte ihm zunächst eine Stiftung von 8000 Dollars zu und erregte so sehr Interesse unter den Gelehrten, daß ihm in immer weitergehendem Maße die großen Laboratorien der verschiedenen wissenschaftlichen Institute zur Verfügung gestellt wurden. Goddard hat dann in seiner 1919 erschienenen Studie »A method of reaching extreme Altitudes«, die in den Publikationen der Smithsonian Institution herauskam, seine Ergebnisse niedergelegt.

In seiner Veröffentlichung hat Prof. Goddard keinen bestimmten Apparat beschrieben. Er schlägt bloß vor, das Pulver, in verschiedene Patronen verpackt, nach Art der Maschinengewehre in den Verbrennungsraum einzubringen. Weiterhin gedenkt er natürlich der Übereinanderstellung mehrerer Raketen. Aber auch der Längsschnitt dieser Maschinen ist noch überaus einfach. Jede Rakete besteht aus einer Chromnickelstahlhülse, die den Ofen und die Düse zugleich bildet und dem drehbaren Kopf, der durch einen besonderen, aus spiraligen Düsen heraus brennenden Pulversatz in rasche Rotation versetzt, als Kreisel wirken soll, um die Rakete am Sichüberschlagen zu verhindern. Die obere, kleinere Rakete ist ebenso gebaut und trägt in ihrem Kopfteil noch die emporzutragenden Registrierapparate. Bei dem kleineren Modell ist das Pulver noch unmittelbar, wie bei den Feuerwerksraketen in den Ofenraum gepackt, derart, daß nach Abbrennen der untern Ladung durch eine Zündöffnung das Feuer auf die obere Rakete übergreift und diese in Brand setzt. Die Landung der Registrierapparate wird mittels Fallschirms bewirkt.

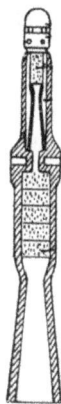

Abb. 49. Schnitt durch eine Goddardsche Doppelrakete.

Prof. Goddard hat berechnet, daß für $C = 2135$ m/sec schon 8,87 kg Pulver pro Kilogramm Endgewicht zur Erreichung einer Höhe von 380 km und 11,33 kg für 704 km ausreichen werden. Um 1 kg über die Schweregrenze des Erdballs hinauszubringen, errechnet Goddard einen Betriebsstoffverbrauch von 602 kg.

Daß Goddard auch an die Verwendung flüssiger Brennstoffe gedacht hat, geht aus einer Anmerkung seines Buches hervor. Er hat sich aber vielleicht durch die großen technischen Schwierigkeiten in der Behandlung dieser Triebmittel von ihrer Verwertung abschrecken lassen, freilich um den Preis, auf die Eroberung des Sternenalls durch bemannte Raumschiffe zu verzichten. Für Goddards Pulvermaschinen ist es nämlich schon sehr viel, wenn sie eine geringe Leuchtpulverladung bis auf den Mond zu tragen und durch ihre Entzündung zu beweisen vermögen, daß sie unsern Gruß an den Trabanten wirklich überbracht haben. Einhalb Kilogramm Blitzlichtpulver sollen nach Goddard schon hinreichen, um einen einige Sekunden dauernden Lichtblitz zu erzeugen, der mit unsern Fernrohren auf dem Monde vielleicht wahrgenommen werden könnte, sieben Kilogramm würden deutlich zu sehen sein. Freilich dürfte man nicht zur Vollmondszeit die

Rakete auf dem Monde eintreffen lassen, sondern müßte die Fahrt so bemessen, daß sie den Mond erreicht, wenn er nur eine schmale Sichel ist und uns seine Nachtseite in ganz mattem Erdlichte noch eben zeigt.

Der Plan der Goddardschen Mondrakete hat dann ab 1923 immer mehr die Allgemeinheit gefesselt, zumal die Zeitungen meldeten, der Gelehrte habe eine neue Stiftung von 80000 Dollar erhalten. 1924, im Jahre der großen Marsopposition, wurde der Start der Mondrakete als unmittelbar bevorstehend angekündigt. Von anderer Seite wieder wurde eine Bauzeit von 3 Jahren angegeben, während die Fahrzeit zum Monde mit 186—200 Stunden zu lesen stand. 1925 wurde es dann auffallend still um Goddard. Nach vereinzelten Meldungen mußte man annehmen, daß er den Gedanken der Mondbeschießung aufgegeben habe, um dafür — wohl über Anregung des amerikanischen Kriegsdepartements — um so intensiver an der Konstruktion von weittragenden Raketengeschossen zu arbeiten, eine Sache, die für den Kriegsballistiker überaus klar ist. Denn wer vorgibt, den Mond beschießen zu können, muß um so eher irdische Ziele in einigen hundert oder tausend Kilometern Entfernung zu treffen vermögen. Tatsache ist jedenfalls, daß Goddard mindestens sechs amerikanische Patente erhalten hat, deren Inhalt geheim ist und daß seine weiteren Forschungen offiziell als »considia obscura« bezeichnet werden. Um so überraschender wirkte daher im Herbst 1927 die Nachricht, daß Prof. Goddard sich nunmehr auch der Konstruktion von Raketenflugzeugen zuzuwenden beabsichtige, nachdem kurz vorher amerikanische Blätter die diesbezüglichen Pläne des Verfassers in den Vereinigten Staaten bekanntgemacht hatten.

Zumal Goddard schon 1919 durchblicken ließ, daß er die militärische Tragweite der Raketentechnik erkannt habe, wird man sich nicht wundern dürfen, wenn die Vereinigten Staaten bei nächster Kriegsgelegenheit mit neuartigen raketengetriebenen Geschossen und Kampfmitteln hervortreten werden, deren Reichweite für irdische Verhältnisse nahezu unbegrenzt ist. Nach authentischen Angaben von R. Lademann haben schon einfache, pulvergetriebene Rückstoßer Goddardscher Bauart 100 km und mehr Steighöhe erreicht, woraus eine größte Schußweite von 200—250 km folgt. Die früher störende Treffunsicherheit wurde durch drahtlose Fernlenkung so vollkommen überwunden, daß Goddards geflügelte Raketengranaten nicht nur jedes noch so ferne Ziel am festen Erdboden sicher zu treffen vermögen, sondern sogar imstande sind, hinter einem in Kurven manövrierenden Flugzeug einherzuschießen, bis sie es treffen, worauf durch Fernzündung die Sprengladung zur Detonation gebracht wird.

Das Raketenantriebs-Projekt des Verfassers (seit 1918).

Am 9. Februar 1895 zu Bozen geboren, hat sich der Verfasser schon in früher Jugend mit astronomischen und flugtechnischen Dingen beschäftigt. Seine ersten Veröffentlichungen wissenschaftlichen Charakters reichen bis November 1910 zurück.

Nachdem er 1911—1913 neben seinen Mittelschulstudien eine Privatsternwarte geleitet und sich als Volontär in feinmechanischen Werkstätten, Gießereien und ähnl. Betrieben technisch-praktische Kenntnisse erworben hatte, bezog er 1913 die Universität Innsbruck, um dort Astronomie, Mathematik und Physik im Hauptfach zu studieren. Ein im Frühjahr 1914 verfaßtes Manuskript einer phantastischen Mondfahrt beweist, daß er sich schon damals dem Problem der Weltraumfahrt hingezogen fühlte. 1917/18 endlich, als Offizier der österreichischen Luftfahrtruppe zu häufigen Höhen-Versuchsflügen kommandiert, verdichtete sich die Erkenntnis, daß das gegenwärtige Propellerflugzeug zur Erreichung äußerster Höhen für immer ungeeignet bleiben muß, und nur die Rakete als Antriebsmittel für die Stratosphärenhöhen befähigt ist.

In den Jahren 1918—1922 setzte der Verfasser seine Studien an den Universitäten Wien, Innsbruck und zuletzt in München auch über die im 8. Sem. erfolgte Erteilung des Absolutoriums im ganzen bis zum 14. Semester (nebenbei schriftstellerisch tätig) fort. Die Hemmnisse der Inflationszeit zwangen leider zu einer Unterbrechung der schon damals gehegten Konstruktionsgedanken und erst das Erscheinen des Oberthschen Buches »Die Rakete zu den Planetenräumen« gab ihm im Winter 1924 die Anregung, diesen Gedanken wieder nachzugehen. Zunächst wurde vom Verfasser unter Zurückstellung eigener Pläne ein Pressefeldzug für die Verwirklichung des Oberthschen Raumschiffprojekts versucht. Erst als sich zeigte, daß die Zeit hiefür noch nicht reif war, wandte sich der Verfasser im Herbst 1926 wieder seiner eigenen Idee des Raketenflugzeugs als Ausgangspunkt für die Entwicklung des späteren Weltraumschiffes zu, mit dem alsbald offensichtlich hervortretenden Erfolg, daß das ganze Problem des Raketenschiffes nun auch bei den Fachwissenschaftlern ernste Beachtung fand.

Leider fehlte es dem Verfasser ebensosehr an Geld, wie an technischen Hilfsmitteln, um den Beweis für die Richtigkeit der vertretenen Behauptungen durch die Tat zu erbringen. Vergebens suchte er durch weit über zweihundert Vorträge in allen Ländern des deutschen Sprachgebietes und durch schriftstellerische Tätigkeit die Mittel zur Durchführung des Projekts aus eigener Kraft zu schaffen. Dabei mehrten sich im Sommer 1927 die Nachrichten, daß das Ausland bald mit den ersten Startversuchen auf raketenmotorischem Gebiet hervortreten würde. In dieser Lage entschloß er sich endlich, im Spätherbst 1927, den Gedanken, das Projekt allein durchzusetzen, aufzugeben und Unterstützung aus fremder Hand zu suchen.

Das Projekt, wie es um diese Zeit entwickelt war und verschiedenen Persönlichkeiten und maßgebenden Stellen zuerst vergeblich angeboten wurde, bestand aus vier Ausführungsetappen.

Als Etappe 1 war bezeichnet die wissenschaftliche Erforschung der motorischen Leistung der bisher bekannten Raketentypen und ihre Anwendung zu Modell-Startversuchen mit toter und lebender Nutzlast.

Als Etappe 2 wurde die Anwendung des Raketenantriebs zur Bewegung von Menschen bezeichnet, in entsprechend gebauten Bodenfahrzeugen, wie Raketen-Fahrrad, Raketenwagen, Raketen-Sprungfahrzeug und Raketenboot.

Als Etappe 3 wurde angegeben der Einbau von Raketenmotoren in entsprechend konstruierte Flugzeuge. Nebenbei war die Inangriffnahme von Raketenmotoren mit flüssigen Treibstoffen im Laboratorium vorgesehen.

Als Etappe 4 aber wurde benannt die Steigerung der raketenmotorischen Leistung zu solchen Werten, daß der zu jener Zeit geltende Höhenwelt- und Geschwindigkeitsrekord gebrochen wird, d. h. die Schaffung eines durch Raketenkraft angetriebenen Stratosphärenflugzeugs, das in seiner weiteren Vervollkommnung immer höher in den Luftkreis hinaufdringt und immer größere Geschwindigkeiten entfaltet, bis dereinst der Vorstoß an die Grenze des leeren Raumes möglich sein wird.

Dagegen hat der Verfasser vorläufig darauf verzichtet, irgendeinen Konstruktionsgedanken für ein Raumschiff durchzuarbeiten, das imstande wäre, den Mond oder die benachbarten Planeten zu erreichen, sondern die Meinung vertreten, daß dies eine Sorge für später sei, bis erst die Eroberung der Stratosphäre gelungen ist. Die Meldungen, welche — sehr zum Schaden des wissenschaftlichen Ernstes seiner Forschungsarbeit — die Behauptung verbreiteten, daß der Verfasser eine Reise nach dem Monde plane, entbehren daher jeder Grundlage. Wenn er gleichwohl von diesen Dingen oft gesprochen und geschrieben hat, so geschah es teils aus Konzession an das Publikum, teils aus der Absicht, das ferne Ziel nicht aus dem Auge zu verlieren. In ähnlicher Weise gilt von den — von hämischer Kritik oft angefeindeten — seit Herbst 1924 vom Verfasser veröffentlichten Zeichnungen von Raketenflugzeugen, Raumschiffen usf., daß diese Bilder aus Geheimhaltungsgründen wegen der patentlich damals noch nicht geschützten wirklichen Konstruktionen oftmals absichtlich falsch gezeichnet waren.

Tatsächlich gelang es dem Verfasser, schon nach kurzer Darlegung seines Projektes, in der Person des bekannten Großindustriellen und Sportsmannes Fritz v. Opel den gesuchten Finanzier und im Wege der Offertausschreibung an pyrotechnische Fabriken in Ing. F. Sander einen tüchtigen Mitarbeiter zu finden, so daß es innerhalb weniger Monate gelang, die ersten beiden Etappen zurückzulegen und durch die aus der Tagespresse bekanntgewordenen ersten Fahrten der Raketenwagen in Rüsselsheim (vom 11./12. April) und auf der Avusbahn in Berlin (vom 23. Mai 1928) den Beweis für die grundsätzliche Richtigkeit des Gedankens zu liefern, daß die Rakete motorentechnisch zu früher ungeahnten Leistungen fähig ist. (Vgl. das Schlußkapitel.)

Wissenschaftliche Differenzen in Angelegenheit der Leitung und Fortführung seines Projektes haben den Verfasser dann allerdings veranlaßt, von seiner Verbindung mit Opel und Sander zurückzutreten, was aber deren Verdienste um die Verwirklichung der ersten beiden Etappen seines oben dargelegten Projektes keineswegs schmälern soll.

Nach der Trennung haben dann Opel und Sander allein auf eigene Verantwortung auch die dritte Etappe in Angriff genommen und auf der Wasserkuppe in der Rhön am 10./11. Juni die ersten Startversuche eines bemannten Raketenflugzeugs ausführen lassen. (Vgl. das Schlußkapitel.)

Gleichzeitig hat sich der Verfasser Mitte Juni wieder ganz selbständig gemacht und am 1. Juli seine eigenen Versuche bei der Firma J. F. Eisfeld, Pulver- und pyrotechnische Fabriken in Silberhütte-Anhalt, dank einer entgegenkommenden Abmachung mit deren Hauptinhaber Hptm. a. D. Meyer-Hellige, von neuem aufgenommen, die, wie ebenfalls inzwischen durch Tagespresse bekanntgeworden ist, zu erfolgreichen Fahrten von Raketenwagen und Modellstarten neuer Flugzeugtypen geführt haben. (Vgl. das Schlußkapitel.)

Auf jeden Fall geht das persönliche Projekt des Verfassers dahin, das Raketenflugzeug aus dem heutigen Segelflugzeug heraus zu den äußersten Grenzen seiner Möglichkeit zu entwickeln.

Die übrigen Raketenschiff-Projekte der Gegenwart.

Unter den sonstigen Projekten, die dem Verfasser bis zur Stunde bekanntgeworden sind, verdient an erster Stelle das des bekannten französischen Flugzeug-Industriellen Robert Esnault-Pêlterie genannt zu werden.

Dieser war schon 1905 einer der ersten, der die aerodynamischen Gesetze der Eroberung des Luftreiches anwandte und 1906 ein Motor-Eindecker-Flugzeug konstruierte. Er behauptet weiter, schon 1907 die erste Idee zum Reaktionsantrieb gehabt zu haben, obwohl er seine diesbezüglichen Pläne erst 1912 veröffentlichte und in einem Vortrag vor der Akademie in Petersburg referierte. Doch wird ihm die Priorität sowohl von René Lorin, der schon 1911 im »Aérophile« ein Ganzmetallflugzeug mit Reaktionsantrieb vorgeschlagen hatte, und von Dr. André Bing streitig gemacht, welch letzter bereits am 10. Juni 1911 das belgische Patent Nr. 236377 für einen Raketenapparat zur Erreichung äußerster Höhen erhielt. Dr. Bing hat seine Ideen bereits mehrere Jahre vor 1910 in einer wissenschaftlichen Aussprache mit M. Edouard Belin dargelegt und wollte schon damals gleich lebende Wesen (Tiere und Menschen) durch Reaktionsantrieb bis zu den Planeten und wieder zurück befördern.

In neuester Zeit hat die Französische Astronomische Gesellschaft einen »Weltraumfahrtwissenschaftlichen Ausschuß« mit General Ferrié als Präsidenten gegründet, worauf R. Esnault-Pêlterie und André Hirsch einen jahrlich zur Ausschüttung gelangenden »Internationalen Preis für die Raumfahrtwissenschaft« gestiftet haben.

Unter sonstigen Privatforschern auf diesem Gebiet sind in Frankreich noch die Namen Sargent und Mellot, in der Schweiz Ing. A. Dittli-Aarau, in Amerika Prof. Rob. Condit, Ohio, zu nennen, in Deutschland der am 7. Juli 1927 zu Breslau gegründete »Verein für Raumschiffahrt«. Dieser ist bestrebt, im Vorstande möglichst viele der aktiv tätigen Forscher zu vereinigen, während einfaches Mitglied jeder am Problem der Raumfahrt Interessierte werden kann und soll.

So ist das Problem der Weltraumfahrt heute eine Sache von wissenschaftlicher Weltbedeutung geworden, und es handelt sich kaum noch um die Frage, ob die Konstruktion eines Raketen-Raumschiffes überhaupt jemals glückt, sondern nur noch darum, wem sie zuerst gelingt.

Raketentechnik.

1. Die Herstellung von Pulverraketen.

Wenn man irgendeines der bekannten Lehrbücher der Feuerwerkerei zur Hand nimmt, um sich über die Anfertigung von
Raketen zu unterrichten, dann gewinnt man den Eindruck, als
ob es sehr leicht sein müßte, Raketen von beliebiger Größe und
Leistung anzufertigen, denn die Anleitung lautet kurz folgendermaßen:

Man nehme eine nahe am unteren Ende auf etwa ⅓ ihrer inneren
Hohlweite eingewürgte Pappehülse (vgl. Abb. 50), stecke sie auf einen Dorn,
der fest in einem derben Hackstock oder Stubben sitzt, fülle mit einem
Schäufelchen portionsweise Mehlpulver, d. h. mehlstaubfeines Schwarzpulver, hinein und schlage dieses mit Hilfe von Setzer und Schlegel in der
Hülse fest, und zwar jede Portion einzeln mit zuerst sanften, später immer
härteren Schlägen, bis der Schlegel von dem stahlhart werdenden Pulver-

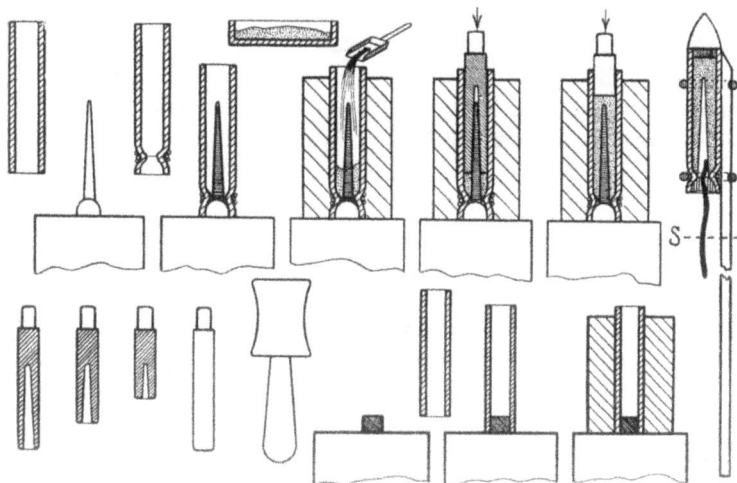

Abb. 50.

satz wie ein Hammer vom Amboß zurückspringt. Wegen der konischen Form des Dorns braucht man natürlich verschiedene hohle Setzer und zuletzt zum Einschlagen der Zehrung einen massiven. Darauf wird mit Pappscheibe, Tonvorschlag und eventuell eingeleimtem Holzklotz das obere Ende der Hülse geschlossen und die Rakete ist fertig. Man braucht sie nur vorsichtig vom Dorn loszudrehen und abzuziehen, mit der Stoppine zündfertig zu machen, an den bekannten Stab zu binden und steigen zu lassen.

Man kann die Papphülse auch massiv mit dem Pulversatz füllen. In diesem Falle spricht aber der Pyrotechniker nicht von einer eigentlichen Rakete, sondern von einem Brander, da eine so geladene Hülse bei dem üblichen Verfahren nicht aufstiegfähig ist. Beim Schlagen eines Branders fallen natürlich Dorn und hohle Setzer fort, dafür benutzt man zum Aufstecken der Hülse einen kurzen zylindrischen Zapfen.

Um zu vermeiden, daß die Papphülse während des Schlagens platzt, empfehlen die meisten Lehrbücher, sie strengzügig in eine Schutzumhüllung (Kokille) zu stecken. Sämtliche zur Verwendung gelangenden Werkzeuge dürfen aus keinem Funken erzeugenden Material hergestellt sein.

Man sollte glauben, daß, wer die Lehren der Bücher befolgt, sehr leicht imstande sein müßte, leistungsfähige und gut funktionierende Raketen herzustellen. In Wirklichkeit aber zeigt sich, daß selbst der erfahrene Berufsfeuerwerker immer noch mit einem gewissen Prozentsatz versagender oder explodierender Raketen rechnet. Dabei wachsen die Schwierigkeiten schon bei Papphülsenraketen mit dem Kaliber beträchtlich und treten vollends ganz neue Schwierigkeiten hinzu, die auch große Explosionsgefahr bei der Herstellung selbst mit sich bringen, sobald man zur Verwendung von Metallhülsen übergeht. Es kann daher nicht genug gewarnt werden, Raketen selbst herzustellen, was besonders die jüngeren Leser dieses Buches beherzigen mögen, denn tatsächlich ist das erste Todesopfer der Raketenfahrt im Jahre 1928 nicht einer der führenden Forscher selbst oder ein mit diesen zusammenarbeitender Sportsmann, sondern nach einer Zeitungsmeldung aus Stuttgart vom 13. August ein achtjähriges Schulkind geworden, das als Zuschauer durch die Explosion einer von einem Schüler hergestellten Rakete tödlich verletzt wurde.

Um zu verstehen, welche Hindernisse sich der Herstellung von sicher wirkenden Hochleistungsraketen entgegenstellen, muß man vor allem den Verbrennungsvorgang des Pulvers betrachten.

Eine festgepreßte Pulverstange an freier Luft, am einen Ende gezündet, brennt ab wie eine Kerze, bloß schneller, etwa 1—2 cm/sec; vorausgesetzt allerdings, daß ihre Mantelfläche so isoliert ist, daß das Feuer nicht längs der Stange herunter vorzeitig zünden kann. Ein kugelförmiges Pulverkorn wieder, plötzlich in die Zündflamme gebracht, so daß diese die ganze Oberfläche rundum gleichzeitig entflammen kann, brennt radial nach dem Kugelmittelpunkt hin ab. Betrug der Radius 2 cm, die Brandgeschwindigkeit ebensoviel pro Sekunde, wird ein solches Korn genau in 1 sec restlos vergast sein. Nimmt man aber an Stelle des einen Korns 8 Stück vom halben Durchmesser, so haben diese wohl den gleichen Rauminhalt, aber die doppelte Oberfläche, zehren sich also bei Entflammung schon in der halben Zeit auf. Dieselbe Überlegung gilt für immer kleiner gedachte Körner und Pulverstäubchen und führt zur Folgerung, daß eine gewisse Pulvermenge um so rascher vergast, eine je größere Oberfläche sie der Entflammung darbietet.

Daraus erklärt sich auch, warum man bei langen Geschützen von $^1/_{50}$—$^1/_{25}$ sec Geschoßlaufzeit, faustdicke Pulverkörper und armdickes Stangen- und Röhrenpulver anwendet, um die Verbrennung so lange zu verzögern, bis das Geschoß die Rohrmündung erreicht hat, während man bei Jagdgewehren und Pistolen absichtlich mehr oder minder feines Korn-, Würfel- oder Blättchenpulver anwendet, um durch diese Vergrößerung der Brandoberfläche zu erreichen, daß die ganze Ladung während der äußerst kurzen Laufzeiten von 0,002—0,0005 sec schon völlig vergast.

Unter diesem Gesichtspunkt betrachtet erscheint es auf den ersten Blick allerdings paradox, zu den Raketen, die doch mehrere Sekunden lang brennen sollen, ausgerechnet Mehlpulver zu nehmen, das gerade die größte Oberfläche besitzt und, frei liegend angezündet, tatsächlich unglaublich rasch verpufft.

Es wäre falsch, hier von einer Explosion zu reden, denn die Begriffsbestimmungen sind folgendermaßen festgelegt:

a) Verpuffung liegt vor, wenn eine Pulvermenge, offen gezündet, lediglich infolge ihrer großen Brandoberfläche rasch vergast.

b) Explosion ist gegeben, wenn eine allseitig eingeschlossene Pulvermenge durch die Drucksteigerung nach Beginn der Entflammung ihre eigene Brandgeschwindigkeit so stark beschleunigt, daß der Ladungsrest sozusagen momentan vergast.

c) Detonation, wenn durch Schlagwirkung gezündet wird, wobei die Brandgeschwindigkeit gleich der Fortpflanzungsgeschwindigkeit der Schlagwelle im Pulver ist.

Am besten kommt man dem wissenschaftlichen Erfassen des Vorgangs beim Raketenschlagen nahe, wenn man ihn sich mit Mikroskop und Zeitlupe betrachtet vorstellt.

Bei hunderttausendfacher Vergrößerung würden die Pulverkörnchen wie Kartoffel erscheinen, die in ein hohes, zylindrisches Faß geschüttet sind. Zwischen den einzelnen Körnern ist naturgemäß noch Luft enthalten, als eine zwar fein verästelte, aber doch in sich zusammenhängende Masse, wie der Körper eines Gummischwamms, während die Pulverkörner gleichsam die Poren im Schwamm darstellen. Wollte man jetzt von oben zünden, so würde die Flamme also Gelegenheit haben, gleich von Anfang an durch die Luftkanälchen zwischen den Körnern bis unten durchzuschlagen und die ganze Ladung gleichzeitig zu entflammen. Auch leichtes Andrücken der Ladung von Hand mit dem Setzer würde daran nicht viel ändern. Anders wenn der Schlegel sein Werk beginnt.

Jeder Schlag, der mit ihm auf den Setzer geführt wird, verdichtet die Ladung mehr und mehr, indem er die Körner zusammendrückt und die Luft aus den Zwischenräumen austreibt. So wird schließlich ein Zustand erreicht, in welchem es die ganze Ladung durchsetzende Luftkanälchen nicht mehr gibt, sondern nur noch kurze, mikronfeine, miteinander nicht mehr in Verbindung stehende Luftfädchen, deren mittlere Länge nur mehr Bruchteile eines Millimeters beträgt. Wird bei diesem Zustand gezündet, so tritt keine Verpuffung mehr ein, sondern nur eine rasche Verbrennung, denn das Feuer schlägt von der jeweiligen, als glatt gedachten Pulveroberfläche in die nach dieser sich öffnenden kurzen Luftkanälchen und brennt diese radial zu kleinen Kratern aus, die ihre Schlote wie Bohrer in den Pulversatz hinuntersenken, bis ein neues Luftfädchen getroffen wird und das Spiel von vorn beginnt. Die tatsächliche Brandfläche ist also auch in diesem Falle immer noch ein Mehrfaches größer als die unter der Annahme völlig glatter Pulversatzoberfläche berechnete.

Dieser eben beschriebene Zustand (entsprechend etwa einer Pulversatzdichte von 1,25—1,30) kennzeichnet den Charakter der gewöhnlichen handgeschlagenen Papphülsenraketen kleineren und mittleren Kalibers. Bis hierher bestehen nennenswerte Schwierigkeiten und Gefahren der Herstellung noch nicht. Solche Raketen leisten allerdings auch nicht viel.

Dadurch nämlich, daß der Setzer nicht genau luftdicht in die Hülse paßt, daß er ferner zwischen jedem Schlage etwas gelockert wird, dadurch ferner, daß zwischen den einzelnen Schlägen eine gewisse Zeit vergeht, endlich auch deswegen, weil eine Pulverportion nur eine Schicht von höchstens 1 cm liefert, hat die zwischen den Pulverkörnern eingezwängte Luft die Möglichkeit, in dem Maße als sie durch die immer härter werdenden Schläge ausgetrieben wird, zu entweichen. Trotzdem wird die Entlüftungsfrage mit wachsendem Kaliber immer schwieriger, so daß man es im allgemeinen nicht wagt, bei handgeschlagenen Raketen über 35—40 mm lichte Hülsenweite hinauszugehen.

Wünscht man leistungsfähigere Raketen von größerer Satzdichte (von 1,6—1,85) und auch größerem Kaliber herzustellen, so kommt man nach dem bisher beschriebenen Verfahren bald an einen Punkt, wo jede Rakete während des Schlagens schon unweigerlich explodiert. Die Ursache ist darin zu suchen, daß die eingeschlossene Luft, die nicht mehr entweichen kann, mit zusammengedrückt wird, sich nach dem Gesetz der adiabatischen Kompression erhitzt, bis die Entflammungstemperatur des Pulvers erreicht ist. Zumal der Setzer einen nahezu luftdichten Verschluß bildet, tritt daher nicht Verpuffung, sondern richtiggehende Explosion ein.

Um diesem Übelstand abzuhelfen, suchten die älteren Feuerwerker, mehr aus dunkler Ahnung, denn deutlicher Erkenntnis, die Pulverportionen immer knapper zu nehmen, außerdem den Pulversatz mit Alkohol anzurühren. Nach diesem »feuchten Verfahren« hat schon vor 100 Jahren Congreve seine großen Kriegsraketen mit mächtigen hydraulischen Pressen hergestellt, denn die Kraft des menschlichen Armes reicht nicht aus, mit dem Schlegel so große Kaliber genügend zu verdichten. Feucht gepreßte Raketen haben allerdings den Nachteil, daß sie eine wochenlange Trockenzeit benötigen, um gebrauchsfähig zu werden. Deshalb kamen findige Pyrotechniker auf den Gedanken, die Setzer mit Entlüftungslöchern zu versehen. Aber es ist klar, daß dies eine halbe Maßnahme ist. Der Erfolg war dementsprechend nur gering.

Das einzig richtige Mittel, den Übelstand an der Wurzel zu bekämpfen, ist allerdings erst durch neuzeitliche Technik verwirklicht worden, wozu allerdings besondere maschinelle Einrichtungen und noch eine ganze Anzahl geheimer Kniffe gehören.

Nach diesem neuesten Verfahren gelingt es, Raketen bis zu etwa 30 cm Kaliber und 2 m Länge ohne weiteres in beliebige Metallhülsen zu pressen, wenn nur der Druck so stark ist, daß auf dem Kaliberquerschnitt mindestens 500 Atm. erreicht werden können. Der Pulversatz nimmt dabei eine glasharte Beschaffenheit (Dichte 1,80—1,85) an, was freilich für das nachträgliche Ausbohren der zuerst massiv gepreßten Raketen neue Schwierigkeiten heraufbeschwört, die aber heute bereits als technisch überwunden gelten können.

Aus diesen Angaben geht hervor, daß kein Laie hoffen darf, irgendwie leistungsfähige Großkaliber-Pulverraketen selbst herstellen zu können, denn schon ein Kaliber von 8—10 cm erfordert eine Presse von 40—50 t

Druckvermögen, deren Anschaffung einschließlich der notwendigen Pumpen und Hilfseinrichtungen ganz enorme Kosten verursacht.

Zum Schluß dieses Abschnittes seien der Vollständigkeit halber einige Worte auch dem Hülsenbaustoff der Rakete gewidmet.

Die seit undenklichen Zeiten bekannte Papphülse hat nicht nur den Vorzug leichter Herstellbarkeit und Billigkeit, sondern sie besitzt auch durch die Nachgiebigkeit ihrer Wandung eine ganz wesentliche Eignung in dem Sinne, daß der portionenweise eingeschlagene Pulversatz in ihr gut festsitzt. Denkt man sich die Hülse vor der Ladung innen genau zylindrisch, so wird sie nach dem Einschlagen des Pulversatzes in ihrer Längsachse eine feinwellige Beschaffenheit angenommen haben, da jede Pulverportion während ihrer Verdichtung zur Satzschicht, eine Art Rille in die Pappwandung treibt und sich so feststemmt. Der Vorzug des geringen Gewichtes der Papphülsen ist allerdings nur bei kleineren Kalibern erheblich, bei größeren muß die Pappwandung so stark genommen werden, daß sie mehr wiegt, als ein gleich festes Metallrohr, und von 40—50 mm Kaliber aufwärts kommt man mit Papphülsen überhaupt nicht mehr zurecht. Überflüssig zu sagen, daß schon von 25 mm dichter Weite an die Papphülsen nur mehr auf Spezialmaschinen in der erforderlichen gleichmäßigen Beschaffenheit hergestellt werden können. Große Drucke halten sie nicht aus.

Beim Übergang zur Metallhülse haben die alten Feuerwerker zunächst jenes Metall bevorzugt, das in bezug auf die Nachgiebigkeit der Papphülse am nächsten kommt, das Kupfer. Leider hat dies ein sehr hohes spezifisches Gewicht, so daß man über Wandstärken von ½—¾—1,0 mm kaum hinausgehen kann. Dabei ist die Festigkeit noch keine besonders hohe gegenüber dem inneren Gasdruck, auch bereitet bei langsam abbrennenden Raketensätzen die gute Wärmeleitfähigkeit des Kupfers Schwierigkeiten, denn wenn das Rohr die Hitze schneller nach unten leitet, als der Satz abbrennt, dann tritt Glühzündung hinter der eigentlichen Brandfläche ein, und die Rakete fliegt auseinander. In diesem Falle bewährt sich allerdings wieder die Zähigkeit des Kupfers, das die berstende Hülse nur lang aufschlitzen läßt, aber nicht Splitter bildet, welche die Umgebung gefährden. Um der Ladung besseren Sitz in den glatten Kupferrohren zu verleihen, haben die älteren Pyrotechniker versucht, durch eine Gewindefurche im Rohrinnern eine Haftungsmöglichkeit zu bieten.

Vom Standpunkt der Druckfestigkeit aus liegt es naturgemäß am nächsten, nahtlos gezogene, hochwertige Stahlrohre anzuwenden. Tatsächlich erreicht man mit ihnen, wegen der hohen zulässigen Ofendrucke, bei sonst gleicher Ladungsweise die höchsten Auspuffgeschwindigkeiten. Dafür sind aber Stahlhülsen, wenn aus irgendeinem Grunde Explosion eintritt, weitaus am gefährlichsten, denn sie werden, da sie erst bei sehr hohen Drucken reißen, richtig zerfetzt und nach Art der Granatsplitter in scharfkantigen Stücken weit umhergeschleudert.

Deshalb ist man neuestens von Stahlrohrhülsen wieder mehr abgekommen und hat sich den Leichtmetallegierungen, die im wesentlichen auf Aluminium und Magnesium aufgebaut sind, zugewendet. Früher bestand gegen diese das Vorurteil, daß sie durch eine Art Thermitwirkung mit der Ladung verbrennen. Neuere Versuche haben aber gezeigt, daß diese Gefahr bei gewissen, mit Schwermetallen versetzten Aluminiumlegierungen unbeträchtlich ist und bei kurzbrennenden Raketen vernachlässigt, bei Brenndauern von über 8 Sekunden aber (ebenso wie bei Stahl- und Kupferhülsen, die dann ebenfalls rot- bis weißglühend werden) durch eine entsprechende Isolierung gebannt werden können.

So dürfte die Zukunft der Entwicklung von Hochleistungspulverraketen den Ausführungen in Leichtmetallhülsen gehören, weil es mit deren Hilfe gelingt, das Verhältnis M_0/M_1, das für den idealen Antrieb ausschlaggebend ist, wesentlich günstiger zu gestalten, als es früher jemals mit Pappe-, Kupfer- oder Stahlhülsen möglich gewesen wäre. Das ideale Leichtmetall dürfte voraussichtlich das jetzt leider noch unerschwinglich teure Beryllium sein, das an Leichtigkeit mit dem Aluminium, an Festigkeit mit dem Stahl, an Schmelzpunkthöhe mit dem Platin wetteifern soll.

Über die praktisch heute wirklich erreichbaren Massenverhältnisse und idealen Antriebsleistungen bei Pulverraketen, die durch entsprechenden Ofendruck und Düse eine Auspuffgeschwindigkeit von 1200 m/sec erreichen, herrschen heute vielfach zu optimistische Anschauungen. So ist es bei Stahlhülsen schon schwer, das Ladungsgewicht gleich dem Leergewicht zu machen. Deshalb dürfte eine Tabelle über die vom Verfasser durch systematische Versuche erreichten Bestwerte nicht ohne Interesse sein:

Hülse	Rakete ohne Stab			Rakete mit Stab		
	$M_0/M_1 = e^z$	Ladung	Ideal-Antrieb	$M_0/M_1 = e^z$	Ladung	Ideal-Antrieb
Stahl . .	$1{,}94 : 1 = e^{2/3}$	48 %	800 m/s	$1{,}65 : 1 = e^{1/2}$	39 %	600 m/s
Pappe . .	$2{,}72 : 1 = e$	63 %	1200 m/s	$1{,}94 : 1 = e^{2/3}$	48 %	800 m/s
Alumin .	$5{,}64 : 1 = e^{1^{1/2}}$	82 %	1800 m/s	$2{,}72 : 1 = e$	63 %	1200 m/s

Der verhältnismäßig hohe ideale Antrieb, der so verneißungsvoll aus-
sieht und den Raketen von einem luftleeren Himmelskörper aus (von sonst
gleichem Schwerefeld wie die Erde) gewaltige Steighöhen erteilen würde,
wird leider durch die Einwirkung des Luftwiderstandes alsbald zunichte
gemacht, sobald die Rakete leergebrannt ist, denn die ballistische Querschnittsbelastung der leeren Hülse ist viel zu gering, um gegen den Luftwiderstand erfolgreich anzukämpfen.

2. Die Entwicklung von Hochleistungs-Pulverraketen.

Es ist eigentlich unbegreiflich, wie angesichts der allgemeinen
technischen Fortschritte in den letzten Jahrzehnten die wissenschaftliche Entwicklung der Rakete so vernachlässigt werden
konnte, daß selbst heute noch durchwegs nach uralten Regeln
gearbeitet wird. In keinem Lehrbuch findet man eine Formel,
nach der die Leistung einer Rakete vorher berechnet werden
könnte wie eine Brückenkonstruktion von bestimmter Tragkraft
oder ein Motor von verlangter PS-Stärke.

Deshalb mußte der Verfasser, als er nach seiner im Herbst
1927 erfolgten Verbindung mit Opel im Januar 1928 bei Sander
in Wesermünde die systematischen Versuche begann, erst auf
eigene Faust den Gesetzen nachspüren, welche die Raketenleistung bestimmen. Wenn auch aus Geheimhaltungsgründen die
authentischen Ergebnisse nicht mitgeteilt werden dürfen, so soll
doch in allgemeinen Zügen der Gang der Untersuchung dargestellt
werden.

Zunächst war es notwendig, einen geeigneten Meßapparat zu
bauen, um die Schaulinie der Rückstoßkraft nach der Zeit zu er-

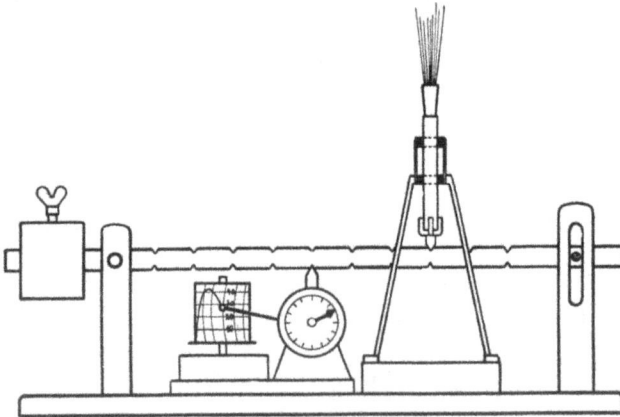

Abb. 51.

halten. In diesem Sinne erwies sich als zweckmäßig (vgl. Abb. 51)
eine Vorrichtung, ähnlich einer Dezimalwaage, längs deren Balken-
oberkante die zu messende Rakete in einem Halter auf ver-
schiedene Kerben gesetzt werden konnte, während längs der
Balkenunterkante die Schneide der Federwaage in ebensolche
Kerben eingriff (wobei beliebige Übersetzungsverhältnisse ins
Große oder Kleine möglich sind, soweit es die Veränderung von
Kraftarm und Lastarm gestatten). Die Federwaage bewegte

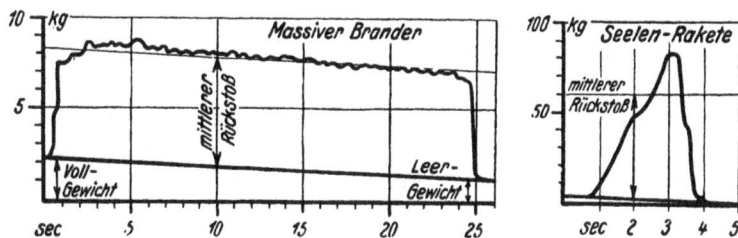

Abb. 52.

dabei sowohl den üblichen Zeiger auf dem runden Zifferblatt,
wie auch eine zwangsläufig verbundene Feder, die auf einer sich
durch Uhrwerk gleichmäßig drehenden Trommel den Rückstoß-
druck der Raketen in kg auf einem Papierstreifen aufzeichnete.
(Vgl. Abb. 52.) Selbstverständlich wird der Meßapparat geeicht.

Aus der Schaulinie kann man unmittelbar ablesen die Brennzeit sec
und den jeweiligen Rückstoß kg, wobei sich der Höchstwert als ober-
ster Kurvenzacken zu erkennen gibt. Die von der Kurve eingeschlossene Fläche (wobei man die Gewichtsabnahme vom Vollgewicht zum
Leergewicht abziehen muß) ist als Produkt aus der Rückstoßkraft in kg
mal der Brennzeit in sec ein gewisses Maß für die motorische Leistung der
untersuchten Rakete. (Wie man von einem Arbeitsmotor einschließlich
seines mitgeführten Treibstoffvorrats sagen kann, er leiste soundso viele
Meterkilogramm, so kann man von einer bestimmten Rakete sagen, sie
leiste soundso viele Sekundenkilogramm, bis ihre Ladung aufgezehrt ist.)
Teilt man die vorgenannte Kurvenfläche durch die Brennzeit, so erhält
man den mittleren Rückstoß R. Teilt man dagegen das Gesamtgewicht
der Ladung durch die Brennzeit, so ergibt sich die sekundlich vergaste
Pulvermenge (in Gewichtskilogramm und durch abermalige Teilung
durch $g = 9{,}81$ in dem hier benötigten Massenkilogramm) m. Aus den
letzten beiden aber ergibt sich nach der Grundgleichung des Raketenantriebs $R/m = C$ die Auspuffgeschwindigkeit der Feuergase. Diese
ist wieder direkt proportional dem dynamischen Wirkungsgrad (vgl.
S. 120), denn dieser ist gleich der wirklich erreichten Auspuffgeschwindigkeit, ausgedrückt in Prozenten der theoretisch höchstmöglichen.

Die systematischen Versuche zur Entwicklung von Hochleistungsraketen werden zweckmäßig mit massiv gefüllten Brandern, die unter höchstem Druck gepreßt sind, begonnen, weil nur bei diesen die Brandfläche genau gleich dem bekannten Kaliberquerschnitt in cm² ist und während des ganzen Ausbrennens unverändert bleibt. Auf das obere Ende der zylindrischen Metallhülsen werden dann, ausgehend von voller Kaliberweite, Verengerungsringe mit verschiedenen Bohrungen aufgesetzt, deren Lichtweite genau bekannt ist, so daß sich das Verhältnis der Brandfläche zum Ausströmloche scharf berechnen läßt.

Selbstverständlich muß die Ladung genau gleich ausgewogen sein.

Betrug das Kaliber z. B. 50 mm, wird man zweckmäßig Ringe mit nachstehenden Lochweiten wählen, denen die daruntergesetzten Brandflächenverhältnisse im Vergleich zur Ausströmöffnung entsprechen:

ϕ = mm. .	50	40	30	25	20	18	16	14	13	12	11
$F:f$	1,00	1,56	2,78	4,00	6,25	7,72	9,76	12,76	14,80	17,38	20,65

ϕ = mm. .	10	9	$8^1/_2$	8	$7^1/_2$	7	$6^1/_2$	6	$5^1/_2$	5,25	5,00
$F:f$	25,00	30,9	34,6	39,1	44,5	51,0	59,3	69,5	82,7	90,60	100,0

Das Abbrennen auf der Meßwaage beginnt man dann selbstverständlich mit der weitesten Öffnung und setzt es fort bis herunter zum Eintreten der Explosion. Da gerade an deren kritischer Grenze leicht zufällige Einflüsse mitgewirkt haben können, werden die Messungen mit den zwei bis drei der Explosionsgrenze nächstliegenden Lochweiten nochmals zur Kontrolle wiederholt.

Das Ergebnis einer solchen Messungsreihe ist ebenso eigenartig als lehrreich: Von voller Kaliberöffnung bis auf deren Hälfte verändert sich die Brandzeit und die ihr reziproke sekundlich vergaste Pulvermenge nur wenig, Rückstoß und Auspuffgeschwindigkeit bleiben gering. (Weshalb in Abb. 53 dieser Kurventeil fortgelassen ist.) Übertrifft die Verengerung aber $^1/_3$ des Kalibers, erreicht das Brandflächenverhältnis 9:1 und mehr, dann freilich beginnt die Brennzeit zuerst merklich, später immer rascher zu sinken und reziprok die sekundlich vergaste Pulvermenge zu wachsen, bis bei einer Lochweite von etwa $^1/_8$ des Kalibers oder einem Brandflächenverhältnis $F : f = 64 : 1$ Explosion eintritt. Zwar kann man bei Anwendung von gut geformten Düsen an Stelle der Verengerungsringe die Explosionsgrenze bis auf eine Halsweite von $^1/_9—^1/_{10}$ des Kalibers oder ein Brandflächenverhältnis von $F : f = 81 : 1$ bzw. 100 : 1 zurückdrängen, aber schließlich kommt doch ein Punkt, wo die Explosion unweigerlich eintritt, wie starkwandig die Hülse auch sein möge. In der Kurve drückt sich dies durch die Stelle aus, wo die Brennzeitkurve auf Null herunterfällt, während die Schaulinie der sekundlich vergasten Pulvermenge ins unendliche steigt.

Dies Verhalten entspricht durchaus der Erwartung, dagegen erweist sich der Verlauf der Rückstoßkurve und der Auspuffgeschwindigkeit als sonderbar. Wohl steigt der Rückstoß mit Verengerung der Öffnung bis zur Explosionsgrenze, aber zuletzt nur mehr langsam, denn — so paradox das scheint — die Auspuffgeschwindigkeit, die sich nach dem weiter oben angegebenen Verfahren berechnet, sinkt bereits geraume Zeit vor Eintreten des Explosionsdruckes wieder herab und zeigt dafür einen zunächst unerwarteten Höchstwert bei einer Verengerung auf etwa $1/6$ des Kalibers oder einem Brandflächenverhältnis von etwa 36 : 1. Diese Tatsache ist für die Herstellung von Hochleistungsraketen ebenso wichtig als erfreulich, denn die logische Folgerung aus ihr ist, daß man es nicht nötig hat, durch recht starkwandige Hülsen möglichst dicht an den Explosionspunkt heranzugehen, sondern daß man die für die betreffende Pulversorte höchstmögliche Auspuffgeschwindigkeit schon bei größeren Öffnungen, niedrigeren Ofendrucken, also bei geringeren Leergewichten erzielen kann.

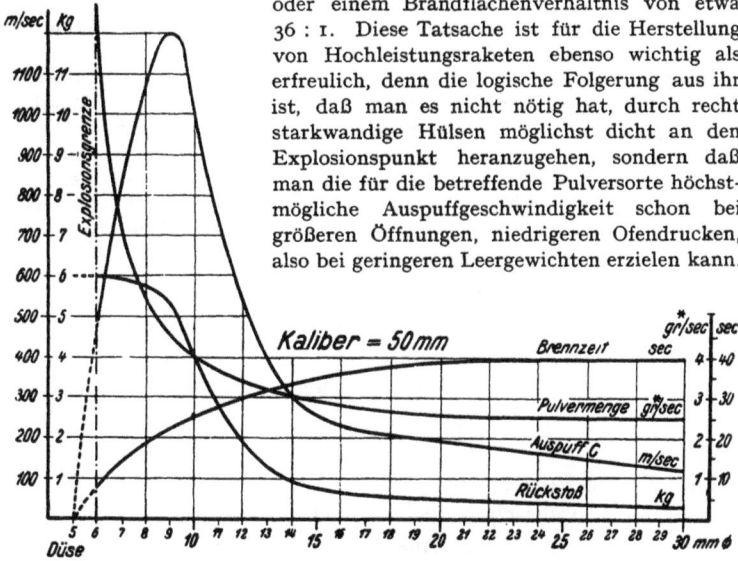

Abb. 53.

Wiederholt man die erste Versuchsreihe im günstigen Bereich mit gut geformten Düsen, so zeigt sich, daß man nicht nur bei entsprechenden Halsweiten die Auspuffgeschwindigkeit verdoppeln kann, sondern daß man die frühere Explosionsgrenze herunterdrücken kann, so daß infolge der wirbelfreien Abströmung größere Brandflächenverhältnisse möglich werden. Dadurch kann man naturgemäß wegen der steigenden sekundlich vergasten Masse trotz der schon absinkenden Auspuffgeschwindigkeit unter Umständen ein noch etwas höheres Produkt aus beiden als Rückstoßkraft herausholen. (Wie beim Flugzeugmotor gibt es also auch bei der Rakete ein sparsamstes und ein höchstleistendes Verhältnis, hier der Brandfläche.)

Bei einigermaßen gut geformter Düse und Schwarzpulver darf man damit rechnen, pro Geviertzentimeter Brandfläche $1/3$ kg Rückstoß zu erhalten. Gilt dies zunächst für massive Brander, so bewährt sich diese Formel doch auch ausgezeichnet bei allen hohlen Seelenraketen, gleichviel, ob diese auf konischen Dorn geschlagen oder zylindrisch bzw. zylindrisch gestuft, ausgebohrt sind. Man hat dann nur die jeweilige Brandoberfläche in Betracht zu ziehen.

Das letzte ist freilich leichter gesagt als getan, denn wirklich berechenbar ist nur die »Anfangsbrandfläche«, d. h. die Pulveroberfläche vor dem Entzünden, indem man die Bodenflächen und die Mantelflächen des Dornes bzw. der Zylinder nach den bekannten Formeln ausrechnet. Während des Brennens verändert sich aber die Brandfläche, indem das Feuer senkrecht zur jeweiligen Oberfläche in die Ladung hineinbrennt. Es ist daher unmöglich, rechnerisch die jeweilige Brandfläche genau anzugeben, sondern man kann nur auf dem Umweg über die oben angegebene Formel ($R = \frac{1}{3}$ kg/cm^2) aus dem Verlauf der Druckkurve zurückschließen, wie groß die momentane Brandfläche jeweils gewesen ist. Der Höchstwert des Rückstoßes entspricht natürlich dem Größtwert der Brandfläche. Nur bei Raketen mit einfach zylindrischer Seelenbohrung hat es einen Sinn, als theoretische »Endbrandfläche« die innere Oberfläche der Metallhülse einschließlich des Bodens auszurechnen. Sie darf bei Metallhülsen bis zu 120 : 1 betragen, da erfahrungsgemäß die wirkliche größte Brandfläche nur $\frac{3}{4}$ dieser theoretischen zu erreichen pflegt.

Betrachtet man nach diesen Ableitungen die Dimensionen der nach alten Regeln der Feuerwerkerei hergestellten handgeschlagenen Papphülsraketen, dann zeigt sich, daß sie tatsächlich ungefähr das beste Brandflächenverhältnis etwa 30 : 1 bis 40 : 1 besitzen und wegen ihres konischen Dorns auch während der ganzen Brennzeit fast unverändert beibehalten, während die alten 8-cm-Schiffsrettungsraketen infolge ihres großen Kalibers und ihrer zylindrischen Seele mit einer Anfangsbrandfläche von 9 : 1 beginnen und bis zu einem Verhältnis von 49 : 1 ausbrennen, also auch im wesentlichen das günstige Gebiet der Brandflächenkurve durchmessen, bloß daß man früher die Anwendung der Düsen nicht kannte.

Jetzt wird der Leser auch verstehen, warum die Feuerwerker die sog. Haarrisse in der Pulverladung so sehr fürchten gelernt haben, die tatsächlich meist zur Explosion der Rakete führen. Jeder Riß im Pulversatz bedeutet nämlich nichts weiter als eine unvorhergesehene Vergrößerung der Brandfläche mit all ihren Folgen; Vergrößerung der sekundlich vergasten Pulvermenge, Drucksteigerung im Ofen usf. Wird durch Haarrisse z. B. bei einer Papprakete vom Brandflächenverhältnis 40 : 1 dieses auf 50 : 1 gesteigert, so platzt die Hülse, die nur wenig mehr als 40 : 1 zu ertragen vermag. Analog gilt dasselbe für jede noch so starkwandige Metallhülsrakete.

Ebenso wird man sich jetzt auch vorstellen können, warum der Dorn einer Seelenrakete entweder konisch oder zylindrisch gestuft sein muß, wenn der vorhandene Laderaum möglichst gut ausgenützt werden soll. Würde man nämlich eine sehr lange, enge Bohrung als Seele anwenden, so würden die durch Verbrennung an der oberen Seelenwandung gebildeten Gase den weiter unten entstehenden den Weg nach außen versperren und eine Rückstauung erzeugen, die zur Explosion der Rakete führt. Und zwar platzt die Hülse in diesem Fall am oberen Ende der Rakete, während ein Aufreißen der Hülse dicht unter der Düse anzeigt, daß die Öffnung zu eng bzw. das Brandflächenverhältnis zu groß gewesen ist.

Die Notwendigkeit der Zehrung endlich erhellt daraus, daß bei Seelenbohrung bis auf den Grund das Feuer von unten um die Ladung herumbrennen und diese entweder noch unverbrannt aus der Hülse stoßen oder zur Explosion bringen würde.

Was endlich das Verhältnis der massiven Branderraketen zu den hohlen Seelenraketen betrifft, so ist jetzt von selbst klar, daß die ersten nur für verhältnismäßig geringe Schubkräfte (bis zum Doppelten des Vollgewichts), jedoch auf längere Zeit (bis 40 Sekunden) geeignet sind, während die letzten für große Rückstoßkräfte (bis zum 40fachen Startgewicht), jedoch nur während kurzer Brennzeit (etwa 2 Sekunden) in Frage kommen. Bei gleicher Ladungsmenge und gleicher Auspuffgeschwindigkeit muß naturgemäß das Produkt aus Schubkraft mal Brennzeit in Sekundenkilogrammen für Brander und Rakete dasselbe sein. (Für $G_0 = 1$ kg, $C = 1200$ m/sec, M_0/M_1 : 3 : 1 ist die Leistung $L = 80$ sec kg $= 40$ sec $\times 2$ kg $= 40$ kg $\times 2$ sec.)

Da beim Brander die Brandfläche gleich dem Kaliberquerschnitt ist, wächst die Schubkraft im Quadrat des Kalibers. Beträgt dies 10 cm, die Querschnittsfläche also 78½ cm², so darf man mit 26,2 kg Schub rechnen, da pro cm² etwa ⅓ kg herausgeholt werden können. Die Brenndauer wächst beim Brander mit der Länge des Satzes, da dieser wie eine Kerze herunterbrennt und ist gleich dieser Länge geteilt durch die Brandgeschwindigkeit.

Bei der Seelenrakete dagegen ist gerade das Umgekehrte der Fall. Hier wächst die Schubleistung mit der inneren Seelenwandung, also in der Hauptsache mit der Länge der Rakete, die Brenndauer aber mit dem Kaliber bzw. mit der Wandstärke des Pulversatzes, da dieser von der Seelenbohrung aus radial gegen die Hülse hin ausbrennt. Nebenbei bemerkt ist es bei den Seelen-raketen durchaus möglich, die Anfangsbrandfläche gleich dem zehnfachen Kaliberquerschnitt zu machen, während des Aus-brennens nach der Endbrandfläche hin kann nochmals eine drei-fache Vergrößerung eintreten. Es ist also durchaus richtig, daß, wie vorhin angegeben, bei einer Seelenrakete dieselbe Ladungs-menge im zwanzigsten Teil der Zeit gegenüber dem massiven Brander vergast und demgemäß auch die zwanzigfache mittlere Schubkraft liefert.

Aus diesen ganzen Betrachtungen geht hervor, daß es nicht so leicht ist, Hochleistungsraketen zu berechnen, denn die zu-lässigen Brandflächenverhältnisse ziehen leider ziemlich enge Grenzen.

Man kann z. B. eine Rakete von den üblichen günstigen Proportionen nicht einfach dadurch verbessern, daß man sie einfach etwas länger macht, denn soll sie nicht platzen, so muß der konische bzw. stufenzylindrische Dorn zu immer größeren Hohlweiten heruntergeführt werden, bis er die innere Hülsenwandung erreicht und für den Pulversatz kein Raum mehr übrigbleibt. Schon vorher aber wird der Gewinn an Triebkraft durch das geringe Mehr an Pulverladung durch das Anwachsen des Gewichtes der verlängerten Hülse mehr als aufgewogen.

Wollte man dagegen eine Rakete von normalen Proportionen unter Beibehaltung der Seele immer dicker machen, dann würde die Anfangs-brandfläche im Verhältnis zu ihrem wachsenden Gewicht bald zu klein werden, so daß sie immer schlechter und zum Schluß gar nicht mehr steigt.

Auch die Vergrößerung des Kalibers, die heute bis zu gewaltigen Dimensionen im Bereich des technisch Herstellbaren liegt, hilft nicht ohne weiteres so viel, als man erwarten möchte, denn unter Beibehaltung der am kleinen Kaliber gefundenen günstigsten Proportionen wachsen die Gewichte im Kubus, die Oberflächen im Quadrat. D. h. die Brandfläche wird im Verhältnis zu dem zu hebenden Gewichte zu klein. Um sie zu vergrößern, muß die Seele verhältnismäßig weiter gemacht werden, bis schließlich wieder keine Wandstärke mehr für den Pulversatz übrigbleibt.

Auch an dieser Stelle soll nicht verabsäumt werden, jeden Uneingeweihten vor der Ausführung von Raketenversuchen zu warnen. Denn gerade, wenn man Hochleistungen erzielen will, muß man bewußt bis an die Explosionsgrenze herangehen. Auch der Verfasser und Ingenieur Sander konnten sich nur dadurch helfen, daß die Versuche auf einem Schießstand angestellt wurden, wo es möglich war, gedeckt durch mehrere Zoll starke Bohlen-wände, durch Gucklöcher, mit Scheerenfernrohren, Kameras und Filmaufnahmen den Verlauf zu verfolgen. Fast täglich ereigneten sich anfangs schwere Explosionen, die den kostbaren Meßapparat zertrümmerten, flogen scharfkantige Stahlhülsensplitter umher und drangen zentimetertief in die Hartholzbohlen, manchmal flogen auch mehrere Kilogramm schwere Düsen weißglühend mehr als 100 m hoch und weit, und einmal hätte die herausgeschleuderte, noch unverbrannte Pulverladung beinahe einen Waldbrand verursacht, so daß die Feuerwehr eingreifen mußte.

Angesichts dieser Schwierigkeiten sind viele Pyrotechniker früher zu der Ansicht gelangt, daß es für alle Zeit unmöglich sei, mit Pulverraketen mehr als 2000—2500 m Steighöhe zu erreichen. Und auch Congreve mußte vor 80 Jahren vor den gesteigerten Leistungen der Geschützartillerie das Feld räumen, weil er keinen Ausweg mehr aus der vermeintlichen Sackgasse sah, in welche die Raketenentwicklung geraten war.

Daß es aber trotzdem einen Ausweg gibt, das haben vor allem die Erfolge Prof. R. H. Goddards in Amerika bewiesen, der offenbar schon 1917—1918 dieselben Versuchsreihen wie der Verfasser und Ingenieur Sander sie im Winter 1928 durchgeführt haben, angestellt hat und zu denselben Gesetzen und Erkenntnissen gelangt war. Das haben aber auch die in den letzten Monaten nach der Trennung, von Ingenieur Sander nach den Richtlinien des Verfassers selbständig fortentwickelten Hochleistungsraketen bewiesen, die im Sommer 1928 bereits bis in die Stratosphäre hinauf gedrungen sind. Wie diese Steigleistungen erzielt wurden, darüber kann aus Geheimhaltungsgründen naturgemäß nichts ausgesagt werden.

Dagegen besteht kein Hindernis, davon zu sprechen, daß es mit entsprechend großen Kalibern gelungen ist, absolut genommen recht beträchtliche Schubleistungen bis zu 1200 Sekundenkilogramm pro Raketeneinheit zu erzielen (für Brander 24 kg 50 Sekunden lang, bei Raketen 400 kg 3 Sekunden lang), die sich mit dem Anzugsmoment mehrhundertpferdiger Arbeitsmotoren durchaus vergleichen lassen. Dadurch aber war die vom Verfasser seit Jahren behauptete Möglichkeit gegeben, den Antrieb von bemannten Bodenfahrzeugen und Flugmaschinen durch Raketenkraft zu versuchen. Im folgenden Kapitel soll darum noch kurz über die bisher erzielten Leistungen berichtet und auf Grund der zugehörigen Theorie dieser Antriebsweise ein vorsichtiges Urteil über die in den nächsten Monaten zu erwartenden Fortschritte abgegeben werden.

Trotz allem, was später vorgefallen ist und auf Grund wissenschaftlicher und persönlicher Differenzen zur Trennung des Verfassers von Opel und Sander geführt hat, soll nicht unterlassen werden, auch an dieser Stelle nochmals darauf hinzuweisen, daß es das unbestreitbare Verdienst Fritz v. Opels gewesen ist, das Projekt des Verfassers aufgenommen, seine Tragweite erfaßt und seine Verwirklichung mit erheblichen Mitteln unterstützt zu haben; während Sander ebenfalls sein bestes Können als erfahrener Pyrotechniker in den Dienst der gemeinsamen Sache gestellt hat. Nur so wurde es möglich, in 2 Monaten das zu leisten, was früher in 50 Jahren nicht gelungen war, nämlich Raketen zu schaffen, die den Beweis zu liefern vermochten, daß die Raketenfahrt am Erdboden und in der Luft für einen Menschen möglich ist. Hoffentlich wird es auch alsbald gelingen, die Leistungen weiter so zu vervollkommnen, daß auch der Beweis für die Möglichkeit der Weltraumfahrt durch die Tat erbracht werden kann.

Raketenfahrt.

1. Die bisherigen Leistungen der Raketenwagen.

Was noch kurz vorher alle Welt für unmöglich gehalten und als Phantasiegebilde verrückter Utopisten angesehen hat, die Bewegung eines Menschen durch Raketenkraft in Bodenfahrzeugen, ist inzwischen Wirklichkeit geworden. Schon Mitte Februar 1928 waren die vom Verfasser damals gemeinsam mit Sander in Wesermünde ausgeführten systematischen Versuche zur Entwicklung von Hochleistungsraketen von 5 cm bzw. 9 cm Kaliber so weit gediehen, daß er an Fritz v. Opel die pyrotechnische Bereitschaft für den Start des ersten Raketenwagens der Welt melden konnte. Aber es sollten noch drei Wochen vergehen, ehe die Absicht zur Ausführung kam. Aus verschiedenen Gründen konnte erst für den 11. März die Zusammenkunft aller Hauptbeteiligten in Rüsselsheim a. Main, dem Sitz der Opelwerke, angesetzt werden.

In der Zwischenzeit war man natürlich in Wesermünde nicht müßig in der Vervollkommnung der Raketen. Insbesonders drängte aber der Verfasser darauf, schon bevor man nach Rüsselsheim führe, um dort gleich mit einem ganz sicheren Erfolg aufwarten zu können, nebenbei aber auch zur Sicherung der Priorität, streng geheim, bei Bremerhaven selbst einige Probefahrten mit einem gewöhnlichen 4-PS-Opelwagen, an welchem Raketen befestigt wären, vorzunehmen. Durch eigene Anzugsversuche und Ausrollproben an solchen hatte der Verfasser nämlich ermittelt, daß die Bodenreibung und der Luftwiderstand für die 4-PS-Opelwagen ungefähr den nachstehenden Tabellenwerten entsprechen:

4-PS-Opel (Gew. 800 kg)	wirklich gemessen			rechnerisch fortgeführt		
Geschwindigkeit . . . km/h	18	36	72	108	144	288
» . . . m/sec	5	10	20	30	40	80
Bodenreibung . . . etwa kg	$8^1/_2$	$8^1/_2$	$8^1/_2$	10	12	15
Luftwiderstand . . » »	$3^1/_2$	$13^1/_2$	$54^1/_2$	123	218	870
Gesamtwiderstand . » »	12	22	63	133	230	885
Fahrzeugwucht . . . mkg	1000	4000	16000	36000	64000	256000

Bei einem Vollgewicht des Wagens (einschl. Fahrer und Raketen) von etwa 800 kg war in Anbetracht der damals schon zur Verfügung stehenden Seelenraketen von 50 mm Kaliber und 80 kg Schub, der Seelenraketen von 90 mm Kaliber und 200 kg Schub sowie der 90-mm-Brander von 18 kg Schub ein erfolgreicher Start durchaus zu erwarten.

Leider scheiterte die Absicht des Verfassers, die erste Raketenfahrt der Welt selbst zu unternehmen, daran, daß er damals über keinen eigenen Wagen verfügte, Sander aber nicht dazu zu bewegen war, den in seinem Privatbesitz befindlichen 4-PS-Opelwagen zu diesem Zweck zur Verfügung zu stellen.

Auch am 12. März, nach Eintreffen in Rüsselsheim, zeigte sich, daß der bereits seit geraumer Zeit in Bau genommene Sonderwagen noch nicht fertiggestellt war, dafür standen hier selbstverständlich normale 4-PS-Opel-Fahrgestelle genug zur Auswahl. So wurde denn auf ein solches eine derbe hölzerne Pritsche aufgebaut, um die Raketen befestigen zu können, und der Wagen auf die Opelrennbahn hinausgefahren. Am Nachmittag, etwa um 15 Uhr, war das seltsame Fahrzeug startbereit. Im letzten Augenblick entstand unter den Hauptbeteiligten noch ein kleiner Streit, wer den Wagen zuerst fahren sollte. Schließlich wurde der frühere Rennfahrer Kurt C. Volkhart mit der ehrenvollen Aufgabe betraut.

Um keine Vorsicht außer acht zu lassen, wurden für die erste Versuchsfahrt nur eine 80 kg Schub liefernde 50-mm-Seelenrakete und ein etwa 18 kg Schub liefernder 90-mm-Dauerbrander eingebaut und, da eine Zündmaschine nicht vorhanden war, mit den in der Feuerwerkerei üblichen Zündschnüren gezündet, nachdem Volkhart am Steuersitz Platz genommen hatte.

Es waren Sekunden der Spannung, während die Zündschnur brannte. Volkhart saß am Steuer, darauf gefaßt, wie aus einer Kanone geschossen zu werden, und willens, alle Kunst des erprobten Rennfahrers aufzubieten, um den Wagen zu bändigen. Alle übrigen Zuschauer suchten Deckung für den Fall einer Explosion und harrten erregt der Dinge, die kommen würden. Nur Sander und der Verfasser hatten ganz andere Sorgen; wir fragten uns nämlich, ob die beiden Raketen von zusammen nur etwa 100 kg Schub den für sie viel zu schweren, einschließlich des Fahrers etwa 600 kg wiegenden Wagen überhaupt in Bewegung setzen würden, denn mangels vorhergehender Anzugsversuche ließ sich der Anschub- und Rollwiderstand nicht annähernd abschätzen.

Endlich schlug das Feuer in die Raketen, aus denen im gleichen Augenblick unter gewaltigem Zischen eine mächtige Rauchwolke hervorschoß, in der die beiden Feuerstrahlen kaum zu erkennen waren. Und wirklich, mit sanftem Rucke setzte sich der Wagen in Bewegung. Er hatte aber kaum ein flottes Schrittempo (etwa 5—6 km/h) erreicht, als die Schubrakete ausgebrannt war und nur mehr der Brander fauchte, dessen weiteres Brennen gerade hinreichend war, um den Wagen noch eine halbe Minute lang im Tempo einer Dampfstraßenwalze vorwärts-

210

zuschieben. Etwa 35 Sekunden hatte die ganze Fahrt gedauert, kaum mehr als 150 m Wegstrecke waren zurückgelegt worden. Das war die erste Raketenfahrt der Welt.

Fritz von Opel, der von dieser Leistung wenig entzückt war, mußte an sich halten, um nicht zu lachen, und Sander und der Verfasser mußten sich seinen Spott einstweilen gefallen lassen, denn v. Opel glaubte allen Ernstes, die Raketen taugten nichts. Deswegen entschlossen wir uns, eine 50-mm-Seelenrakete zu opfern und steigen zu lassen. Als diese mit geschoßartiger Schnelle in etwa 2 Sekunden auf gut 400 m Höhe empor- stieg, trotzdem sie weder mit Spitzkappe ausgerüstet, noch mit einem richtig bemessenen Stab versehen war, wuchs allerdings das Vertrauen der Zuschauer in die Kraft des Raketenantriebes wieder beträchtlich. Tatsächlich ergab aber die inzwischen vom Verfasser ausgeführte Nach- rechnung, daß auch beim ersten Startversuch in Anbetracht der Schub- kraft im Verhältnis zum Wagengewicht die Raketen ihre Pflicht getan hatten.

Etwa eine Stunde nach dem ersten Start war der Wagen zum zweiten Versuch bereit. Diesmal war eine 50-mm-Seelenrakete von 80 kg Schub und eine 90-mm-Seelenrakete von etwa 220 kg Schub eingebaut worden. Volkhart bestieg wieder den Wagen, und die Zündschnur wurde angebrannt. Um den Raketen aber einen Teil Arbeit zu ersparen, wurde der Wagen zunächst mit Motor auf ein Tempo von 30 Stundenkilometern gebracht. 18 Sekunden nach dem Anbrennen der Zündschnur kuppelte Volkhart den Motor aus und ließ den Wagen frei rollen. Und genau, wie abgemessen, 2 Sekunden später oder 20 Sekunden nach dem Anzünden der Zündschnur schlug das Feuer in die Raketen. Diesmal schoß der Wagen wie ein Pfeil vom Bogen in gewaltiger Beschleunigung voran. Binnen 1½ Sekunden steigerte er seine Geschwindigkeit von 30 auf etwa 75 Stundenkilometer, so daß die Beschleunigung die Hälfte der Erdschwere betrug. Die große Rakete allein brannte dann noch 1½ Sekunden nach, worauf Volkhart den Wagen ausrollen ließ und zum Stehen brachte. Er hat bei dieser Fahrt den Andruck der Beschleunigung bereits sehr merklich gespürt und dem Anzugsmoment der stärksten Rennwagen mindestens gleich befunden. »Noch 10 Sekunden so weiter, und ich hätte den Geschwindigkeitswelt- rekord geschlagen«, das war seine Ansicht, als er aus dem Wagen stieg.

Die Nachrechnung zeigt, daß diese Meinung tatsächlich zutrifft. Leider waren aber an jenem Tage weitere Raketen nicht zur Hand, um die Versuche fortsetzen und wenigstens die 100-km/h-Grenze noch durch eine dritte Fahrt erreichen zu können. Wenn auch bei der beschriebenen zweiten die vom Wagen zurückgelegte Strecke nur etwa 300 m betrug, und die mittlere Geschwindigkeit nicht das Fahrtempo eines gewöhnlichen Tourenwagens überstieg, so war doch durch diese denkwürdige Fahrt die Möglichkeit des Raketenantriebs für bemannte Wagen einwandfrei bewiesen.

Da beschlossen worden war, die Raketenfahrtversuche erst nach Fertigstellung des bereits im Bau befindlichen Sonderwagens fortzusetzen, gingen weitere vier Wochen dahin, bis sich die Hauptbeteiligten am 10. April in Rüsselsheim wieder trafen. Auch an diesem Tage kam es noch nicht zum Start.

Erst am Folgetage, den 11. April, nachmittags 15 Uhr war der neue Wagen (nach späterer Bezeichnung »Opel Rak 1« (vgl. Abb. 54) äußerlich einem Rennauto durchaus noch ähnlich, ausgerüstet mit einem Aufbau zur Unterbringung von 12 Stück 90-mm-Raketen, startbereit. Diesmal war eine Zündmaschine mit Elektrokontakten auf einer Isolierscheibe eingerichtet, über die ein durch ein Uhrwerk angetriebener Schleifzeiger in gleichmäßigen Zeitabständen glitt, um die Raketen hintereinander zu zünden, so wie sie durch die Kabel mit den Kontakten verbunden

Abb. 54. Opel-Rak 1.

waren. Das Uhrwerk selbst aber konnte durch einen Fußhebel vom Fahrer nach Belieben in Gang gesetzt oder angehalten werden. Auch diesmal gab es kurz vor dem Start ernstliche Differenzen wegen des Rechtes auf die Fahrt, das der Verfasser für sich in Anspruch nahm. Er wurde aber überstimmt und das Fahren des Wagens wieder Volkhart anvertraut.

Auch die Versuche dieses Nachmittags fanden noch streng geheim auf der abgesperrten Opel-Rennbahn bei Rüsselsheim statt, weder Publikum noch Pressevertreter waren zugelassen. Außer einigen Herren der Opelwerke waren nur Otto Willy Gail und Ingenieur Heinz Beck als Sportzeugen von seiten des Verfassers eingeladen worden.

Beim ersten Startversuch waren 6 Raketen geladen, sämtlich von 90 mm Kaliber (darunter 4 Seelenraketen von je etwa 220 kg Schub und 2 Brander von je 18 kg Schub), von denen hintereinander zuerst in zwei Paaren die Seelenraketen, zum Schluß die Brander in Tätigkeit treten sollten. Die Zündzwischenzeit war gleich 3 Sekunden eingestellt. Tatsächlich erreichte der Wagen unter dem Anschub der zwei Paar Schubraketen binnen etwa 6 Sekunden ein Tempo von 70 Stundenkilometern und behielt dies auch bis zum Ausbrennen der Brander annähernd bei. Er legte eine Strecke von etwa 600 m durch Raketenkraft zurück. Dabei zeigte sich nachher, daß eine Seelenrakete gar nicht gezündet hatte.

Beim nächsten Start wurden 8 Raketen geladen und in ähnlicher Weise gezündet. Zuerst 2 und dann 3 Seelenraketen sollten den kräftigen Anschub geben und 3 Brander die erreichte Höchstgeschwindigkeit erhalten. Auch dieser Start gelang, und der Wagen erreichte ein Tempo von mindestens 80 Stundenkilometer. Als aber eben das dritte Raketenbündel zünden sollte, ereignete sich eine Explosion. Dabei bewährte sich aber die vom Verfasser gemeinsam mit Sander erdachte Schutzeinrichtung so vorzüglich, daß weder dem Fahrer Volkhart noch dem Wagen das Geringste geschah, sondern dieser, mit einem Ruck nach vorwärts gestoßen, doch unmittelbar nachher gleichmäßig unter dem Schube der Brander weiterfuhr und mehr als die Hälfte der eirunden Opelrennbahn durchmaß. Eine Seelenrakete hatte wieder nicht gezündet. Die zurückgelegte Strecke kam 1 km schon sehr nahe. Auf Grund dieses Erfolges wurde dann beschlossen, am Folgetage eine dritte Fahrt zu unternehmen und diesmal die Vertreter der Weltpresse zuzuziehen.

Da der am 11. und dann auch am 12. April verwendete Sonderwagen bei einem Gewicht (einschl. Fahrer und Raketen) von etwa 600 kg einen Luftwiderstand etwa nur gleich $\frac{1}{2}$ von dem eines gewöhnlichen 4-PS-Opelwagens besaß, stimmen die erreichten Fahrgeschwindigkeiten recht gut mit den Antriebsleistungen der Raketen überein. Hatte die Schubkraft bei der allerersten Fahrt vom 12. März $\frac{1}{6}$ des Wagengewichts, bei der zweiten $\frac{1}{2}$ betragen, so waren am 11. April Schubkräfte gleich $\frac{2}{3}$ vom Gewicht des Wagens in Anwendung gekommen. Trotzdem hatte der Fahrer Volkhart die Beschleunigungen keineswegs als unangenehm empfunden.

Schon am Morgen des 12. April herrschte in Rüsselsheim in der geheimen Versuchswerkstätte der Opelwerke und auf der Rennbahn ein geschäftiges Treiben, um alles für den ersten offiziellen Start des ersten Raketenwagens der Welt vorzubereiten. Es war also nach absoluter Zählung die fünfte Fahrt, die vor der Öffentlichkeit bezeugen durfte, daß das Problem des Raketenantriebes vom Verfasser und seinem Mitarbeiter Sander grundsätzlich gelöst war.

Diesmal wurde volle Ladung angewendet. 12 Raketen, sämtlich nur Seelenraketen, sollten paarweise gezündet dem Wagen eine Geschwindigkeit von 120 km/h erteilen und — das war wenigstens der Wunsch Fritz v. Opels — ihn in eleganter Fahrt einmal rund um die 1500 m lange Rennbahn treiben. Es kam zwar etwas anders, denn, wie sich nachher zeigte, schmolzen vorzeitig einige Zünddrähte durch, so daß in Wirklichkeit nur 7 Raketen abbrannten, die übrigen 5 aber gar nicht zur Entflammung kamen. Trotzdem verlief der Start äußerlich sehr eindrucksvoll, denn in derselben Sekunde, als das Startsignal gegeben war, schoß der Wagen mit atemberaubender Beschleunigung davon. Nach höchstens 8 Sekunden hatte er bereits nach der zweiten Zündung ein Tempo von 100 km/h überschritten und raste an der Tribüne vorbei in die Kurve der Rennbahn. Hierbei setzte der Feuerstrahl aus und erschien erst wieder, als der Wagen die zweite gerade Strecke der Opelbahn gewann, denn Volkhart hatte »Gas weggenommen«, sofern dieser Ausdruck hier gestattet ist, und erst wieder Zündung gegeben, als die Kurve vorüber war. Die vierte Zündung erfolgte, als der Wagen bereits $\frac{3}{4}$ der Opelbahn umkreist hatte, nur schwach, da nur die siebente Rakete entflammte, die achte aber schon ausfiel.

Darauf ließ Volkhart den Wagen ausrollen und erreichte knapp den Startpunkt, von dem er abgefahren war. Einschließlich der Ausrollstrecke war also die Runde gelungen.

Von Bewunderung ergriffen, standen die Zuschauer noch immer, als der Verfasser und. Sander sich entschlossen, eine der 9-cm-Seelenraketen hochsteigen zu lassen, um einem mehrfach geäußerten Wunsche zu entsprechen. Da.dies zuerst nicht vorgesehen war, mußte aus gerade vorhandenen Balkenstücken ein 4 m langer, etwa 6 × 6 cm im Quadrat starker Stab zusammengenagelt und die Rakete mit Bandeisen angebunden werden. Sechs Mann waren notwendig, das Ungetüm in einem weiten Wasserleitungsrohr als Stabführung steil, fast senkrecht aufzustellen. Mancher zweifelte, ob die Kraft der Rakete hinreichen würde, um den schweren Stab mit hochzutragen. Als aber die Zündflamme in die Seele schlug und die Rakete mit unheimlicher Kraftentfaltung mit reißender Beschleunigung gegen Himmel schoß, bis sie als dünner, schwarzer Strich dem freien.Auge entschwand, da beugten sich wohl alle Zweifler in Ehrerbietung vor der gigantischen Kraft des Raketenantriebs. Erst nach geraumer Zeit ließ ein sausendes Geheul erkennen, daß die Rakete wieder herniederfuhr und in der beabsichtigten Richtung niederfiel. Über die Entfernung freilich hatten wir uns alle getäuscht. Die Wurfweite hat über 1500 m, die Steighöhe mindestens ebensoviel, vielleicht über 2000 m betragen, die Steiggeschwindigkeit übertraf 1000 Stundenkilometer.

Damit fanden die Vorführungen jenes Nachmittags, dessen Datum später einmal historische Bedeutung erlangen dürfte, ihren Abschluß.

Der Verfasser hätte zwar gern noch einen Start ausgeführt, denn bis dahin war es doch noch niemals gelungen, mehr als 7 Raketen zu zünden. Es wäre aber interessant gewesen, festzustellen, was der Wagen leisten würde bzw. welche Strecke er bei voller Ausnützung des Ladungsvermögens zurückzulegen vermöchte. Deshalb schlug er vor, die 5 übriggebliebenen Seelenraketen nochmals zu laden und durch 7 Brander zu ergänzen. Bei einer Schaltung von zuerst 2 dann 3 Seelenraketen, darauf 3 und dann zweimal 2 Brandern war zu erwarten, daß der Wagen binnen 10 Sekunden auf ein Tempo von 100 km/h kommen und dieses dann gut 2 Minuten beibehaltend zweimal rund um die Opelbahn fahren würde. Im Hinblick auf die am Vortage bei einem Brander erfolgte Explosion war aber Sander gegen die Anwendung weiterer Branderraketen, und da Seelenraketen nicht mehr vorrätig waren, gegen die Wiederholung des Versuchs. Fritz v. Opel endlich kam zu dem Entschluß, die Versuchsfahrten auf der Rennbahn seiner Firma in Rüsselsheim, deren Beschaffenheit höhere Geschwindigkeiten als 120 km/h nicht zuläßt, überhaupt abzubrechen und schlug vor, den nächsten Start eines Raketenwagens auf der Avusbahn in Berlin anzusetzen. Und zwar sollte hierzu gleich ein neuer, wesentlich schwererer und tiefer liegender Sonderwagen für 24 Raketen Fassungsraum gebaut werden. Dazu war natürlich geraume Zeit nötig.

Um so überraschender kam dann plötzlich, wenige Tage nach Mitte Mai, die Meldung, daß Fritz v. Opel persönlich am 23. Mai 10 Uhr vormittags auf der Avusbahn einen Raketenwagen starten würde. (Denn nach der Absprache unmittelbar nach den

214

Fahrten der Aprilmitte in Rüsselsheim hatte der Verfasser das Recht auf die erste Avusfahrt für sich beansprucht, und wollte darauf Volkhart als Rennfahrer einen Angriff auf den Geschwindigkeitsrekord unternehmen.

Tatsächlich hatte Fritz v. Opel bereits am 21. Mai eine kurze Probefahrt mit dem neuen (als Opel Rak 2 bezeichneten) Wagen unternommen, bei der es wieder eine kleine Explosion und Zündschwierigkeiten gegeben haben soll. Trotzdem setzte er sich am 23. Mai, ohne eine Spur von Aufregung zu zeigen, vor den etwa 2000 geladenen Zuschauern, Pressevertretern, Photographen und Filmleuten in den Wagen, um der Welt zu beweisen, daß der Fortschritt des Raketenantriebes nicht mehr aufzuhalten ist. (Abb. 55).

Abb. 55. Opel-Rak 2.

Der Wagen war mit 24 Seelenraketen von 90 mm Kaliber und je etwa 250 kg mittlerer Schubkraft geladen. Die Gesamtpulvermenge betrug etwa 120 kg, genug, um ein dreistöckiges Haus in die Luft zu sprengen. Das Wagengewicht einschl. Fahrer und Raketen überschritt wohl 800 kg. Über die Zündfolge ist es schwer, genaue Angaben zu machen. Nach einer Momentaufnahme scheint es, daß v. Opel nur mit einer einzigen Rakete angefahren ist, aber rasch darauf weitere zündete. Im ganzen hat er in 8—10 Zündfolgen die Gesamtladung in Tätigkeit gesetzt. Jedenfalls waren am Schluß der Fahrt sämtliche 24 Raketen ausgebrannt, keine war explodiert und kein Zündversager darunter — ein wahres Glück, denn sonst hätte es unter den Zuschauern, welche die Bahn in unbegreiflicher Achtlosigkeit von allen Seiten bedrängten, sicherlich Verletzte gegeben.

Daß die Fahrt gelang, ist ebensowohl der Geschicklichkeit des Lenkers, als seinem unglaublichen Glück zu verdanken, denn als die letzten Raketenserien ihre Feuergarben ausspien, geriet der Wagen gefährlich ins Schleudern und hob sich infolge der verkehrt angebrachten Tragflächenstummel mit den Vorderrädern vom Boden ab.

Fritz v. Opel selbst beschreibt seine Fahrt (BZ. Nr. 141 vom 24. Mai 1928) mit folgenden Worten: »Ich trete auf das Zündpedal. Hinter mir heult es auf und wirft mich vorwärts. Es ist wie eine Erlösung. Ich trete nochmal, nochmal und — es packt mich wie eine Wut — zum vierten Male. Seitwärts verschwindet alles. Ich sehe nur noch das große Band der Bahn vor mir. Ich trete schnell noch viermal, fahre nun mit 8 Röhren. Die Beschleunigung ist ein Rausch. Ich überlege nicht mehr, die Wirklichkeit verschwindet, ich handle nur noch im Unterbewußtsein. Hinter mir das Rasen der ungebändigten Kraft.

Das Avustor kommt heran, ich lasse den Wagen auslaufen und biege scharf in die Gegengerade. Nicht zuviel Schwung verlieren; noch in der Kurve »gebe ich Gas«, trete neue Zündungen durch, als ich das gerade Band wiedersehe.

Die Geschwindigkeit muß sehr hoch sein. Ich merke, das Steuer ist zu hoch übersetzt. Ich kann den Wagen kaum halten.

Vor mir wird die Bahn enger und enger, ich sehe das Zielrichterhaus, rechts am Rand stehen Autos. Ich fühle, daß der Wagen vorn schwimmt, die Flächen sind nicht genug auf Druck gestellt, aber ich kann keine Hand vom Steuer lassen. Ich werde nach rechts an ein Auto herangetragen, ich steuere gegen und schieße nach links, komme entsetzlich ins Schleudern. Bin ich verloren? Ich bin nur noch Gefühl der Hände. Es gelingt mir, den Wagen abzufangen. Nun erst recht eine neue Zündung.

Ich bin am Ersatzteillager und will nochmals Gas geben — aber kein Zunehmen des Brausens, keine Beschleunigung. Die 24 Raketen sind verbraucht. Ich freue mich gar nicht darüber.«

Die durch Raketenkraft zurückgelegte Strecke betrug bei dieser Fahrt gut 2 km, die erreichte Höchstgeschwindigkeit wird mit 210 bis 230 km/h, die Durchschnittsgeschwindigkeit auf gerader Strecke mit 180 km/h angegeben.

Die Trennung des Verfassers von Opel und Sander war bereits Tatsache geworden, als diese beiden, des Verfassers Projekt eigenmächtig fortsetzend, für den 23. Juni 1928 auf der

Abb. 56. Opel-Rak 3.

Reichsbahnstrecke bei Kleinburgwedel (Hannover—Celle) den ersten Start eines unbemannten Raketenschienenwagens (bezeichnet als Opel Rak 3) ankündigten (Abb. 56). Der erste Startversuch gelang zwar insofern, als der von 10 Raketen, von denen je 2 zugleich von zusammen 550 kg Schub gezündet wurden, angetriebene, etwa 400 kg schwere Wagen sich in Bewegung setzte und eine Höchstgeschwindigkeit von 281 km/h erreichte. Auf Grund der mit Löbnerschen Zeitmeßgeräten bestimmten Weg-Zeitkurve wurden nämlich nachstehende Geschwindigkeiten errechnet.

Weg vom Startpunkt .	50	150	250	500	750	1000	1250 m
Geschwindigkeit . . .	17,2	40,0	52,9	71,0	68,5	33,7	43,7 m/sec

Aber diese Fahrt kann doch nicht als vollkommen geglückt bezeichnet werden, da unterwegs einige Raketenhülsen herausflogen und die zur Bremsung des Fahrzeuges vorgesehenen Raketen im unrechten Augenblick zündeten und gegen Himmel fuhren. Trotzdem lief der Wagen noch etwa 2 km auf den Schienen weiter. Die gesamte zurückgelegte Strecke betrug etwa 4 km.

Der zweite Startversuch vollends führte, kaum daß der Wagen sich in Bewegung gesetzt hatte, zur Entgleisung und Zertrümmerung des Fahrzeuges, wobei die Raketen nach allen Seiten auseinanderstoben und zum Teil explodierten. Beabsichtigt war bei einer Ladung von 30 Raketen, von denen je 8 mit zusammen etwa 2600 kg Schub zugleich gezündet werden sollten, den bisherigen Geschwindigkeitsweltrekord zu brechen und ein Tempo von 400 km/h zu erreichen. Als Bremseinrichtung war 2000 m vom Start eine sich automatisch betätigende Klotzbremse vorgesehen und ein Aggregat von Bremsraketen, die 3000 m vom Startpunkt entfernt zünden sollten. Diese beiden Versuchsfahrten fanden unter Zulassung von Publikum statt, das sich, einige Tausend Köpfe stark, auf der Höhe des Bahneinschnittes verteilt hatte, jedoch waren die ersten 1000 m vom Startpunkt der Wagen an frei gehalten. Diesem Umstand ist zu verdanken, daß bei der zweiten Unglücksfahrt niemand getroffen wurde.

Ein zweiter Schienenwagen, der in Reserve bereitgehalten war und mit Massivgummibelag auf der Lauffläche ausgerüstet war, wurde infolgedessen nicht mehr eingesetzt, sondern die Versuche abgebrochen.

Der nächste Versuch Opels mit Raketenschienenwagen galt abermals einem Angriff auf den Geschwindigkeitsweltrekord und fand auf der gleichen Reichsbahnstrecke mit einem ganz ähnlich gebauten, nur doppelt so schwer gemachten Wagen am 4. August 1928 statt, wieder mit demselben Mißerfolg, denn auch dieser (als Opel Rak 4 bezeichnete Wagen) explodierte, nachdem er sich kaum in Bewegung gesetzt hatte und wurde vollständig zerschmettert.

Diesmal sollten von den 30 geladenen Raketen zwar immer nur je 2 gleichzeitig gezündet werden, aber durch die Explosion einer von ihnen gleich am Anfang der Fahrt trat in den Zündkabeln Kurzschluß ein und brachte die ganze restliche Ladung gleichzeitig zur Entzündung. Die

Ursache des Unglücks war daher hier eine ganz andere als bei der zweiten Fahrt des Opel Rak 3 vom 23. Juni, denn damals war offenbar die im Vergleich zum Wagengewicht viel zu starke Schubkraft an dem Entgleisen, Hochspringen und Zerschmettertwerden des Fahrzeugs schuld.

Auch am 4. August hielt Opel einen zweiten ähnlich gebauten Wagen, der mit 31 Raketen geladen und bereits Opel Rak 5 getauft war, in Reserve bereit, konnte ihn aber nicht mehr zum Start einsetzen, da die Bahnbehörden gegen die Fortführung der Versuche wegen Gefährdung des Publikums Einspruch erhoben. Trotzdem diese Versuche unter strengster Geheimhaltung vorbereitet und absichtlich in die frühesten Morgenstunden (3—5 Uhr) verlegt worden waren, hatten sich nämlich aus den umliegenden Dörfern einige hundert Zuschauer eingefunden, denen gegenüber sich die Absperrmaßnahmen als machtlos erwiesen.

Nach der Explosion des Rak 4 gab Fritz v. Opel eine dahinlautende Erklärung ab, daß er die Versuche mit pulvergetriebenen Bodenfahrzeugen nicht fortsetzen werde. Daher darf man diese wohl als abgeschlossen betrachten und sich darüber ein Urteil bilden:

Charakteristisch für alle fünf bisher hergestellten Opelschen Raketenwagen ist, daß bei diesen die Raketen in einem auf der Hinterachse des Fahrzeuges lastenden Raketenkasten untergebracht sind, so daß ihre Mündungen sämtlich auf gleicher Höhe, mit der rückwärtigen Begrenzung des Wagens abschneiden. Dagegen wurden bei Rak 3 die Bremsraketen über der Vorderachse, mit den Mündungen voraus und etwas aufwärts gerichtet, angeordnet. Charakteristisch für alle Opel-Raketenwagen ist ferner die Anbringung von Tragflächenstummeln, die durch ihren negativen Anstellwinkel den Wagen mit wachsender Fahrgeschwindigkeit immer stärker gegen den Boden drücken sollten. Bei Rak 1 befanden sie sich in kleiner Ausführung, dicht hinter den Vorderrädern, beim Avuswagen Rak 2 in einer nach oben gewölbten und seitlich breit ausladenden Gestalt, diesmal mit verstellbarem Anstellwinkel, ebenfalls hinter den Vorderrädern. Bei den Schienenwagen Rak 3—5 waren sie zwischen die Vorderräder über die Vorderachse verlegt, bei Rak 3 noch geteilt, um die Anbringung der Bremsraketen zu ermöglichen, bei Rak 5 dagegen zu einer Fläche verschmolzen. Im großen und ganzen aber hat Fritz v. Opel stets die Ansicht vertreten, daß die Bodenhaftung des Raketenwagens durch dessen Gewicht erzielt werden müsse und der aerodynamischen Formgebung nur untergeordnete Bedeutung beigemessen. Beweis: Die Gewichtsverdopplung von Rak 3 auf Rak 4 und 5.

Betrachtet man die Lage des Angriffspunktes der Kraft zum

218

Schwerpunkt, so geht hervor, daß sämtliche Opel-Raketenwagen geschoben und nicht gezogen wurden. Rak 1 und Rak 2 hatten zudem äußerlich ganz das Aussehen von Rennautomobilen mit langen Motorhauben, die freilich in diesem Falle nur die Zündmaschine enthielten. Ähnlich wie vor 50 Jahren die ersten Automobile noch ganz den Eindruck von Pferdewagen machten, denen man nur die Pferde ausgespannt und die Deichsel fortgenommen hatte, waren also auch die Opelschen Raketenwagen noch Automobile, aus denen man den Motor ausgebaut, und auf die man rückwärts eine Kiste voll Raketen aufgeschraubt hatte. Diese ganze Entwicklungsweise des Raketenantriebs entsprach nicht der wissenschaftlichen Überzeugung des Verfassers.

Als der Verfasser nach seiner Loslösung von Opel und Verbindung mit der Firma J. F. Eisfeld, Pulver- und Pyrotechnische Fabriken in Silberhütte-Anhalt, dank des Entgegenkommens ihres Hauptinhabers, Hptm. a. D. Meyer Hellige, am 6. Juli neue, eigene, systematische Versuche zur Entwicklung von neuartigen Hochleistungsraketen und zur Konstruktion eines Raketenwagens begann, schwebte ihm von vornherein der Gedanke vor, die aus dem Wesen des Raketenantriebes heraus erwachsende Bauform für das neu zu schaffende Fahrzeug zu finden. Die Richtlinien waren dabei im Gegensatz zu Opel die folgenden:

1. Der Raketenwagen muß gleichsam ein Raketenstab sein, mit Rädern, der von den Raketen gezogen, aber nicht geschoben wird.

2. Die Masse des Wagens muß absolut so gering als möglich sein, um ihren Trägheitswiderstand klein zu halten, aber sie muß auch relativ zur Ladungsmenge möglichst gering sein, damit das für den Raketenantrieb maßgebende Massenverhältnis M_0/M_1 möglichst groß wird.

3. Die Bodenhaftung des Wagens darf nicht durch dessen Gewichtsdruck, sondern nur durch die Anordnung der Raketen selbst und durch die äußere, aerodynamische Formgebung erzielt werden.

4. Das Raketenaggregat soll aus vielen, verhältnismäßig kleinen, aber hochleistungsfähigen Raketen bestehen derart, daß die Explosion einer Einzelrakete auf keinen Fall ernstliche Gefahr bringen kann; es muß in seinen Einheiten so getrennt sein, daß die Fortpflanzung einer Explosion auf weitere Einheiten ausgeschlossen ist, und es muß so über den ganzen Wagen verteilt

sein, daß im Sinne der Punkte 1 und 2 eine möglichst günstige Beanspruchung des Fahrgestelles unter Berücksichtigung aller in Frage kommenden Momente erzielt wird.

Um diese Gesichtspunkte systematisch zu verwirklichen, wurde nach Erprobung der zunächst für die Versuche in Aussicht genommenen Raketen von 35 mm Kaliber und 35 cm Länge am 9. Juli mit dem Bau eines ersten, überaus einfachen Versuchswagens für das 60-cm-Spur-Fabrikgleis begonnen. (Vgl. Abb. 57.)

Er bestand aus einem 2500 × 250 × 22 mm Grundbrett, an welches mit 1800 mm Radstand zwei in Scharnieren um Leisten schwenkbare Achsbrettchen an der Unterseite befestigt waren, auf die wieder durch Bandeisenbügel die Achsen selbst festgeschraubt wurden. Zur Abfederung wurden die Achsbrettchen am freien Ende mit einem weich aufgepumpten Fahrradschlauch in der Querrichtung viermal umwickelt, ein Verfahren, das sich so glänzend bewährte (vgl. Abb. 58), daß es auch später beibe-

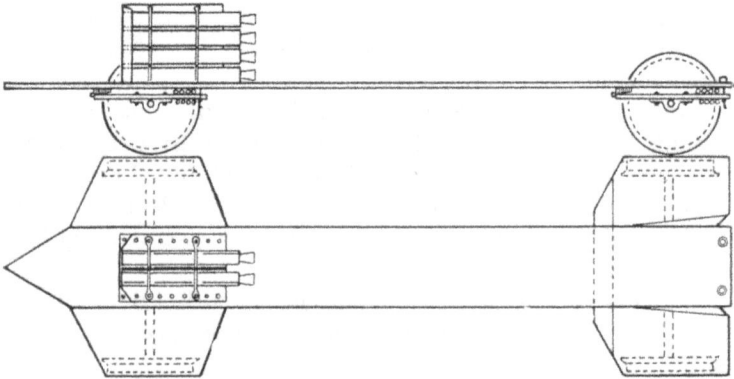

Abb. 57.

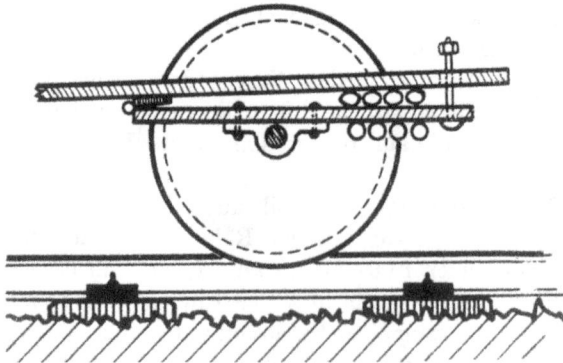

Abb. 58.

halten wurde. Die Achsen bestanden aus dünnen Stahlrohren, in deren Enden massive Zapfen eingesetzt waren, auf denen (ohne Kugellager) die aus Riemenscheiben von 275 mm Durchmesser mit Blechspurkranz improvisierten Räder frei umliefen. Auf dieses Fahrgestell war über der Vorderachse, auf dem Grundbrett senkrecht in der Längsachse stehend ein 250 mm hohes, starkes Eisenblech angebracht, das rechts und links je zwei aus Bandeisen hergestellte Vierfachbügel zur Befestigung der Raketen trug. So konnten in horizontaler Lagerung senkrecht übereinander zunächst ohne Staffelung im ganzen 8 Raketen von 55 mm Außendurchmesser und 350 mm Länge zu je 4 rechts und links befestigt werden. Dieses ganze Fahrgestell, einschließlich der »Kotflügel«, die hier als Schutzbleche für die Räder wegen des Feuerstrahls wie auch als aerodynamisch wirksam gedacht waren und dem Wagen im Grundriß ein pfeilförmiges Aussehen verliehen, wog nur 22 kg und war trotzdem stark genug, eine Belastung von 100 kg am Stand zu ertragen.

Die zur Verwendung gelangenden Raketen wogen einschließlich Hülse und Düse etwa je 1200 g, bei einer Pulverladung von 400 g und ergaben je durchschnittlich 22 kg Schub.

Am 11. Juli war dieser erste Versuchswagen startbereit. Etwa um 16 Uhr begannen die Fahrtversuche. Auf der nur etwa 200 m langen, 5% ansteigenden Fabrikgleisstrecke, die einzig hiefür zunächst in Frage kam, erreichte der Wagen gleich beim ersten Male mit nur 2 Raketen eine Geschwindigkeit von etwa 45 km/h, bei der zweiten Fahrt mit 4 Raketen eine solche von etwa 80 km/h, was mit der Rechnung gut übereinstimmt, da eine Kraft, gleich dem doppelten Wagengewicht, im ersten Falle 1½, im letzten 3 Sekunden lang gewirkt hatte.

An den folgenden Tagen wurden die Versuche fortlaufend unter täglicher Abänderung der Raketenanordnung fortgesetzt. Da sich die »Kotflügel« als überflüssig erwiesen, wurden sie zuerst an den Vorderrädern, später auch über den Hinterrädern fortgelassen. Das Grundbrett wurde, unmittelbar hinter dem ursprünglichen Raketenaufbau, längs 1500 mm auf eine Breite von 200 mm verschmälert und rechts und links mit Blechringen zur Unterbringung von 8 weiteren Raketen eingerichtet, die um je 250 mm gestaffelt und im Verhältnis etwa 1 : 6 nach vorn abwärts ge-

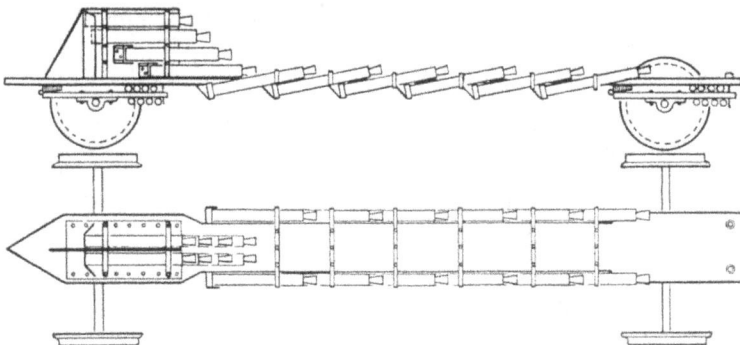

Abb. 59.

221

neigt befestigt wurden, wobei sie ihre Schubkraft durch unterseits des Grundbrettes angeschraubte Böcke auf dieses übertrugen. Der ursprüngliche Aufbau für 8 Raketen wurde zwar belassen, in seinen obersten zwei Bügeln aber nicht mehr benutzt, in den unteren mit einer Staffelungseinrichtung versehen. (Vgl. Abb. 59.)

Durch diese Anordnung wurde 1. bei gleichem Fahrgestellgewicht die Unterbringung von 16 gegenüber früher nur 8 Raketen ermöglicht, 2. der Gesamtschwerpunkt des geladenen Wagens weiter zurückverlegt, wodurch 3. eine größere Zahl Raketen als vorher vor den während des Abbrennens von rückwärts nach vorne wandernden Schwerpunkt zu liegen kamen, 4. das Kippmoment des ursprünglichen Raketenaggregats über der Vorderachse bedeutend vermindert und der Angriffspunkt der Kraft für die neuhinzugekommenen Raketen längsseits des Grundbrettes unter die Horizontalschwerelinie des Wagens verlegt, 5. durch die weite Staffelung der Düsenmündungen ein unbeabsichtigtes gegenseitiges Zünden verhindert und 6. durch die Schrägneigung der Raketen während des Auftretens der Rückstoßkraft eine Druckkomponente nach unten erzeugt.

Da das Fabrikgleis nicht mehr ausreichte, wurde die Direktion der Harzbahn um die Überlassung einer geeigneten Strecke ersucht, die dank der Bemühungen des Herrn Hptm. Meyer-Hellige in entgegenkommender Weise sofort bewilligt wurde. Als geeignet wurde eine etwa 500 m lange Strecke vom Bahnhof Friedrichshöhe gegen Güntersberge zu, 12 km von Silberhütte, gewählt.

Schon am Samstag, dem 14. Juli, konnte dort etwa 17 Uhr die erste Versuchsreihe vorgenommen werden. Mit 6 Raketen geladen, erreichte der wieder 22 kg schwere Wagen auf der 1-m-Harzbahnspur-Strecke ein Tempo von nahezu 100 km/h. Bis hierher hatten alle Versuche streng geheim stattgefunden.

Am 17. Juli endlich fand mit abermals geringfügig abgeändertem Fahrzeug, diesmal vor einigen wenigen geladenen Gästen, darunter Herren der Reichs- und Harzbahndirektion, eine weitere Versuchsfahrt statt. Die erste Fahrt mit nur 4 Raketen ergab naturgemäß ein nur mäßiges Tempo, bei der zweiten aber, als zuerst 2 und dann 4 Raketen zugleich gezündet wurden, war die Beschleunigung bei der zweiten Zündung gleich dem vierfachen Wagengewicht und riß das Fahrzeug auf eine Geschwindigkeit von über 100 km/h. Die Raketen taten zwar voll ihre Pflicht, aber die kleinen primitiven Holzräder waren offenbar den hohen Tourenzahlen nicht mehr gewachsen. Wahrscheinlich weil ein Radkreuz zersprang, wurde der Wagen aus den Schienen geschleudert und zertrümmert.

Nach diesen Erfahrungen wurde in sechstätiger Arbeit ein ganz neuer Versuchswagen gebaut. Bei 3 m Gesamtlänge, 2,40 m Radstand und 50 cm Raddurchmesser besaß dieser Wagen ein vor der Hinterachse gekröpftes Grundbrett und eine gekröpfte Vorderachse, um die Doppel-U-förmigen, 6 cm breiten und 12 cm hohen längsachsengleichlaufend nebeneinanderliegenden Rinnen, welche die nach vorn abwärts geneigten Raketen oberhalb des Grundbrettes aufnehmen sollten, möglichst in Radnabenhöhe verlegen zu können. Über der Vorderachse wurde der alte Blechaufbau mit den Vierfachbügeln noch verwendet, die aber jetzt eine vorn abwärtsgeneigte, gestaffelte Raketenanbringung gestatteten. Im ganzen konnten wieder 16 Raketen geladen werden. Die Räder hatten Vollscheiben aus

kreuzweis geleimtem doppeltem Sperrholz und einen Laufkranz gleich
Riemenscheiben und liefen mit einfachen Rotgußbuchsen ohne Kugellager
auf den Achszapfen. Die Federung war wieder durch Fahrradluftschläuche
wie bisher bewirkt. Dieser Wagen, für die 1-m-Harzbahnspur gebaut, wog
insgesamt 42 kg ohne Raketenladung. (Vgl. Abb. 60.)

Beim ersten Fahrtversuch am Nachmittag des 23. Juli auf der neu
ausgewählten Harzbahnstrecke Stiege—Thalmühle, etwa 1 km vom Bahnhof Stiege, leistete dieser Wagen mit 6 Raketen, die paarweise abgebrannt
wurden und je etwa 24 kg schoben, durchaus Befriedigendes.

Nun schien der Augenblick gekommen, zu größeren Raketen-
ladungen überzugehen. Deshalb wurde unter Beibehaltung der
Räder und Achsen binnen zwei Tagen der Oberbau des Wagens

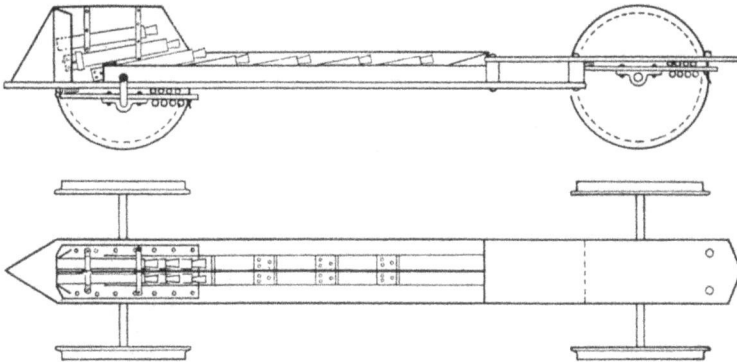

Abb. 60.

nochmals ausgewechselt und durch ein 3 m langes, 300 mm
breites, 25 mm starkes, durchgehend ebenes Grundbrett ersetzt,
das über der tiefgekröpften Vorderachse den mehrfach erwähnten
Aufbau für 6 Raketen innerhalb des Radstandes aber diesmal
4 nebeneinander liegende, längslaufende, U-förmige Rinnen von
6 cm Breite und 12 cm Höhe mit Querböcken erhielt, um in
diesen, um je 25 cm gestaffelt, fünffach hintereinander 20 Raketen
unterbringen zu können. Das Gesamtladungsvermögen betrug
jetzt 26 Raketen, bei einem Leergewicht des Wagens von 44 kg.
Das Gewicht der inzwischen verbesserten Raketen betrug bei
vermehrter Leistung nur mehr knapp 1 kg pro Stück.

Während gleichzeitig Vertreter der Presse und Filmbericht-
erstattung auf Donnerstag, den 26. Juli, bestellt wurden, wurde
der Wagen schon am 25. Juli zu einer Generalprobe auf die Start-
strecke bei Stiege geschafft und mit einer Ladung von 12 Raketen,

von denen je 4 gleichzeitig von zusammen 120 kg Schub .
je 2 Sekunden Zwischenzeit gezündet wurden, gestartet. Der E-
folg dieser Fahrt übertraf alle Erwartungen, denn nach der dritten
Zündung durchlief der Wagen die 100 m lange Stoppstrecke in
2 Sekunden, hatte also eine Geschwindigkeit von 180 km/sec
erreicht.

Als am 26. Juli nachmittags gegen 16 Uhr die Stunde der
angekündigten ersten offiziellen Probefahrt des jetzt »Eisfeld-
Valier-Rak 1« genannten Wagens (vgl. Abb. 61) vor sich gehe.
sollte, lagen die Wetterverhältnisse freilich wesentlich ungünstiger als am Tage vorher, denn ein heftiger und noch dazu stark
böiger Wind blies quer zur Fahrtrichtung, was auch die glänzend
gelungenen Filmaufnahmen der Ufa bezeugen. Es wurden drei

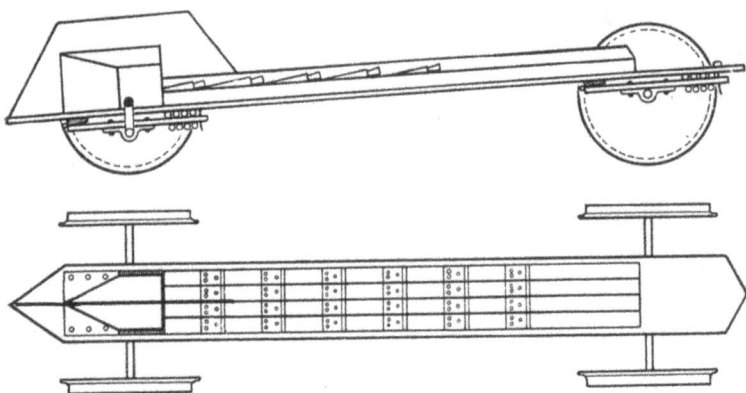

Abb. 61.

Fahrten ausgeführt, von denen die ersten beiden nur den Zweck
hatten, den anwesenden Gästen, Bild- und Filmberichterstattern
Gelegenheit zu bieten, sich auf die bevorstehende dritte Fahrt
einzustellen bzw. einzuüben. Bei der ersten Fahrt wurde nur
eine Zündung mit 4 Raketen, bei der zweiten zwei solche vorgenommen. Bei der dritten Fahrt aber waren 3 Zündungen zu
je 4 Raketen und zuletzt eine vierte Zündung mit 6 Raketen vorgesehen, die wieder mit je 2 Sekunden Zwischenzeit erfolgten.

Bei dieser letzten Fahrt erreichte der »Eisfeld-Valier-Rak 1«
zwischen der dritten und vierten Zündung genau wie am Vortage
wieder ein Tempo von 180 km/h, denn er durchmaß die dritten
100 m, vom Startpunkt aus gerechnet, in nur 2 Sekunden. Als
aber darauf noch die vierte starke Zündung erfolgte, schien es

vom Standpunkt der rechtsseitig etwa 100 m entfernt rechtwinklig zur Strecke blickenden Zuschauer, als ob der Wagen seine Geschwindigkeit nochmals ruckartig verdoppelte. Dieser — vom Verfasser von vornherein für zu stark erklärten — Kraftentfaltung hielt der Wagen aber nicht mehr stand sondern schoß mit einem Tempo von wahrscheinlich über 300 km/h nach links aus den Schienen und wurde zertrümmert.

Darauf wurde vom Verfasser ein neuer Wagen ganz aus Leichtmetall gebaut. Dazu waren Ultralumin von Ravené Stahl A.G., Berlin, die Kugellager von Fries & Höpflinger, Schweinfurt, die Drahtspeichenräder mit Spezialholzfelgen von C. Braunsdorf, Zerbst, gestiftet worden.

Der neue Wagen erhielt einen Führersitz ganz vorne, rückwärts in 7 U-förmigen Rinnen 10 Raketenbatterien hintereinander, deren Hülsen durch Querverschraubung zur Erhöhung der Steifigkeit des Rahmens herangezogen wurden. Nur so war es möglich, bei 80 kg Leergewicht 80 kg Raketenladung und 80 kg Nutzlast unterzubringen. Bei 45 cm Rumpfbreite war der 5½ m lange Wagen für Normalspur gebaut.

Da sich die Fertigstellung verzögerte, unternahm der Verfasser am 5., dann 7. und 12. September schon auf einem improvisierten Rollwagen selbst 5 Fahrtversuche, die sämtlich gelangen. Endlich am 15. September, 5 Uhr morgens, konnte der neue Ultraluminwagen nahe Blankenburg am Harz zum ersten geheimen Start angesetzt werden. Entgegen der Konstruktionsvoraussetzung, daß nur 35 mm Papphülsraketen bis zur Vollladung angewendet würden, wurde von seiten der Firma Eisfeld verlangt, daß beim ersten Start nach 2 × 7 Papphülsraketen auch eine der neuen 50 mm Kupferhülsraketen von 120 kg Schub eingebaut würde. Tatsächlich brannten die ersten ordnungsgemäß ab, die große Rakete aber drückte das für diesen Schub nicht berechnete Widerlager durch, rutschte vor, prallte gegen die Rückwand des Führersitzes und explodierte dort. Zum Glück waren nur 50 kg Sandsacklast geladen. Der Wagen war zwar noch fahrbar, doch so weit durchgeknickt, daß die geplante bemannte Fahrt seitens des Verfassers nicht mehr gewagt werden konnte. Es wurden daher nur nochmals 4 × 7 Papphülsraketen geladen und ohne Sandsacklast eine Rollprobe unternommen, die den Wagen sehr schön auf ein Tempo von weit über 100 km/h brachte und einen guten Eindruck hinterließ.

Deshalb entschlossen sich daraufhin die Herren von der Direktion der Halberstadt-Blankenburger Eisenbahn, mit der Firma Eisfeld zusammen einen ähnlich geformten, aber weit stärkeren Schienenwagen zu bauen. Am 24. September war er rollfertig. Wenn dieser Wagen auch die Aufschrift »Eisfeld - Valier Rak 2« - Halberstadt - Blankenburger Eisenbahn erhielt, so hatte der Verfasser doch mit der Leitung dieser Versuche nichts mehr zu tun. Die ersten Versuchsfahrten vom 25. und 27. September sowie die ersten beiden Vorführungsfahrten vom 3. Oktober mit schwacher Ladung gelangen zwar, erbrachten aber nichts Neues. Als am 3. Oktober bei der letzten Versuchsfahrt volle Ladung von 36 Stück 50-mm-Kupferhülsraketen angewendet wurde, sprangen nach der letzten Zündung alle 4 Räder vom Wagen, weil die Speichen brachen. Daraufhin wurden diese Versuche eingestellt. Zugleich trennte sich der Verfasser wieder von Eisfeld.

Um diese Zeit begann auch Ing. Kurt C. Volkhart, der bei Opel die fünf ersten Raketenfahrten der Welt gesteuert hatte, sich selbständig zu machen, in der Absicht, einen Raketenrennwagen für sportliche Veranstaltungen zu entwickeln, um durch dessen Vorführung in aller Welt das Interesse an der Sache des Rückstoßantriebes wach zu erhalten und das durch die Explosion des »Opel Rak 3« vernichtete Vertrauen wiederzuerobern.

Volkhart hatte zuerst am 14. August und später noch mehrmals den Verfasser bei Eisfeld aufgesucht, und dort die Anordnung des Fahrersitzes ganz vornean sowie die Staffelung der Raketen als vorteilhaft kennengelernt. Er übernahm diese Anordnung und fügte selbst noch eine ausgezeichnete elektrische Zündmaschine hinzu, die unerwünschte Zündungen ausschloß. So baute er sich aus einem Bugatti-Rennwagen-Chassis seinen »Volkhart Rak 1« mit 24 Raketen Ladungsvermögen.

Die erste Versuchsfahrt dieses Wagens mit Papphülsraketen einer nicht näher genannten Firma fand am 20. September 1928 bei Barmen statt. Sie endigte mit einer Explosion der ganzen Ladung. Für die zweite geheime Versuchsfahrt, die am 18. Oktober bei Düsseldorf stattfand, hatte Volkhart, wie auch für alle späteren, sich wieder Sander-Raketen von 50 mm Kaliber beschafft. Diese Fahrt gelang so gut, daß Volkhart nun daran denken durfte, öffentlich hervorzutreten, was am 2. Dezember 1928 auf der Avusbahn in Berlin geschah. Die Fahrt glückte raketentechnisch zwar durchaus, befriedigte aber die zu hoch gespannten Erwartungen des Publikums ebensowenig wie die Fahrt Volksharts auf dem Nürburgring vom 1. April 1929. Bei dieser Veranstaltung nahm Volkhart auch erstmalig einen Passagier in der Person eines Frl. Waldenfels aus Düsseldorf im zweiten, hinter dem Führersitz angeordneten Soziussitz mit. Endlich schloß sich noch die Vorführung eines Raketenmotorrades an, das aber mit 6 Sanderraketen nur 300 m Strecke zurücklegte und das Publikum ebenfalls enttäuschte. Wenn aber verschiedene Pressestimmen damals Volkharts Unternehmen als »Raketengroteske« bezeichneten und vom »Sensationstod einer technischen Erfindung« sprachen, so ging das entschieden zu weit. Denn jeder, der den Hergang der ganzen Sache kannte, mußte den Mut und den guten Willen Volkharts anerkennen, auch wenn ihm mangels an ausreichenden Geldmitteln Welterfolge versagt blieben. Verbittert durch diese Erfahrungen ist Volkhart in Deutschland nur noch einmal, am 1. September 1929, auf der Fichtenhain-Bahn in Holstein gefahren, hat aber sonst sein Tätigkeitsfeld ins Ausland verlegt. So fuhr er am 28. April in Oslo und am 22. und 30. Juni in Kopenhagen mit bestem Erfolge, indem er bei der letztgenannten Fahrt sogar wieder einige Sander-Raketen von 90 mm Kaliber anwandte und eine Geschwindigkeit von 130—140 km/h über eine Strecke von 700—800 m erzielte. Nach seinen Angaben will er diese Vorführungsfahrten fortsetzen, um so die Mittel zum Bau eines Weltrekord-Raketenwagens zu gewinnen, mit welchem er Campbell und Segrave dereinst herauszufordern gedenkt.

226

Außer Volkhart hatte im Jahre 1929 niemand mehr pulvergetriebene Raketenwagen vorgeführt. Deshalb mögen zum Abschluß dieser Betrachtungen über den Feuerwagen noch einige Worte über das Raketenrad angefügt werden, das eine Abart des Raketenwagens darstellt. Daß man, wenn vierrädrige Raketenfahrzeuge bereits gelaufen sind, auch zweirädrige auf solche Weise antreiben kann, ist eigentlich selbstverständlich. Bedeutung hat die Sache aber kaum, denn man überzeugt sich leicht, daß bei einem solchen Rade niemals ein annähernd so günstiges M_0/M_1 wie bei einem Wagen erzielt werden kann.

Deshalb hat auch der Verfasser, dem schon im Januar 1928, nach den ersten Verbesserungen der alten Schiffsrettungsrakete bei Sander, dieser Gedanke kam, ihn unausgeführt gelassen. Auch Opel, der gleich nach den ersten Rüsselsheimer Raketenwagenstarten ein solches Rad bauen und auf einem Rennen in Freiburg i. Br. vorführen wollte, beeilte sich nachher weniger und zeigte es erst im November 1928 auf der Int. Auto-Ausstellung in Berlin. So kommt es, daß anscheinend doch jene zwei lettischen Studenten die ersten Raketenradfahrer der Welt gewesen sind, welche am 14. August 1928 auf dem Strande bei Riga mit 12 Raketen starteten und eine Strecke von 500 m zurücklegten. Der zweite Raketenradfahrer war dann wohl jener tollkühne Amerikaner George White, der im Oktober 1928 im New Yorker Velodrom sein Beiwagenrad vorführte, das mit 19 Stück, etwa 2 zölligen Papphülsraketen, die auf dem Beiwagen befestigt waren, geladen war. Wie für jeden Sachkundigen vorauszusehen war, explodierte hier die ganze Ladung vorzeitig und verletzte auch einige der Reporter, die wirklich todesmutig den Start aus nächster Nähe aufgenommen hatten. Leider hat dieser von keiner Sachkunde getrübte, völlig unsinnige Versuch in ganz Amerika die Stimmung für die Raketenantriebsforschung ebenso gründlich verdorben, wie in Europa die Explosion des Schienenwagens »Opel Rak 3« bei Hannover-Burgwedel. Wenn in letzter Zeit Radrennfahrer Max Hahn und Oskar Tietz auf der Olympia-Bahn in Plötzensee auf gewöhnlichen Fahrrädern, die von ihnen gleichzeitig getreten werden, einige Brandraketen anbrachten, um für die sensationslustigen Besucher solcher Rennen eine neue Attraktion zu schaffen, so hat solches Unternehmen mit der wissenschaftlichen Raketenforschung zwar nichts zu tun, kann aber immerhin geeignet sein, die Idee des Raketenantriebes bei den breitesten Massen zu popularisieren.

Wenn auch nach Ansicht des Verfassers die Möglichkeiten des pulvergetriebenen Raketenwagens im vergangenen und gegenwärtigen Jahre von Opel und Volkhart noch lange nicht ausgeschöpft wurden und jetzt unter Verwendung der neuen, fast absolut betriebssicheren, großkalibrigen Sander-Raketen unzweifelhaft Weltrekordgeschwindigkeiten erzielt werden könnten, war es doch vor allem notwendig, der Welt zu zeigen, daß es ohne Pulver und explosible Brennstoffe auch gelingt, Rückstoßfahrzeuge völlig betriebssicher zu treiben. Deshalb wandte sich der Verfasser im Frühjahr 1929, da die Entwicklung des Rückstoßers mit flüssigen Brennstoffen noch nicht weit genug fortgeschritten war, dem Hochdruck-Dampfstrahl-Raketenwagen zu.

Unter einem Dampfstrahl-Rückstoßer versteht man eine Maschine, bei welcher durch entsprechende Maßnahmen eine mitgeführte Treibflüssigkeit in Dampf verwandelt und als solcher durch eine Düse zum direkten Ausströmen ins Freie gebracht wird, während die Verbrennungsprodukte einer eventuell vorhandenen Feuerung ohne Rückstoßwirkung entweichen.

Schon Isaak Newton erkannte diese Möglichkeit. Auf einer Ende des 17. Jahrhunderts angefertigten, ihm zugeschriebenen Skizze sieht man auf einer Art Kalesche einen kugelförmigen Dampfkessel über einem offenen Feuer mit einem Dampfausströmrohr obenan, mit Regulierhahn, so daß das Ganze den Eindruck einer riesigen Retorte im Fiaker ohne Pferde macht. Nun wird zwar das Inhaltsgewicht für einen Kugelkessel am günstigsten, da die Kugel bei geringster Oberfläche den größten Rauminhalt besitzt, leider aber erfordert die Feuerung ganz im Gegenteil eine möglichst große Heizfläche, um sekundlich genügend Wärmeeinheiten zuzuführen, um die notwendige Dampfmenge zu erzeugen. Aus diesem Grunde kann man auch eine moderne Dampflokomotive nicht als Rückstoßer laufen lassen, denn die sekundlich erzeugte Dampfmenge von bestenfalls 2 kg würde bei 1000—1200 m/s Ausströmgeschwindigkeit nur 200 bis 240 kg Rückstoßkraft ergeben, die nicht imstande wäre, einen solchen 80 t schweren Koloß nur von der Stelle zu rücken.

Günstiger wäre schon ein sog. feuerloser Dampfkessel von solcher Wandstärke, daß man mit einem Anfangsdruck oberhalb des kritischen Druckes des Wassers arbeiten kann, indem man das Betriebswasser aus einer fremden Kesselanlage überfüllt und durch eine fremde, während der Fahrt nicht mitgeführte Feuerungsanlage über die kritische Temperatur erhitzen läßt. Aber auch hier ergeben sich große technische Hindernisse.

Einfacher ist es jedenfalls, eine Betriebsflüssigkeit zu wählen, deren Siedepunkt, kritische Temperatur und kritischer Druck wesentlich niedriger liegen als beim Wasser, und die eine geringe spezifische Wärme und eine kleine Verdampfungswärme besitzt. Dagegen soll die Gaskonstante möglichst hoch sein. Mit einem solchen Betriebssto f, den man als ein verflüssigtes Gas bezeichnen kann, weil er bei Zimmertemperatur und dem Druck der freien Luft gasförmig ist, hat denn auch der Verfasser seinen Hochdruck-Dampfstrahl-Rückstoß-Versuchswagen betrieben.

Der nach den Angaben des Verfassers von der Firma Möllers in Essen-Stoppenberg nach den Konstruktionszeichnungen des Herrn Hans Möllers jun. gebaute, 5½ m lange, im Rumpfbau 60 cm breite Versuchswagen zeigt wieder den Führersitz vornean und wurde mit einer Lenkung und Bereifung wie ein Automobil ausgebildet. Da sich aber die Fertigstellung ab Mitte Juli unvorhergesehenerweise um fast zwei Monate verzögerte, wurden vom Verfasser schon eine Reihe von Vorversuchen unternommen.

Der erste Abblasversuch aus einem der Hochdruck-Tankbehälter mit den Spezialventilen, welche das Drägerwerk in Lübeck geliefert hatte, fand am 5. September in Essen im Laboratorium der den Treibstoff liefern-

228

den Firma statt. Am 18. September aber wurde ein solcher Behälter, in einfachster Weise auf 4 Räder montiert, zwischen Kettwig und Werden unbemannt auf die Straße gesetzt und gestartet. Er erreichte ein hohes Tempo, rannte aber mangels einer Lenkung an einen Chausseebaum. Um dies zu verhindern, wurde beim nächsten Versuch ein neues, improvisiertes Wägelchen benutzt, das bei 2 m Länge, 80 cm Rahmenbreite und 18 cm Raddurchmesser höchstens ein Tempo von 35 km/h ertragen konnte. Um der Gefahr einer Überschreitung dieser höchstzulässigen Geschwindigkeit vorzubeugen, wurde es mit Stahlseil vor ein Auto gespannt. Bei den am 21. und 25. September auf derselben Straße vorgenommenen Versuchen mit 10 kg Treibstoff nahm die Gehilfin des Verfassers, Frl. Lucia Kuhr, im Lenksitz des beschriebenen Wägelchens Platz, da dieses einen Fahrer von mehr als 100 Pfund Gewicht nicht tragen konnte. Die Versuche gelangen.

Endlich am 28. September war der große, neue Versuchswagen startbereit. Dank dem Entgegenkommen der maßgebenden Behörden in Essen konnte der erste, geheime Startversuch auf der oberen Norbertstraße, nächst der Gruga, etwa um 4 Uhr nachm. ausgeführt werden. Der Wagen war mit 3 Tankbehältern mit je 20 kg Treibstoffladung ausgerüstet, von denen jeder sein eigenes Ausströmrohr und eigene Düse hatte. Die drei Hauptventile mußten also gleichzeitig durch Gehilfen aufgedreht werden. Der Start gelang und der Wagen erreichte auf der Betonstraße ein Tempo von etwa 60 km/h. Die zurückgelegte Strecke betrug bei 1200 m. Dieselbe Fahrt wurde dann am Sonntag, den 29. September öffentlich wiederholt und verlief ebenfalls glatt. Der Anfangsdruck in den Behältern überschritt nicht 60 at, obwohl am Prüfstand bereits Ausströmversuche mit 120 at vorgenommen worden waren.

Die nächste Versuchsfahrt dieses »Valier Rak 4« genannten Wagens, mit 4 Tankflaschen, die jetzt durch besondere Rohrleitungen auf einen gemeinsamen Sammelkessel mit Düse, die durch ein Nadelventil vom Fahrer gesteuert werden konnte, geschlossen waren, fand dann am 13. Oktober im Rahmen eines Motorradrennens in Gelsenkirchen statt. Der Anfangsdruck war hier noch etwas niedriger als in Essen, etwa 50 at, da die Rohrleitungen nicht mehr abgepreßt werden konnten, die Höchstgeschwindigkeit aber in Rücksicht auf das günstigere Treibstoffverhältnis höher als in Essen, etwa gleich 70 km/h. Wenn dies Tempo auch niedrig erscheint, so entspricht es doch den rechnerischen Erwartungen für die angegebenen Gewichts- und Druckverhältnisse durchaus. Dieselbe Rechnungsgrundlage läßt erkennen, daß bei entsprechender Ausführung auch ein Hochdruck-Dampfstrahl-Rückstoßwagen gebaut werden kann, der die heutigen Weltrekorde für Bodenfahrzeuge zu brechen vermag.

Der Verfasser hat durchaus die Absicht, diese Versuchsreihe fortzusetzen, nicht nur, weil es an sich interessant ist, festzustellen, bis zu welchen Leistungsgrenzen man auf diesem Wege praktisch gelangen kann, sondern hauptsächlich auch deswegen, weil dieser Entwicklungslinie, wenn auch scheinbar auf einem Umweg, zuletzt doch zu einer Lösung des Problems des betriebssichern Raketenmotors mit flüssigen Brennstoffen führen muß, die ohne diesen Umweg schwerlich gefunden werden könnte.

Vorläufig haben die bisherigen Versuchsfahrten jedenfalls dazu beigetragen, das Mißtrauen gegen den Raketenantrieb zu zerstreuen und damit ihre moralische Mission erfüllt. Daß sie auch noch ihre technische erfüllen werden, das soll, hoffentlich bald, die Zukunft lehren. Daß der Rückstoß-betrieb mit Hochdruck-Dampfstrahl sich pro Krafteinheit etwa 20 mal billiger stellt als der Pulverantrieb, soll nicht vergessen sein hier angemerkt zu werden.

2. Raketenboote.

Das erste Projekt dieser Art stammt (wie S. 145 bereits bemerkt), schon aus dem Jahre 1420 und geht auf de Fontana zurück. Ein zweiter, ernstgemeinter Versuch wurde 1886 von dem Franzosen Just Buisson unternommen, der auf der Seine bei Paris ein Boot durch den Rückstoß von Pulverraketen in Bewegung zu setzen beabsichtigte. Leider fand der Erfinder mit einem seiner Freunde schon bei der ersten Probefahrt am 16. Dezember durch eine Explosion den Tod. Seine übrigen Freunde wagten, dadurch abgeschreckt, nicht mehr, seine Projekte weiter zu verfolgen.

Antriebsversuche mit Unterwasserraketen wurden übrigens auch vom Verfasser mit Sander und Fritz v. Opel am 10. April 1928 auf dem Main bei Rüsselsheim vorgenommen, denn es war damals beabsichtigt, das leichte Motorboot Opel 3 mit Raketen-antrieb auszurüsten, ein Plan, der später wieder zurückgestellt wurde. Seither sind praktische Versuche, Wasserfahrzeuge mit Raketen anzutreiben, anscheinend nur mehr von dem Züricher Studenten Otto Probst unternommen worden, der auf dem Züricher See Ende März 1929 ein Modell eines von ihm ersonnenen »Geschoßbootes« erfolgreich gestartet hat. Der Erfinder glaubt, bei einer Großausführung von 400 m Länge, mit 40 Sprengstoff-kammern zu je 80 kg Treibstoff, den Atlantischen Ozean in etwa 12 Stunden überqueren zu können. Die Bemessung der Steuer-organe soll so gehalten sein, daß sie gleichzeitig als schwache Tragflächen wirken können und das Boot dadurch einige Meter über den Wellenkämmen dahinschießen lassen, ohne daß es das Wasser dauernd berührt.

Vom Standpunkt der allgemeinen Raketentechnik aus kann man dem Rückstoßerboot kaum eine Zukunft zusprechen, denn es erscheint unmöglich, auch bei einem Gleitboot, so hohe Geschwindigkeiten zu erreichen, daß der Raketenmotor einen brauchbaren Wirkungsgrad erlangt.

3. Raketenschlittenversuche.

Unter allen Bodenfahrzeugen hat ohne Zweifel der Schlitten am meisten Aussicht, durch Rückstoßkraft auf sehr hohe Geschwindigkeiten getrieben zu werden, denn bei ihm fallen nicht nur die

Schwierigkeiten fort, welche sich bei jedem Wagen durch das Vorhandensein rotierender Teile und die notwendige Abfederung einstellen, sondern es läßt sich auch ein bei keiner andern Fahrzeugart erreichbares Massenverhältnis des vollen Startgewichts zum Leergewicht erzielen.

Diese Überlegung veranlaßte im Herbst 1928, anscheinend gleichzeitig, sowohl den Verfasser selbst als auch Ing. Kurt C. Volkhart mit dem Projekt eines Raketenschlittens vor die Öffentlichkeit zu treten.

Volkharts Schlittenentwurf zeigt einen zigarrenförmigen Rumpf mit zwei schlittschuhartigen Kufen vorne und einer Lenkkufe am rückwärtigen Ende. An diesem sollten auch dreireihig je 10 große 90-mm-Sanderraketen symmetrisch zur Längsachse angebracht sein. Der Führersitz befand sich in der vorderen Hälfte. Ende Dezember 1928 kündigte Volkhart bereits die erste Versuchsfahrt auf einem der masurischen Seen an, in Wirklichkeit aber kam dieser Schlitten niemals zur Ausführung. Volkhart hatte den Hauptwert auf eine recht tiefe Schwerpunktslage gelegt, aber anscheinend übersehen, welche Gefahren gerade bei einem solchen Fahrzeug die Anordnung der Raketen am rückwärtigsten Ende mit sich bringen muß.

Demgegenüber hat der Verfasser bei seinem Schlittenentwurf wieder das Hauptaugenmerk darauf gerichtet, den Angriffspunkt der Kraft vor den Schwerpunkt des Fahrzeugs zu legen. Deshalb erhielt der 6 m lange, 40 cm breite Schlittenrumpf den Führersitz ganz vorne eingebaut und auf gleicher Höhe mit diesem zwei skierartige Kufen von 2,20 m Länge und 15 cm Breite, am Schwanzende zuerst eine kleine Lenkkufe, die später durch einen festen Sporn ersetzt wurde. Das Raketenaggregat umfaßte, gestaffelt und in den ersten Zündungen auch geneigt, 3 und 4 × 4 Raketen von 50 mm Kaliber, die unmittelbar hinter dem Rücken des Fahrers auf einer besonders stark konstruierten Stoßbodentreppe in Rohrschuhen eingesetzt waren und mit besondern Bügeln festgeschraubt werden konnten.

Mit finanzieller Unterstützung einiger Freunde, besonders der Herren Ing. Franz Spreitzer und Dr. Rheinstrom, München, wurde dieser Schlitten eben noch rechtzeitig fertig, um beim Wintersportfest des B.A.C. auf dem Eibsee öffentlich gezeigt zu werden. Die Ausführung des Schlittens lag bei der Firma Kogel, Karosseriebau München. Als Ladung dienten wieder dieselben Eisfeldschen Kupferhülsraketen von 120 kg Schubkraft während 1,5—1,8 Sekunden, welche schon bei Blankenburg am Harz auf den Schienenwagen Verwendung gefunden hatten.

Die Versuchsfahrten dieses Raketenschlittens »Valier Rak Bob 1« zeitigten folgende Ergebnisse:

Bei der ersten Fahrt, am Nachmittag des 22. Januar auf dem Flugplatz in Schleißheim bei München konnten nur 8 Raketen geladen werden, von denen zuerst 4, dann 3 und zuletzt eine mit je 1½ Sekunden Zwischenzeit durch Zündschnüre entflammt wurden. Trotz des klebrig nassen Schnees ging der Schlitten gut ab, erreichte eine Geschwindigkeit von etwa 110 km/h und legte eine Strecke von 130 m zurück. Unmittelbar daran schloß sich ein Startversuch des Verfassers selbst mit nur 2 Raketen, weil mehr damals nicht vorrätig waren.

Bei der ersten öffentlichen Vorführungsfahrt auf dem Eibsee, am Nachmittag des 3. Februar 1929, startete dann die Frau des Verfassers — als erste Dame auf der Welt, welche sich dem Raketenantrieb anvertraute — mit einer Ladung von 6 Raketen, die zu je 2 gezündet wurden. Sie brannten vorschriftsmäßig mit 2 Sekunden Zwischenzeit ab und erteilten dem Schlitten eine Geschwindigkeit von 40—45 km/h, die zurückgelegte Strecke betrug nicht viel über 100 m.

Darauf startete der Verfasser selbst, mit einer Ladung von 12 Raketen, davon zuerst zweimal je 4, und dann zweimal je 2 gleichzeitig gezündet wurden. Die ersten beiden Batterien brannten richtig aus und erteilten, wie die nachträgliche Messung ergab, eine Höchstgeschwindigkeit von 95 bis 100 km/h innerhalb 3 Sekunden vom Startmoment aus gerechnet. Leider platzte bei der dritten Zündung eine Rakete und brachte auch die beiden Raketen der vierten Zündung vorzeitig zur Explosion, so daß die Schubkraft verloren ging und der Schlitten bereits nach 160 m wieder zum Stehen kam. Die Beschleunigung von annähernd dem Doppelten der Erdschwere äußerte sich sehr angenehm und erweckte den Eindruck, eine steile Bahn emporzufahren.

Die dritte Versuchsfahrt wurde unbemannt am 9. Februar anläßlich eines Eisfestes auf dem Starnberger See gestartet. Der Schlitten hatte eine verbesserte aerodynamische Form durch Fortnahme der Rückenlehne des Führersitzes erhalten, auch waren sonst einige Veränderungen vorgenommen worden, so daß die neue Bezeichnung »Valier Rak Bob 2« gerechtfertigt erschien. Es galt hier lediglich einmal zu zeigen, welches Tempo der Schlitten mit voller Ladung unbemannt erreichen würde.

Diesmal brannten alle Raketenserien tadellos ab, da zur gegenseitigen Wärmeisolierung Asbestpappeplatten zwischengelegt worden waren. Die Zündzwischenzeiten betrugen hier $1\frac{1}{2}$ Sekunden. Die Fahrt selbst verlief derart, daß der Schlitten zwischen der ersten und zweiten Zündung 20 m, zwischen der zweiten und dritten 50 m, zwischen der dritten und vierten 80 m, zwischen der vierten und fünften 90 m zurücklegte, was im letzten Intervall schon einem Stundentempo von 215 km/h entspricht. Nach der fünften Zündung aber legte der Schlitten in genau 2 Sekunden einen Weg von 210 m zurück, woraus sich eine mittlere Geschwindigkeit von 105 m/s oder 378 km/h berechnet. Bedenkt man aber, daß die letzten 50—60 m von diesen 210 schon auf die beginnende Bremsstrecke nach Auslassen des Antriebs entfallen, so ergibt sich, daß der Schlitten eine Höchstgeschwindigkeit von etwa 400 km/h tatsächlich besessen haben muß. Da der nicht gesteuerte Schlitten eine Rechtskurve einschlug und zuletzt noch mit erheblicher Geschwindigkeit gegen die Ufermauer rannte, wurde er im vordern Teile völlig zertrümmert. Aus Mangel an Geldmitteln konnten die Versuche leider nicht weiter fortgesetzt werden, obwohl es nun für den Verfasser einwandfrei festgestellt war, daß sich mit einem Raketenschlitten verhältnismäßig leicht die heutigen Weltrekordgeschwindigkeiten erreichen und überbieten lassen. Ja nach der vollen Überzeugung des Verfassers dürfte es mit einem entsprechend gebauten Rückstoßschlitten sogar möglich sein, Geschwindigkeiten von 600—1000 km/h auf glatter Schneefläche zu erzielen, ein Tempo, das wohl von keinem andersgearteten Bodenfahrzeug jemals erreicht werden kann.

Raketenflug.

Das Projekt des Raketenflugzeuges unterscheidet sich vor allem dadurch wesentlich von dem der tragflächenlosen Raketenflugschiffe, daß bei ihm der erforderliche Rückstoß selbst bei einem verhältnismäßig steilen Steigflug nur einen Teil des Gesamtgewichtes beträgt, während bei diesen ein Mehrfaches davon nötig ist. Dadurch wird die Schwierigkeit, sekundlich genügend Masse auszupuffen, erheblich geringer und die Beförderung von Menschen durch Raketenkraft von vornherein in den Bereich des heute schon technisch Möglichen gerückt. Auch fällt die Mitnahme von Fallschirmen u. dgl. Landungsgeräten, die beim Aufstieg als tote Last anfallen, fort, da eine normale Gleitlandung möglich ist. Diese Erkenntnis, die der Verfasser bereits seit 1924 in Wort und Schrift verfochten hat, selbst gegen Oberth, der vom Umweg über das Raketenflugzeug nichts wissen wollte, veranlaßten in den letzten Jahren die verschiedensten Privatforscher und Firmen, dem Problem näherzutreten.

1. Raketenflugzeugmodellversuche.

Soweit dem Verfasser bekannt geworden ist, haben erstmalig Ing. Heinz Beck und Ing. O. Tautenhahn gemeinsam auf Grundlage seiner Anregungen systematische Versuche mit raketengetriebenen Flugzeugmodellen angestellt, und zwar bereits im Dezember 1927, an den nördlichen Abhängen des Erzgebirges. Es wurden hierbei verschiedene Modelle nach der Sonderbauweise Tautenhahns verwendet.

Zum Antrieb dienten kleine Papphülsraketen der Firma Eisfeld, von etwa dem fünften Teil des Gewichts des Modells, Seelenraketen, die reichlich das Fünffache ihres Eigengewichts zu heben vermochten. Die Brenndauer der Raketen betrug nur 2—3 Sekunden, davon aber nur eine auf den Kraftschub, die übrigen auf das Nachbrennen der Zehrung entfielen. Durch die anfangs starke Treibwirkung erreichten die Modelle durchwegs in der ersten Sekunde schon Geschwindigkeiten von weit über 100 km/h und gingen nach einem kurzen Gleitflug in 200 m Entfernung vom Startpunkt meist unbeschädigt nieder. Sie waren mit Kufen oder Rädern versehen und starteten auf einer etwas schräg aufwärts gerichteten Gleitbahn, von der sie sich gewöhnlich schon nach wenigen Zentimetern Anlaufstrecke abhoben. Am besten bewährten sich Modelle des Ententyps, doch war es auch bei diesen wegen der Schwerpunktsverlagerung durch das Ausbrennen der Ladung nicht leicht, einen stabilen Flug zu erzielen.

Für den Verfasser selbst wurde das Problem des Raketenfluges in dem Augenblick vordringlich, als am 12. März der erste
geheime Start des Raketenversuchswagens in Rüsselsheim gelungen war. Deshalb begab er sich gleich am Folgetage mit Ing.
Sander auf die Wasserkuppe, um dort mit Alexander Lippisch
und Friedrich Stamer, den Chef-Konstrukteur und Piloten
der Rhön-Rossitten-Gesellschaft, wegen Baues der benötigten
Flugzeugmodelle und später auch bemannbaren Flugzeuge zu
verhandeln. Die Besprechungen wurden dann vom Verfasser
unmittelbar nach den Raketenwagenstarten der Aprilmitte fortgeführt und im Rahmen seines Vertrages mit Opel zunächst ein
Modellflugzeug Typ Storch von 4 m Spannweite in Auftrag gegeben, da nach damaliger Ansicht die sog. schwanzlosen Segelflugzeugtypen am ehesten für die ersten Raketenflugversuche geeignet zu sein schienen. Anfang Mai trat dann durch die vorüber-
gehende Verbindung Opels mit den Raab-Katzenstein-Werken,
welche eine zum Ententyp umgebaute »Grasmücke« als Raketenflugzeug liefern wollten, eine unerwartete Wendung ein, schließlich aber kamen die Versuche, freilich erst nach der Trennung des
Verfassers von Opel und Sander, Anfang Juni doch auf der Wasserkuppe und nicht in Kassel zur Durchführung.

Der Wichtigkeit halber sei der in ZFM, Heft 12 von 1928 enthaltene
technische Bericht von A. Lippisch über diese Modellversuche vom 9. bis
11. Juni 1928 hier auszugsweise wörtlich wiedergegeben:

»Um die Wirkung des Raketenschubes in bezug auf die Flugeigen-
schaften zu untersuchen, wurde mit Modellversuchen begonnen. Zu diesem
Zwecke wurde der Rumpf des schwanzlosen Modells Nr. 4, Typ Storch,
so abgeändert, daß zwei Raketen übereinanderliegend unter der Flügel-
mitte angeordnet waren. Die mit dieser Ausführung vorgenommenen Versuche mit der 75 kg (Schub liefernden) Startrakete zeigten, daß der in bezug
auf den Schwerpunkt sowie das Luftwiderstandszentrum exzentrische
Schub das Modell sofort zum Aufbäumen brachte und nach Ausbrennen
der Rakete ein Abschmieren aus der überzogenen Fluglage die Folge war.

Ein zweiter Versuch mit einer 5 kg Dauerschubrakete, die auf der
Flügeloberseite angebracht war, mißlang ebenfalls infolge der exzentri-
schen Wirkung des Raketenschubs. Die geringe statische Stabilität der
schwanzlosen Bauformen bedingt eben eine in bezug auf den Schwerpunkt nach Möglichkeit zentrische Anordnung der Raketen, und es muß
bei der Formgebung des Flugzeuges nach Möglichkeit versucht werden, das
Luftwiderstandszentrum nahe an die Achse des Raketenschubes heranzu-
rücken. Aus dieser Folgerung heraus wurde das Modell sodann derartig um-
gebaut, daß die Raketen zwischen beide Flügel, dicht oberhalb und parallel
zur Mittelflügelsehne anzubringen waren. Um die statische Stabilität zu erhöhen, wurde die Pfeilstellung verstärkt und der Auftriebsabfall nach den
Außenflügeln zu durch gleichzeitiges Hochziehen der Steuerklappen vergrößert.

Das Modell wurde nun mit eingebauter Rakete zuerst als normales Segelflugmodell von der Startbahn mit Gummiseil eingeflogen, so daß das Modell auf normalen Geradeausflug eingestellt war. Für den ersten Start wurde die Dauerschubrakete mit 5 kg Schub gewählt. Das Modell wurde mit gespanntem Startseil auf der Bahn durch Schnüre so festgemacht, daß bei Entzündung der Rakete das Modell durch Startseilzug in die Luft geschossen wurde. Das Modell führte sodann, durch die Rakete angetrieben, einen längeren Steigflug aus, der ganz normal verlief, und landete glatt in der Nähe des Abflugpunktes. Die Fluggeschwindigkeit war in diesem Fall ebenfalls normal, da die auftretenden Beschleunigungen nur gering waren und die dem Schub entsprechende Steigfluglage in kurzer Zeit erreicht war.

Für den zweiten Start wurde auf die Hilfe des Gummiseilzuges verzichtet und an Stelle der Dauerbrandrakete die 175 kg Startschubrakete eingebaut. Die hierbei auftretenden Beschleunigungen betrugen demnach bei einem Modellgewicht von 14—15 kg das ca. 12fache der Erdbeschleunigung. Nach Entzündung der Rakete verließ das Modell geschoßartig die Startbahn und stieg sofort in sehr steiler Fluglage auf eine Höhe von ca. 80—100 m. Aus dieser Fluglage ging das Modell nach Erlöschen der Rakete in Rückenfluglage, aus der es über den Flügel rutschend nach kurzem Fallweg wieder in Normalfluglage zurückkehrte und nach einem längeren Gleitflug ebenfalls glatt landete.

Der dritte Versuch mit diesem Modell wurde ebenfalls mit der 175 kg (Schub liefernden) Startrakete vorgenommen. Um das Modell am zu steilen Anstieg zu hindern und um anderseits höhere Geschwindigkeiten zu erreichen, wurde das Modell auf steileren Gleitflug eingestellt. Das Modell verließ wiederum, diesmal indessen flacher ansteigend, die Startbahn mit großer Geschwindigkeit, die sich während des Fluges derartig steigerte, daß der diesen Beanspruchungen nicht gewachsene Flügel deformierte und das Modell nach Ausbrennen der Rakete fast senkrecht abstürzte und zu Bruch ging. Die im Verlauf dieses letzten Fluges erreichte Geschwindigkeit betrug ungefähr 500 km/h.

Im ganzen genommen hatten diese Versuche die Brauchbarkeit des Antriebes gerade im Hinblick auf die vom Forschungsinstitut der Rhön-Rossitten-Gesellschaft entwickelten Versuchsmethoden mit großen freifliegenden Modellen erwiesen. Es hatte sich gezeigt, daß auch bei großen Beschleunigungen durch richtige Anbringung der Raketen eine stabilitätsstörende Wirkung nicht eintrat, und daß die neu entwickelten Bauformen für derartige Antriebsmethoden geeignet sind.«

Unabhängig davon hat auch der Verfasser mit A. Lippisch am 28. Oktober 1928 auf der Wasserkuppe Startversuche mit einem ebensolchen Storchmodell mit Eisfeldraketen von 35 mm Kaliber und 22 kg Schub angestellt, die zu analogen Ergebnissen führten. Trotzdem glaubte der Verfasser daraus eine andere Lehre ziehen zu müssen: nämlich, daß die schwanzlosen Segelflugzeugtypen gar nicht so sehr geeignet sind für den Raketenantrieb, sondern daß im Gegenteil Baumuster des Normaltyps mit besonders langem Rumpf dafür günstiger sein werden.

Da nämlich der Raketenmotor nur bei ballistischen Geschwindigkeiten voll ausgenützt werden kann, erscheint es natürlicher, das Raketenflugzeug der Zukunft herauszuentwickeln aus der ursprünglichen Stabrakete, indem man dieser gewissermaßen die für das Landungsmanöver nötigen Tragflächen mit Leitwerk gibt, als das heutige Flugzeug zu nehmen wie es ist, und zu versuchen, ihm immer mehr Raketen, bzw. einen Raketenmotor aufzubürden.

Sofern für große Flugstrecken mit einer unteilbaren Maschine nicht mehr das Auslangen gefunden werden kann, läßt sich das Prinzip der Stufenrakete (s. S. 115/116) dadurch sinngemäß anwenden, daß der lange Rumpf aus aneinandergereihten Tankbehältern besteht, die leergelaufen, vom Schwanzende aus gliedweise abgestoßen werden, bis zuletzt nur der Vorderteil des ursprünglichen Flugzeugs, d. h. die Tragfläche mit dem Rumpfstummel übrigbleibt und gleichsam als ein schwanzloses Flugzeug des Storchentyps landet.

2. Die bisherigen bemannten Raketenflugversuche.

Nach einer Meldung von Willy Ley scheint der erste Mensch, welcher einen wirklichen Raketenflug versucht hat, der chinesische Mandarin Wan-Hu gewesen zu sein, der um das Jahr 1500 sich einen großen, doppelten Kastendrachen mit einem Sitz in der Mitte erbauen ließ, unter welchem 47 Raketen angebracht waren. Siebenundvierzig Diener erhielten den Befehl, diese Raketen alle gleichzeitig anzuzünden. Sie taten es auch, nachdem der Mandarin auf seinem Sitze im Drachen Platz genommen hatte. Im nächsten Augenblick aber sah man nur mehr eine große Rauchwolke — sonst nichts mehr.

Der erste, neuzeitliche und wirklich gelungene Raketenflug aber glückte am 11. Juni 1928 dem Chefpiloten und Fluglehrer Friedrich Stamer der Rhön-Rossitten-Gesellschaft auf der Wasserkuppe, als Opel und Sander in Fortführung der vom Verfasser angebahnten Unternehmung, nach den im vorigen Abschnitt beschriebenen Raketenflugzeugmodellversuchen, glaubten, den ersten bemannten Start wagen zu können. Stamer schreibt:

»Die ersten Flugversuche mit Raketenantrieb wurden mit dem Versuchs-Segelflugzeug „Ente" des Forschungsinstitutes der R.R.G. durchgeführt. Dieses Flugzeug erschien in seinem ganzen Aufbau für vorläufige Versuche sowohl in bezug auf Anbringungsmöglichkeiten der Raketen als auch in bezug auf seine rein fliegerischen Eigenschaften geeignet. Es wurden zuerst 2 Raketen von 12 und 15 kg Schubleistung eingebaut, welche nacheinander elektrisch gezündet werden konnten. Das Flugzeug wurde am Gummiseil wie ein Segelflugzeug gestartet.

Der erste Start schlug insofern fehl, als das Flugzeug nicht vom Boden kam und auch durch die gezündete 12 kg (Schub liefernde) Rakete nicht zum Abheben zu bringen war. Es wurde nunmehr ein Versuch mit einer 15- und einer 20-kg-Schubrakete gemacht. Das Flugzeug kam am Startseil mit Unterstützung der 15-kg- (Schub liefernden) -Rakete frei, war aber nicht im Horizontalflug zu halten, so daß es nach ca. 200 m Flug gelandet werden mußte, ohne daß die 20-kg-Rakete gezündet werden konnte.

Der dritte Versuch wurde mit 2 Raketen von je 20 kg Schubkraft unternommen. Das Flugzeug kam durch das Startseil mit Unterstützung der Rakete gut vom Boden. Nach ca. 200 m Geradeausflug, bei welchem sich leichtes Steigen der Maschine konstatieren ließ, machte ich eine Rechtskurve um ca. 45 Grad und flog wieder ca. 300 m geradeaus. Hier erfolgte wieder eine Rechtskurve von ca. 45 Grad. Gleich nach dieser Kurve war die erste Rakete ausgebrannt und wurde die zweite Rakete gezündet, welche sofort den Weiterflug ermöglichte. Diesmal flog ich ca. 500 m geradeaus, worauf eine Rechtskurve von ca. 30 Grad geflogen wurde und nach ca. 200 m Geradeausflug in der neuen Richtung die Maschine in sanft steigendem Gelände kurz vor dem Ausbrennen der zweiten Rakete gelandet wurde. Der Gesamtflugweg einschließlich aller Kurven betrug ca. 1300 bis 1500 m, die Gesamtflugzeit ca. 60—80 Sekunden. Der Startseilschub ging in den Raketenschub im Start ganz weich, also fast unmerkbar über. Der Schub der Rakete war bis kurz vor dem Ausbrennen völlig gleichmäßig und ließ erst kurz vor dem Ausbrennen nach. Das Brennen der Rakete war durch starkes Zischen gut hörbar. Das Einsetzen der zweiten Rakete war durch einen weichen, ganz leichten Druck spürbar. Der exzentrische Schub der Rakete war mit einem sehr kleinen Seitenruderausschlag gut auszugleichen. Das Fliegen mit Raketenantrieb erwies sich als außerordentlich angenehm. Motorvibrationen sowie Motordrehmoment kommen in Wegfall, so daß man das Gefühl bekommt, im Segelfluge zu sein, und nur durch das starke Zischen an die Raketen erinnert wird.

Nach diesem Versuche sollte über einem höheren Hang (Schulhang) ein Steigflug mit einer Ladung von 2 Stück 20-kg-Schubraketen unternommen werden, die mit dem elektrischen Schalter nacheinander, wie vorher, gezündet werden sollten. Der Start am Gummiseil verlief glatt, und ich zündete während des Abhebens der Maschine die erste Rakete. Nach 1 bis 2 Sekunden Brenndauer explodierte die Rakete mit lautem Krach. Die 4 kg Schwarzpulver flogen heraus und steckten sofort das Flugzeug in Brand. Ich drückte das Flugzeug langsam auf Fahrt, um die Flammen zum Abreißen zu bringen, was nach ca. 20 m Höhenverlust gelang. Nachdem ich das Flugzeug glatt gelandet hatte, versuchte ich den Brand zu löschen. Dadurch, daß die Isolierung der elektrischen Drähte verbrannt war, bekamen die Kupferleitungen Kontakt und die zweite Rakete brannte auf dem Boden aus. Nach dem Ausbrennen wurde das Flugzeug völlig gelöscht.«

Nach dieser Feuerlandung Stamers vom 11. Juni 1928 wurden diese Raketenflugversuche auf der Wasserkuppe wieder abgebrochen. Leider, muß man sagen, denn bei zielbewußter Fortführung unter einer vorsichtig vorgehenden, wissenschaftlichen Leitung hätten sich schon mit den damaligen Sanderschen Pulverraketen binnen wenigen Wochen die Flugleistungen auf Geschwindigkeiten über 200 km/h und Strecken von 15 bis 20 km steigern lassen müssen. Tatsächlich lag also raketentechnisch die Überquerung des Ärmelkanals bereits im Herbst 1928 im Bereich des Ausführbaren für einen Mann, der wie Fritz v. Opel sehr wohl die Mittel dazu besaß, bis zum endgültigen Erfolge durchzuhalten,

Statt dessen zog sich Fritz v. Opel zunächst zurück und erklärte dann nach den Explosionen der Schienenwagen bei Hannover, daß er erst wieder Raketenflugversuche unternehmen werde, wenn der Rückstoßmotor für flüssige Treibstoffe, an welchem Sander arbeite, hinreichend entwickelt sei. Um so überraschender wirkten die Meldungen von Opels neuen Startversuchen mit einem pulvergetriebenen Flugzeug Ende September 1929 auf dem Flugfelde bei Frankfurt.

Das Flugzeug war von Julius Hatry, teils in Holz und Leinwand, teils in Leichtmetall als Eindecker mit hochliegender Tragfläche von 12 m Spannweite gebaut. Das Leitwerk rückwärts so hoch abgestrebt, daß der Feuerstrahl es nicht treffen konnte. Der Führersitz in einem stumpf zugespitzten Rumpfboot vornean, mit Knüppelsteuerung. Daran schloß der Raketenkasten für 16 Stück 90 mm Sandersche Brander, deren Düsen etwa mit der hinteren Tragflächenkante abschnitten. Leer wog das Flugzeug 180 kg, die Raketenladung 90 kg, für den Piloten waren 80 kg vorgesehen, woraus das Fluggewicht zu 350 kg folgt. Die seit 10. September ausgeführten Probestarte hatten zwar die Flugfähigkeit der Maschine, aber ein geringes Gleitvermögen und eine Landegeschwindigkeit von mindestens 130 km/h ergeben, was nicht unbedenklich schien.

Trotzdem wagte der Konstrukteur Hatry selbst den ersten Start mit Pulverantrieb. Dabei ereignete sich der seltsame Zwischenfall, daß der von 3 Sanderschen Hohlraketen von zusammen 900 kg Schub angetriebene Katapultwagen sich vorzeitig von dem der Beschleunigung widerstrebenden Flugzeug löste, die zu seiner Bremsung vorgesehenen Gummiseile durchriß und, während das Flugzeug sich schwerfällig in die Luft erhob, geschoßartig vorausfuhr und zuletzt in tollen Kapriolen vor dem mit Bruch landenden Flugzeug einhersprang. Erst als Ing. Sander, der anfangs abwesend war, persönlich erschien und die raketentechnische Leitung übernahm, gelang es dieser Schwierigkeiten Herr zu werden. Daraufhin entschloß sich Fritz v. Opel, am Morgen des 30. September den ersten öffentlichen Start vor Presse- und Bildberichterstattern zu unternehmen. Zweimal setzte er am Vormittag zum Start an, beidemale mißlang der Versuch. Um so mehr Anerkennung verdient die Ausdauer und Kühnheit Fritz v. Opels aber, als er sich am Nachmittag nach diesen wirklich nicht ermutigenden Erfahrungen zum dritten Male in die Gurten schnallen ließ. Jetzt gelang der Versuch. Vorschriftsmäßig warf der Katapultwagen das Flugzeug in die Luft, die Raketen zündeten richtig und trugen das Flugzeug auf 20 bis 30 m Höhe, in welcher es mit einem Tempo von mindestens 150 km/h feuerschnaubend dahinschoß. Die beengten Platzverhältnisse und eine Fallböe zwangen Fritz v. Opel leider schon zur Landung, als erst 5 Raketen ausgebrannt waren. Dabei ging es nicht ohne Bruch ab, vielmehr wurden

238

die Landungskufe und der Boden des Rumpfes völlig abrasiert, so daß der todesmutige Pilot buchstäblich nur mehr in den Gurten hing.

Anschließend an diese Rakflüge unternahm Fritz v. Opel noch den Versuch, ein normales Motorflugzeug bei der Landung durch Raketengegengas abzubremsen, was nach den vorliegenden Berichten gut gelang. Dagegen hat er die Raketenstarte nicht weiter fortgeführt, sondern erklärt, daß er erst im kommenden Frühjahr mit einem Raketenmotor mit flüssigen Brennstoffen wieder hervortreten und nicht ruhen werde, bis er den Ärmelkanal überflogen habe.

Dem Verfasser fehlten im vergangenen Jahre leider die Mittel, nach den Modellstarten vom Oktober auf der Wasserkuppe irgend etwas auf dem Gebiet des bemannten Raketenfluges zu unternehmen. Erst durch eine am 9. Mai 1929 auf dem Flugtag von Duisburg angebahnte Verbindung mit dem Flieger Gottlob Espenlaub schien sich dazu eine neue Möglichkeit zu eröffnen. Dabei vertrat der Verfasser Espenlaub gegenüber die Überzeugung, daß nur ein langrumpfiges, im Grundriß pfeilartig aussehendes Flugzeug für starken Rückstoßantrieb in Frage kommen könne. Anfang Juni schien darüber eine Einigung erzielt und sollte auch ein solches Flugzeug von Espenlaub ganz neu gebaut werden.

Zunächst unternahm der Verfasser am 9. Juli auf dem Flugfelde in Düsseldorf, vor den Espenlaubschen Werkstätten, drei Abbrennversuche mit 50-mm-Eisfeldschen Kupferraketen, wobei das Flugzeug (ein ehemaliges Anhängerflugzeug für die Schleppzugstarte Espenlaubs) auf dem Erdboden fest verankert war. Dabei sollte lediglich der Einbau der Raketen in die hochliegende Tragfläche erprobt und die Gefährdung des Leitwerks am Schwanzende durch den Feuerstrahl erforscht sowie festzustellen versucht werden, ob der Tragflächenholm die Schubkraft gut aufzunehmen und zu übertragen vermöchte. In diesem Sinne gelangen die Versuche vollkommen.

Daraufhin hat dann später Espenlaub selbst, teilweise unter beratender Mitwirkung Ing. K. C. Volkharts, die Versuche mit der vom Verfasser angegebenen und erprobten Raketenanordnung fortgeführt. Am 22. Oktober 1929 gelang ihm endlich der erste Raketenflug in der Weise, daß das Schleppflugzeug, mit zwei Sanderschen Treibraketen von 50 mm Kaliber, mit eingepreßter Düse aus Edelerde und einer Schubwirkung von je 200 kg, während 2,25 Sekunden mit Hilfe eines Motorflugzeuges auf 20 m Höhe hoch genommen und dann das verbindende Seil gelöst wurde. Darauf zündete Espenlaub die eine Rakete. Das Flugzeug bäumte sich unter ihrem Druck, schoß ein Stück empor und legte darauf horizontal eine Strecke von etwa 300 m mit brennender Rakete zurück. Die zweite Zündung versagte. Der Pilot war daher zur Landung gezwungen, die im normalen Gleitflug glatt gelang.

Gegenüber dem Hatryschen Raketenflugzeug Opels besaß zwar Espenlaubs für den Rückstoßantrieb eingerichtetes Anhängerflugzeug gewiß den Vorteil eines geringeren Gewichts und besseren Gleitvermögens, trotzdem vermag der Verfasser nicht diese jetzigen Typen als eigentliche Raketenflugzeuge anzusehen. Er hat sich daher von Espenlaubs Versuchen zurückgezogen und möchte erst dann wieder in der Sache des Raketenfluges hervortreten, wenn ein Flugzeug nach seinen eigenen Angaben, wie das schon im Mai 1929 mit Espenlaub besprochen und beabsichtigt war, gebaut werden kann.

Die vom Verfasser seit jeher vertretene Idee, daß durch Raketenzusatzkraft eine Starthilfe für schwerbeladene Normalflugzeuge erzielt werden kann, ist inzwischen von den Junkerswerken in Dessau aufgegriffen worden.

Nach den darüber vorliegenden Meldungen wurde dazu ein Lastflugzeug der »Bremen Typ Junkers W 33« verwendet. Die Versuche fanden auf der Elbe nächst Dessau statt. Benutzt wurden Eisfeldsche Metallhülsraketen, deren Kaliber nicht angegeben wird. Auch die genauere Anordnung wurde geheimgehalten. Beim ersten Start am 25. Juli 1929 platzten jedoch die 2 Raketen seitlich aus. Erst am 8. August gelang dem bekannten Höhenflieger Dipl.-Ing. Schinzinger mit 6 Raketen, die paarweise schnell hintereinander gezündet wurden, der Start. Der Eindruck war so günstig, daß man überzeugt wurde, 5000 kg Fluggewicht, was auf andere Weise unmöglich wäre, mit dieser Maschine vom Wasser in die Luft heben zu können.

Wenn auch seither die Junkerswerke sich der größten Geheimhaltung über die Fortführung der Versuche befleißigt haben, kann doch als sicher gelten, daß man dort am Werk ist, nicht nur den Start mit Hilfsraketen zu vervollkommnen, sondern auch den eigentlichen Raketenflug großer Maschinen für zukünftige Schnell- und Fernverkehrszwecke zu verwirklichen. Da für die angestrebten Ziele, d. h. Flüge in 12000—15000 m Höhe mit Geschwindigkeiten von 300—600 km/h jedoch der direkte Raketenstrahl von geringer Masse und hohem Auspuff-C einen ungünstigen Wirkungsgrad ergeben würde, erscheint es naheliegend, zu vermuten, daß man bei Junkers die Heranziehung der Außenluft als Sauerstoffträger sowie zur Verwandlung des Strahls in einen Luftstrom von großer Masse und einer dem Flugtempo ähnlichen Geschwindigkeit sich zunutze machen will.

So läßt sich denn in der Stunde, in welcher diese Zeilen zum Abschluß des vorliegenden Buches geschrieben werden, durchaus erhoffen, daß das Problem des Rückstoßantriebes auf dem Gebiete des Flugwesens alsbald mit Leistungen hervortreten wird, welche alle bisherigen Flugmaschinen weit in den Schatten stellen. Wenn auch der einzelne Erfinder manche Rückschläge erfahren mag, im ganzen genommen wird aber das Problem des Raketenfluges doch stets nur Fortschritte machen.

AM KÖNNEN NUR LIEGT ES, DEN TRAUM ZU VERWIRKLICHEN.

www.ingramcontent.com/pod-product-compliance
Lightning Source LLC
Chambersburg PA
CBHW030124240326
41458CB00121B/569